职业院校互联网+立体化精品教材

建筑测量

主　编：张昌勇　隋向阳

副主编：王　燕　刘东华　杨黎霞

陈秀玉　吕　成

主　审：王广志　刘敏蓉

中国原子能出版社

·北京·

图书在版编目（CIP）数据

建筑测量 / 张昌勇、隋向阳主编．—北京：中国原子能出版社，2020.11（2023.1 重印）

ISBN 978-7-5221-1136-0

Ⅰ．①建… Ⅱ．①张… ②隋… Ⅲ．①建筑测量- Ⅳ．①TU198

中国版本图书馆 CIP 数据核字（2020）第 238339 号

建筑测量

出版发行	中国原子能出版社（北京市海淀区阜成路 43 号　100048）
责任编辑	刘东鹏
责任印刷	赵　明
印　　刷	河北宝昌佳彩印刷有限公司
经　　销	全国新华书店
开　　本	787 mm×1092 mm　1/16
印　　张	17.5
字　　数	396 千字
版　　次	2020 年 11 月第 1 版　　2023 年 1 月第 2 次印刷
书　　号	ISBN 978-7-5221-1136-0
定　　价	98.00 元

出版社网址：http：//www.aep.com.cn

前 言

建筑工程测量是一项极其重要的基础性工作，对现场施工管理具有积极的指导意义。在工程建设过程中，工程测量既是保证工程有效进行的重要手段，同时也是对图纸中各项数据进行复核的重要措施。现代科学技术的发展，使常规大地测量发展到卫星大地测量，由空中摄影测量发展到遥感技术的应用，从而使测量对象由地表扩展到空间，由静态发展到动态，测量仪器也趋于电子化和自动化。

本书主要围绕建筑工程项目建造过程所涉及的测量工作进行阐述，采用国家与行业最新规范、规程和相关标准编写。本书在编写过程中，以“学做结合、理实一体”为指导思想，采用项目教学，将理论教学、实践教学、生产和技术服务融为一体，重点突出学生建筑测量技能的培养。同时本书在常规测量仪器的基础上，增加了目前先进的全站仪、卫星全球定位系统等现代测绘技术，尤其对全转仪的应用作为单独章节，着重进行了介绍。

本书根据建筑工程测量的内容，按测量工作的任务共分为 12 个项目进行阐述，通过每个项目的学习可以掌握相应的技能，独立完成一项目施工测量任务。总课时为 72 课时，其中实训 24 课时。

项目	内容	理论课时	实训课时
项目一	走近工程测量	2 课时	—
项目二	工程测量基本知识	2 课时	—
项目三	水准测量	6 课时	4 课时
项目四	角度测量	6 课时	6 课时
项目五	距离测量与直线定向	4 课时	2 课时
项目六	测量误差的基本知识	2 课时	—
项目七	全站仪测量	4 课时	4 课时
项目八	小地区控制测量	8 课时	2 课时
项目九	地形图的基本知识	2 课时	—
项目十	建筑施工控制测量	4 课时	2 课时
项目十一	建筑施工测量	6 课时	4 课时
项目十二	建筑物变形观测与竣工测量	2 课时	—

本书由烟台城乡建设学校张昌勇、隋向阳主编，由王燕、刘东华、杨黎霞、陈秀玉、吕成担任副主编。其中，项目 2、项目 3、项目 4、项目 11 由张昌勇编写，项目 1、项目 7、项目 12 由隋向阳编写，项目 5 由王燕编写、项目 6 由刘东华编写、项目 8 由杨黎霞编写、项目 9 由陈秀玉编写、项目 10 由吕成编写，全书统稿与修改由张昌勇完成。

由于编者水平有限，书中难免存在疏漏和不当之处，谨请使用本书的读者批评指正。

编者

目录

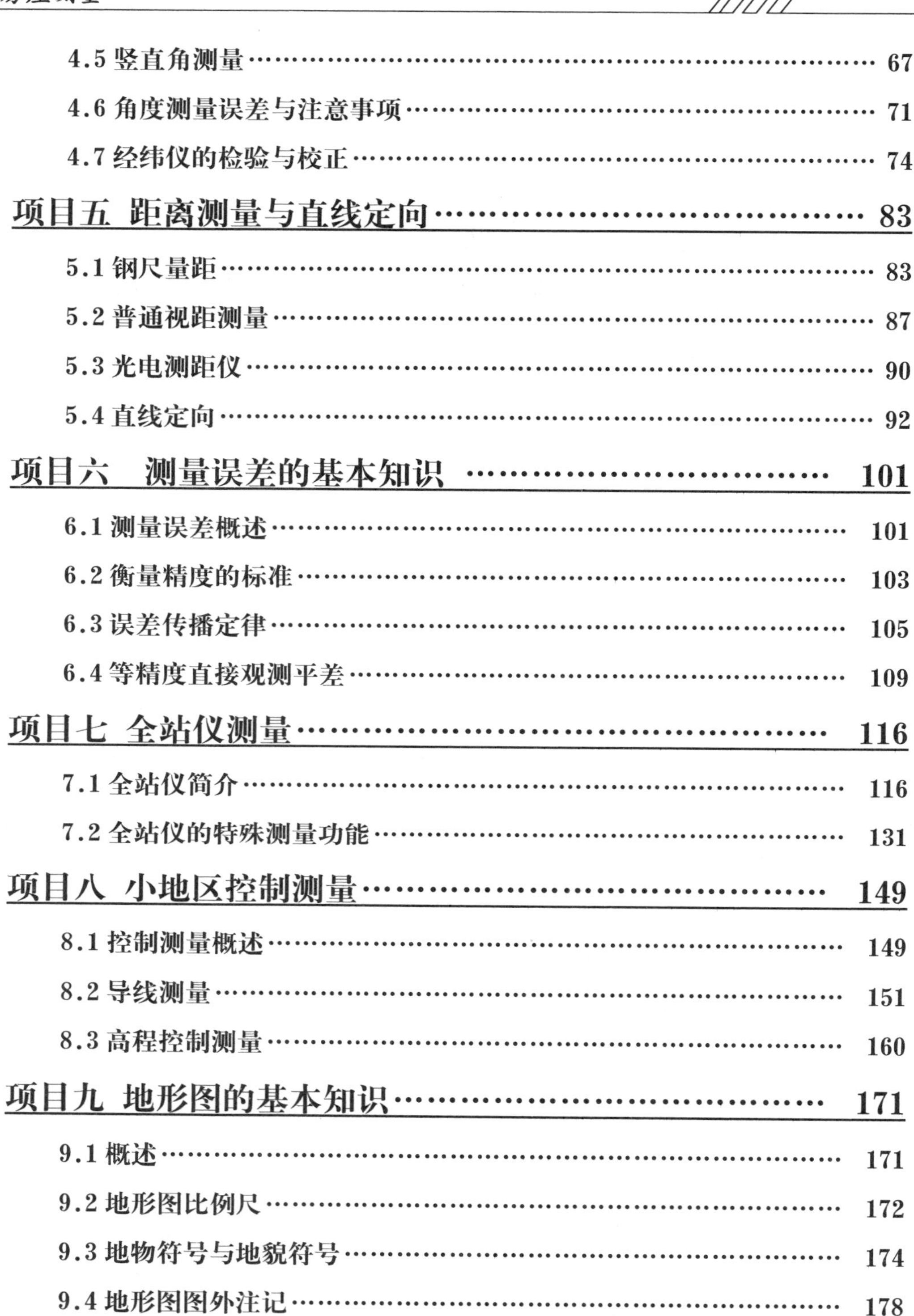

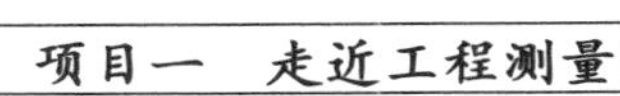

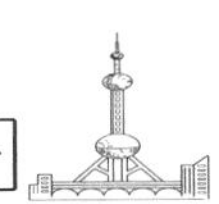

项目一　走近工程测量

1.1 工程测量的概念及应用

1.1.1 工程测量的概念

测量学是研究地球的形状、大小和地表（包括地面上各种物体）的几何形状及其空间位置的科学。从数学原理知，物体的几何形状及大小可由此物体的一些特征点位置，如它们在空间直角坐标系中的坐标 X、Y、Z 值来求得。因此，测量工作的一个基本任务便是求得点在规定坐标系中的坐标值。

工程测量学是研究工程建设在勘测设计、施工过程及运营管理阶段所进行的一切测量工作的学科。工程测量学是一门应用科学，它是在数学、物理学、电子电工学等相关学科的基础上应用各种测量技术和手段解决工程建设中有关测量问题的学科。

工程测量在工程建设不同阶段的工作内容不同，在规划设计阶段提供各种比例尺的地形图与地形数字资料，为工程地质勘探、水文地质勘探及水文测验进行测量，对重要的工程或地质条件不良的地区还要对地层的稳定性进行监测。在施工阶段将所设计的建（构）筑物，按施工要求在现场标定出来，作为实地建设的依据，根据工程现场的地形、工程的性质，建立不同的施工控制网，作为定线放样的基础，采用不同的放样方法，将设计图纸转化为地上实物。在经营管理阶段定期地对建筑物、构筑物进行位稳、沉陷、倾斜以及摆动进行观测，并及时反馈测量数据、图表等工作。

1.1.2 工程测量的应用

测绘科学技术的应用范围非常广阔，在国民经济建设、国防建设以及科学研究等领域都占有重要的地位，不论是国民经济建设还是国防建设，其勘测、设计、施工、竣工及运营等阶段都需要测绘工作，而且都要求测绘工作“先行”。

（1）在国民经济建设方面：测绘信息是国民经济和社会发展规划中最重要的基础信息之一。例如，农田水利建设、国土资源管理、地质矿藏的勘探与开发、交通航运的设计、工矿企业和城乡建设的规划、海洋资源的开发、江河的治理、大型工程建设、土地利用、土壤改良、地籍管理、环境保护、旅游开发等，都必须首先进行测绘，并提供地形图与数据等资料，才能保证规划设计与施工的顺利进行。在其他领域，如地震灾害的预报、航天、考古、探险，甚至人口调查等工作中，也都需要测绘工作的配合。

（2）在国防建设方面：测绘工作为打赢现代化战争提供测绘保障。例如，各种军事工程的设计与施工、远程导弹、人造卫星或航天器的发射及精确入轨、战役及战斗部署、各军兵种军事行动的协同等，都离不开地图和测绘工作的保障。

（3）在科学研究方面：诸如航天技术、地壳形变、地震预报、气象预报、滑坡监测、灾害预测和防治、环境保护、资源调查以及其他科学研究中，都要应用测绘科学技术，需要测绘工作的配合。地理信息系统（GIS）、数字城市、数字中国、数字地球的建设，都需要现代测绘科学技术提供基础数据信息。

GPS（全球定位系统）是英文 Global Positioning System 的缩写，是 20 世纪 70 年代由美国陆、海、空三军联合研制的新一代空间卫星导航定位系统。其主要目的是为陆、海、空三大领域提供实时、全天候和全球性的导航服务，并用于情报收集、核爆监测和应急通信等一些军事目的。经过 20 余年的研究实验，耗资 300 亿美元，到 1994 年 3 月，全球覆盖率高达 98% 的 24 颗 GPS 卫星已布设完成。

北斗卫星导航系统[BeiDou（COMPASS）Navigation Satellite System]如图 1.1 所示，是我国正在实施的自主研发、独立运行的全球卫星导航系统。与美国 GPS、俄罗斯格罗纳斯（GLONASS）、欧盟伽利略（GALILEO）系统并称全球四大卫星导航系统。

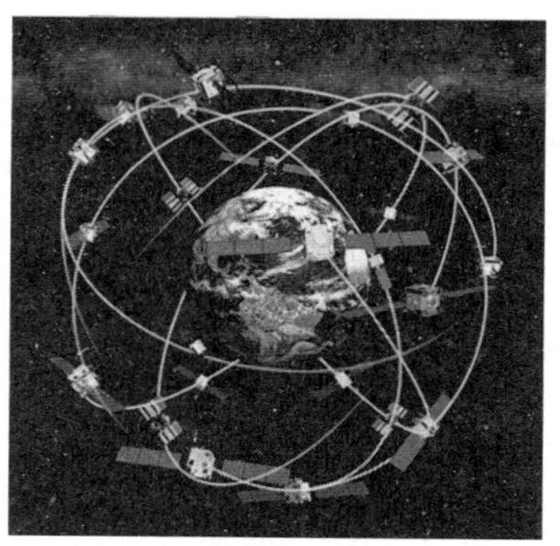

图 1.1 北斗导航系统示意图

北斗卫星导航系统（以下简称北斗系统）是中国着眼于国家安全和经济社会发展需要，自主建设运行的全球卫星导航系统，是为全球用户提供全天候、全天时、高精度的定位、导航和授时服务的国家重要时空基础设施。北斗卫星导航系统由空间端、地面端和用户端

三部分组成。空间端包括 5 颗静止轨道卫星和 30 颗非静止轨道卫星。地面端包括主控站、注入站和监测站等若干地面站。用户端由北斗用户终端以及与美国 GPS、俄罗斯格罗纳斯、欧洲伽利略等其他卫星导航系统兼容的终端组成。20 世纪后期，中国开始探索适合国情的卫星导航系统发展道路，逐步形成了三步走发展战略：2000 年年底，建成北斗一号系统，向中国提供服务；2012 年年底，建成北斗二号系统，向亚太地区提供服务；2020 年，建成北斗三号系统，向全球提供服务。北斗系统提供服务以来，已在交通运输、农林渔业、水文监测、气象测报、通信授时、电力调度、救灾减灾、公共安全等领域得到广泛应用，服务国家重要基础设施，产生了显著的经济效益和社会效益。基于北斗系统的导航服务已被电子商务、移动智能终端制造、位置服务等厂商采用，广泛进入中国大众消费、共享经济和民生领域，应用的新模式、新业态、新经济不断涌现，深刻改变着人们的生产生活方式。北斗系统的建设实践，走出了在区域快速形成服务能力、逐步扩展为全球服务的中国特色发展路径，丰富了世界卫星导航事业的发展模式。北斗系统具有以下特点：一是北斗系统空间段采用三种轨道卫星组成的混合星座，与其他卫星导航系统相比高轨卫星更多，抗遮挡能力强，尤其低纬度地区性能优势更为明显。二是北斗系统提供多个频点的导航信号，能够通过多频信号组合使用等方式提高服务精度。三是北斗系统创新融合了导航与通信能力，具备定位导航授时、星基增强、地基增强、精密单点定位、短报文通信和国际搜救等多种服务能力。中国将持续推进北斗应用与产业化发展，服务国家现代化建设和百姓日常生活，为全球科技、经济和社会发展做出贡献。

1.2 工程测量职（执）业发展

1.2.1 测量放线工

职业概述：从事建筑施工放线作业的人员，利用测量仪器和工具，测量建筑物的平面位置和标高，并按施工图放实样、平面尺寸等。本职业共设三个等级，分别为：初级（国家职业资格五级）、中级（国家职业资格四级）、高级（国家职业资格三级）。

工作内容：

（1）图样审查工作：施工前，要对图样的主要尺寸、标高、轴线进行核查、核算。

（2）技术复核工作：技术复核是指在施工前依据有关标准和设计文件，对重要的和涉及工程全局的技术工作进行复查、核对的工作，以避免在施工中发生重大差错，从而保证工程质量。

（3）工程质量检查和验收：根据需要，随时对工程的位置、尺寸、标高、垂直度、水平度、坡度等进行检查和验收。

（4）建立和健全原始记录测量：记录簿记录应齐全、准确、清晰，并加强测量记录簿的检查、核算、存档、保管工作。

职业发展：可以从事土木工程施工员、工长、建造师等工作。

1.2.2 工程测量员

职业概述：使用测量仪器设备，按工程建设的要求，依据有关技术标准进行测量的人员。本职业共设五个等级，分别为：初级（国家职业资格五级）、中级（国家职业资格四级）、高级（国家职业资格三级）、技师（国家职业资格二级）、高级技师（国家职业资格一级）。

工作内容：

进行工程测量中控制点的选点和埋石；进行工程建设施工放样、建筑施工测量、线型工程测量、桥梁工程测量、地下工程施工测量、水利工程测量、地质测量、地震测量、矿山井下测量、建筑物形变测量等专项测量中的观测、记簿，以及工程地形图的测绘；进行外业观测成果资料整理、概算，或将外业地形图绘制成地形原图；检验测量成果资料，提供测量数据和测量图件；维护保养测量仪器、工具。

职业发展：依据申请人所专注的领域，受聘于政府的工程测量员会被派往地政、土木工程、路政、建筑或房屋等部门工作。此外，很多测量员还任职于私营机构，他们从事的工作包括执业经营、楼宇发展及物业管理等。政府及私营机构即将开展的大量发展物业及基本建设的有关工程将使建造业对各类测量人员的需求继续保持增长的趋势。

1.2.3 注册测绘师

职业概述：测绘工程师是指掌握测绘学的基本理论、基本知识和基本技能，具备地面测量、海洋测量、空间测量、摄影测量与遥感学以及地图编制等方面的知识，能在国民经济各部门从事国家基础测绘建设、陆海空运载工具导航与管理、城市和工程建设、矿产资源勘察与开发、国土资源调查与管理等测量工作、地图与地理信息系统的设计、实施和研究，在环境保护与灾害预防及地球动力学等领域从事研究、管理、教学等方面工作的工程技术人才。

工作内容：

（1）执业能力：熟悉并掌握国家测绘及相关法律、法规和规章；了解国际、国内测绘技术发展状况，具有较丰富的专业知识和技术工作经验，能够处理较复杂的技术问题；熟练运用测绘相关标准、规范、技术手段，完成测绘项目技术设计、咨询、评估及测绘成果质量检验管理；具有组织实施测绘项目的能力。

（2）执业范围：测绘项目技术设计；测绘项目技术咨询和技术评估；测绘项目技术管理、指导与监督；测绘成果质量检验、审查、鉴定；国务院有关部门规定的其他测绘业务。

根据原人事部、国家测绘局发布的《注册测绘师制度暂行规定》和《注册测绘师资格考试实施办法》规定，注册测绘师资格考试专家委员会受原人事部、国家测绘局委托，编写了《注册测绘师考试大纲》，并经人力资源和社会保障部组织专家审定通过。考试科目分为《测绘管理与法律法规》《测绘综合能力》《测绘案例分析》三个科目。应试人员必须

在一个考试年度内参加全部三个科目的考试并合格，方可获得注册测绘师资格证书。

职业发展：经考试取得证书者，受聘于一个具有测绘资质的单位，经过注册后，才可以注册测绘师的名义执业。注册测绘师应在一个具有测绘资质的单位，开展与该单位测绘资质等级和业务许可范围相应的测绘执业活动。测绘活动中的关键岗位需由注册测绘师来担任，在测绘活动中形成的技术设计和测绘成果质量文件，必须由注册测绘师签字并加盖执业印章后方可生效。

1.2.4 职业资格和执业资格的区别

职业资格是对从事某一职业所必备的学识、技术和能力的基本要求。职业资格包括从业资格和执业资格。从业资格是指从事某一专业（工种）学识、技术和能力的起点标准；执业资格是指政府对某些责任较大、社会通用性强，关系公共利益的专业实行准入控制，是依法独立开业或从事某一特定专业学识、技术和能力的必备标准。

1.3 工程测量与建造的关系

一般情况下，人们习惯把工程建设中所有测绘工作统称为工程测量，本书主要围绕建筑工程项目建造过程所涉及的测量工作进行阐述，实际上工程测量包括在工程建设勘测、设计、施工和管理阶段所进行的各种测量工作，它是直接为各项建设项目的勘测、设计、施工、安装竣工、监测以及营运管理等一系列工程工序服务的，可以这样说，没有测量工作为工程建设提供数据和图纸，并及时与之配合和进行指挥，任何工程建设都无法进展和完成。

工程测量是一项极其重要的基础性工作，对现场施工管理具有积极的指导意义。在实施施工放样前，测量员需了解设计意图，学习和校核图纸，参与图纸会审。测量作业的各项技术按《工程测量规范》进行，进场的测量仪器设备进行核定校正。会同建设单位一起对红线桩测量控制点进行实地校测，根据设计院给定总平面坐标系统校对坐标，计算各主要部位放样坐标，进行现场放样，将放样成果交底给现场施工管理员。使施工员对施工场地现状有明确的认识，制订科学合理的施工方案。综上所述，工程测量对现场施工管理起到指导作用，明确了施工的方向，避免盲目指挥操作。

在工程建设过程中，工程测量既是保证工程有效进行的重要手段，同时也是对图纸中各项数据进行复核的重要措施。为了保证工程整体建设效果和建设质量，我们应充分认识到工程测量的重要性，并在工程建设中全面应用工程测量手段，全面提高工程测量的准确性，为工程建设提供有力的手段支持，确保工程测量能够在工程建设中发挥积极作用。

1.4 建筑工程测量的任务与作用

1.4.1 工程测量的任务与作用

无论是建筑工程测量，还是市政工程测量均分两个阶段进行。

（1）设计测量：将拟建地区的地面现状（包括地物、地貌）测出，其成果用数值表示或按一定比例缩绘成平面图或地形图，作为工程规划、设计的依据，这项工作称为设计测量或地形测绘。

（2）施工测量：将设计图上规划、设计的建筑物、构筑物，按设计与施工的要求，测设到地面上预定的位置，作为工程施工的依据，这项工作称为施工测量或施工放线。

1.4.2 工程施工测量的任务与作用

建筑工程施工测量分四个阶段进行。

（1）施工准备阶段：校核设计图纸与建设单位移交的测量点位、数据等测量依据。根据设计与施工要求编制施工测量方案，并按施工要求进行施工场地及暂设工程测量。根据批准后的施工测量方案，测设场地平面控制网与高程控制网。场地控制网的坐标系统与高程系统应与设计一致。

（2）施工阶段：根据工程进度对建筑物、构筑物定位放线、轴线控制、高程抄平与竖向投测等，作为各施工阶段按图施工的依据。在施工的不同阶段，做好工序之间的交接检查工作与隐蔽工程验收工作，为处理施工过程中出现的有关工程平面位置、高程和竖直方向等问题提供实测标志与数据。

（3）工程竣工阶段：检测工程各主要部位的实际平面位置、高程和竖直方向及相关尺寸，作为竣工验收的依据。工程全部竣工后，根据竣工验收资料，编绘竣工图，作为工程运行、管理的依据。

（4）变形观测：对设计与施工指定的工程部位，按拟定的周期进行沉降、水平位移与倾斜等变形观测，作为验证工程设计与施工质量的依据。

总的来看，建筑工程测量工作可分为两类：一类是测定点的坐标，如测绘地形图、竣工测量、建筑物变形观测，这类工作称为测定；另一类是将图纸上坐标已知的点在实地上标定出来，如施工放样，这类工作称为测设。

基础同步

一、选择题

1. 国际单位制中，表示大面积土地面积除了用平方千米外，还可以用（　）表示。

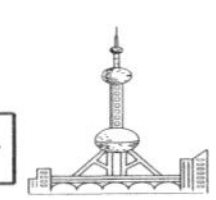

A. 平方分米　　B. 亩　　C. 公里　　D. 公顷

2. 下列长度单位换算关系中，错误的是（　）。

A. 1 公分等于 1 分米　　B. 1 公里等于 1000 米

C. 1 米等 1000 毫米　　D. 1 毫米等于 1000 微米

3. 表示土地面积一般不用（　）表示。

A. 公顷　　B. 平方公里　　C. 平方米　　D. 平方分米

4. 下列度量单位中，不属于长度单位的是（　）。

A. 公尺　　B. 公顷　　C. 公分　　D. 分米

5. 下列关于角度单位，说法错误的是（　）。

A. 测量上一般不直接用弧度为角度单位

B. 以度为单位时可以是十进制的度，也可以用 60 进制的组合单位度分秒表示

C. 度是国际单位制单位

D. 分、秒是测量中表示角度的常用单位

6. 工程施工结束后，需要进行（　）测量工作。

A. 施工　　B. 变形　　C. 地形　　D. 竣工

7. 工程设计阶段，需要在地形图上进行（　）工作。

A. 长期规划及技术设计　　B. 总体规划及技术设计

C. 总体规划及技术总结　　D. 长期规划及技术总结

8. 下列关于对测绘资料的保存或处理，说法错误的是（　）。

A. 有报废的测绘资料需经有关保密机构同意才能销毁

B. 数字化测绘资料比传统的纸介质数据资料更好保管和保密

C. 公开的测绘资料不得以任何形式向外扩散

D. 任何单位和个人不得私自复制测绘资料

9. 建筑工程施工测量的基本工作是（　）。

A. 测图　　B. 测设　　C. 用图　　D. 识图

10. 将设计的建（构）筑物按设计与施工的要求施测到实地上，以作为工程施工的依据，这项工作叫做（　）。

A. 测定　　B. 测设　　C. 地物测量　　D. 地形测绘

11. GPS 绝对定位直接获得的测站坐标，其系统为（ ）。

A. 北京 54　　B. CGCS2000　　C. 西安 80　　D. WGS84

12.（多选）下列关于建筑工程测量的描述，正确的是（　）。

A. 工程勘测阶段，不需要进行测量工作

B. 工程设计阶段，需要在地形图上进行总体规划及技术设计

C. 工程施工阶段，需要进行施工放样

D. 施工结束后，测量工作也随之结束

E. 工程竣工后，需要进行竣工测量

13.（多选）下列关于建筑工程测量的说法中，属于正确说法的是（　）。

A. 工程勘测阶段，不需要进行测量工作

B. 工程设计阶段，需要在地形图上进行总体规划及技术设计

C. 工程施工阶段，需要进行施工放样

D. 施工结束后，测量工作也随之结束

E. 施工范围小，建筑工程施工放样可以不做控制测量

14.（多选）工程施工各阶段中，需要进行实地测量工作的有（　）阶段。

A. 勘测　B. 设计　C. 预算　D. 施工　E. 竣工

15.（多选）目前，4大全球导航卫星系统GNSS是指（　），还包括区域系统和增强系统，其中区域系统有日本的QZSS和印度的IRNSS，增强系统有美国的WASS、日本的MSAS、欧盟的EGNOS、印度的GAGAN以及尼日尼亚的NIG-GOMSAT-1等。

A. 中国北斗卫星导航系统BDS

B. 俄罗斯GLANESS

C. 欧盟GALILEO

D. 城市连续运行参考站系统CORS

E. 美国GPS

16.（多选）下列关于GPS测量说法，正确的有（　）。

A. GPS指的是全球定位系统

B. GPS分为空间部分、地面部分和用户终端部分

C. GPS测量不受外界环境影响

D. GPS可用于平面控制测量

E. GPS分为静态测量和动态测量

二、填空题

1. 测量学是研究__________和__________的科学。

2. 全球四大卫星导航系统是指：__________、__________、__________、__________。

3. 北斗卫星导航系统由__________、__________、__________三部分组成。

4. 建筑工程施工测量分__________、__________、__________、__________四个阶段。

三、判断题

1. 测绘地形图、竣工测量这样的工作在测量中属于测定工作。（　　）

2. 施工阶段要根据设计与施工要求编制施工测量方案。（　　）

3. 注册测绘师可受聘于多个具有测绘资质的单位进行执业。（　　）

4. 工程测量是一项基础性工作，为工程建设各阶段服务。（　　）

四、简答题

1. 简述工程测量的应用？

2. 建筑工程施工测量施工阶段的任务？

3. 简述本课程的目的？

项目二 工程测量基本知识

2.1 测量工作的基准面和基准线

2.1.1 地球的形状和大小

地球形状，即地球的外形。人类进行了很久的探索，最早由麦哲伦实现环球航行，证实了地球是一个球体。随着人类科技的发展和现代探测技术的运用，人们最终发现地球是个两极稍扁、赤道略鼓的不规则球体。地球的平均赤道半径约为6378km，极半径约为6357 km。在地球表面，有高山、盆地、河流、湖泊和海洋等，可以说地球表面是一个极不规则的曲面，但相对于整个地球而言，这些高低起伏变化是微小的。测量学里用大地体表示地球形体。由大地水准面所包围的地球形体，称为大地体。大地体是地球的物理模型，接近于一个椭圆绕其短轴旋转而成的旋转椭球体。因此在几何大地测量中，采用旋转椭球体去逼近大地体，而作为地球的几何形体（图 2.1）。在测量精度要求不高的情况下，可以把地球看作是球体，其半径为6371 km。

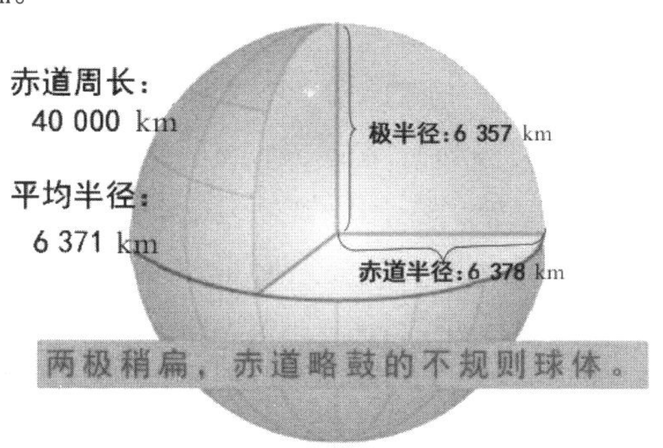

图 2.1 地球椭球体

根据测量要求的不同，可将地球形状进行不同的简化：自然体→大地体→地球椭球体→球体→局部平面。

自然体：高低起伏的自然形体。

大地体：大地水准面包围的形体。

地球椭球体：长半径为 6 378 km，短半径为 6 357 km，扁率 r =1/298.257（扁率较小）的椭球体。

球体：半径为 6 371 km 的球体。

局部平面：以 10 km 为半径的区域，在有些测量中可以用水平面代替大地水准面。

2.1.2 铅垂线、水平面、水准面、大地水准面、重力等位面

地球面积为 5.1 亿 km^2，海洋面积约占地球表面的 70.8%，约为 3.61 亿 km^2，而陆地仅占 29.2%，约为 1.49 亿 km^2。假设有一个静止的海水面向陆地延伸，封闭地球，从而形成一个封闭的曲面，该曲面称为水准面。人们把由此形成的封闭体看作地球的基本形体。

由于地球的自转运动，地球上任何一质点同时受到地球引力与离心力的作用，两者合力就是我们所说的重力，重力的方向线称为铅垂线，铅垂线也是测量工作的基准线。

水准面是受地球重力影响而形成的，是一个处处与重力方向垂直的连续曲面，并且是一个重力场的等位面，与水准面相切的平面称为水平面。水准面可高可低，因此符合上述特点的水准面有无数多个，我们把其中与平均海水面相吻合并向大陆、岛屿内延伸而形成的闭合曲面，称为大地水准面。大地水准面是测量工作的基准面。大地水准面所包围的地球形体，叫做大地体。从总体形状来看，地球的形状可以用大地体来表述。

重力等位面：重力等位面又称“重力等势面”，是指连结重力位相同点所构成的面，它处处与重力的方向垂直，所以也称为水平面或水准面，（即物体沿该面运动时，重力不做功，如水在这个面上是不会流动的）。重力等位面有无限多，将其中与静止海洋面完全重合的重力等位面称为大地水准面。

由于地球引力大小和其内部质量分布有关，而地球内部质量的分布又不均匀，从而引起地面点的铅垂线产生了不规则的变化，因此大地水准面实际上是一个有一定起伏且不规则的曲面（图 2.2）。如果在这个复杂曲面上进行数据处理，是非常困难的。为了解决这个问题，在测绘工作中常选用一个表面非常接近大地水准面并且可以用数学模型表达的几何形体来代替地球的几何形状，此几何形体通常称为地球椭球体，其表面作为测量计算工作的基准面。地球椭球体是一个椭圆绕其短轴旋转而成的形体，地球椭球体又称为旋转椭球体，亦即选取合适的长半轴、短半轴的椭圆绕其短轴旋转一周而得到的形体，其表面称为旋转椭球体，又称为参考椭球面。参考椭球面是测量工作的基准面，若对参考椭球面的数学式加入地球重力异常变化参数的改正，便得到大地水准面的近似的数学式。但在实际工作中，通常是以大地水准面作为测量的基准面，以铅垂线为基准线，因此在大范围测量时需进行转化。在小范围测量时，对测量成果要求不高时可以不必转化。

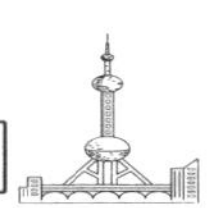

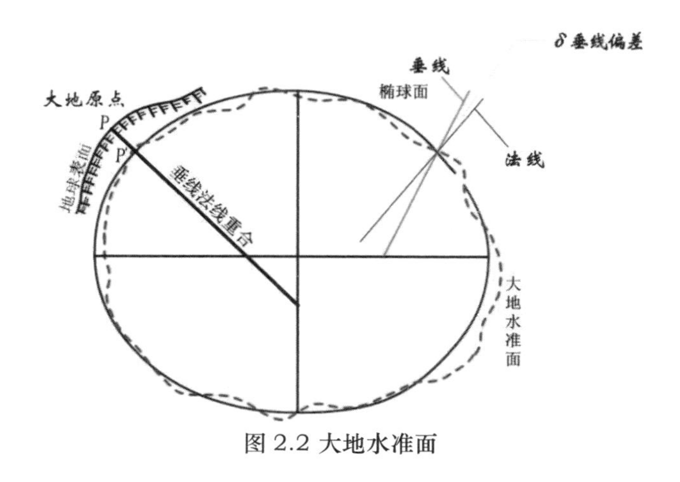

图 2.2 大地水准面

2.2 地面点位的确定

2.2.1 确定地面点位的方法

确定地面点的位置，通常是求出它与大地水准面的关系。从几何学中知道，一点的空间位置需要三个独立的量来确定。在测量学中，这三个量就是地面点在大地水准面上的投影位置（两个参数）和该点到大地水准面的铅垂距离。

也可以理解为将地球表面的点沿铅垂线投影到基准面上，然后在基准面上建立坐标系，确定此点在坐标系中的位置及此点到基准面的铅垂距离。

2.2.2 地面点的高程

地面点沿垂线方向至大地水准面的距离称为该点的绝对高程（或称海拔），简称高程，用 H 表示；地面上某一点到任一假定水准面的垂直距离称为该点的假定高程或相对高程，用 H' 表示。如图 2.3 所示，H_A、H_B 分别代表地面点 A、B 的绝对高程，H_A'、H_B' 分别代表 A、B 点的相对高程。

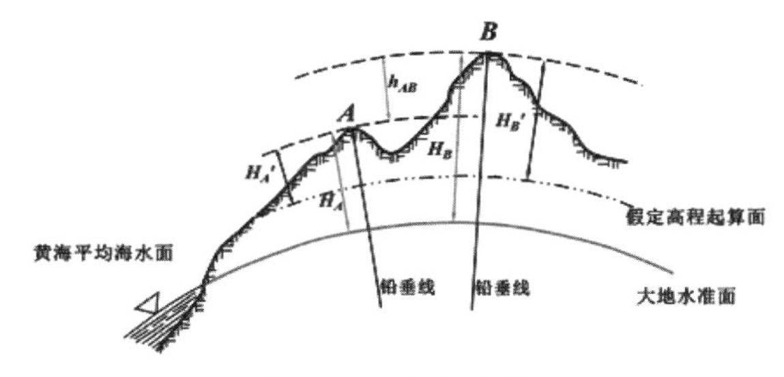

图 2.3 高程与高差

两地面点的绝对高程或假定高程之差称为高差。高差是相对的，其值有正、负，如果测量方向由 A 到 B，A 点高，B 点低，则高差 $h_{AB}=H_B-H_A=H'_B-H'_A$，为负值；若测量方向由 B 到 A，即由低点测到高点，则高差 $h_{BA}=H_A-H_B=H'_A-H'_B$，为正值。显然 $h_{AB}=h_{BA}$。

图 2.4 青岛市观象山水准原点

我国采用的“1985 年国家高程基准”，是以 1952 年至 1979 年青岛验潮站观测资料确定的黄海平均海水面，作为绝对高程基准面。并在青岛市观象山建立了国家水准原点，其高程为 72.260 m，作为我国高程测量的依据。由于地球内部质量的不均一，地球表面各点的重力线方向并非都指向球心一点。这样就使处处和重力线方向相垂直的大地水准面，形成一个不规则的曲面。因而世界各国有各自确立的平均海平面，即大地水准面。

我国水准原点位于山东青岛市大港 1 号码头西端青岛观象台的验潮站内一间特殊的房屋，室内有一直径 1 m，深 10 m 的验潮井，有三个直径分别为 60 cm 的进水管与大海相通（如图 2.5 所示）。

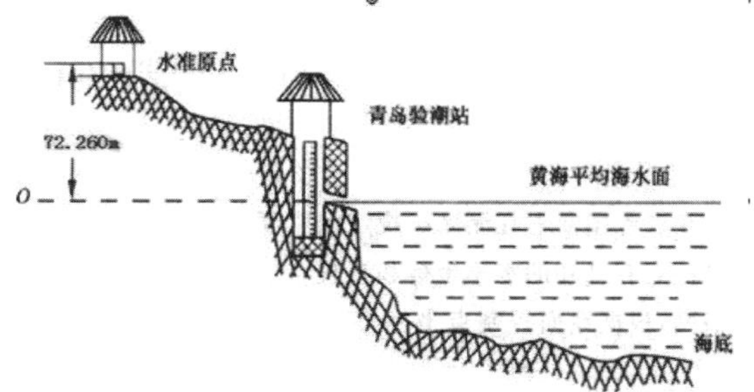

图 2.5 青岛监测站平面图

水准原点的标石是用坚固的花岗岩石柱筑成，用混凝土牢固地粘附在坚固的岩石上。在柱石顶端凿有一竖孔，镶嵌一玛瑙标志，顶部为半球形。全国的海拔高度都以这一原点为高程起点进行测量，然后加上 72. 260 m，便得到海拔高度。比如全世界最高峰珠穆朗玛峰的海拔高度便是从位于青岛的这一国家水准原点测量计算出来的。

我国于 1956 年规定以黄海（青岛）的多年平均海平面作为统一基面，叫“1956 年黄海高程系统”，为中国第一个国家高程系统，从而结束了过去高程系统繁杂的局面。但由于计算这个基面所依据的青岛验潮站的资料系列（1950 年—1956 年）较短等原因，中国测绘主管部门决定重新计算黄海平均海面，以青岛验潮站 1952 年—1979 年的潮汐观测资

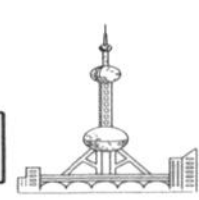

料为计算依据，叫“1985 国家高程基准”，并用精密水准测量位于青岛的中华人民共和国水准原点，得出 1985 年国家高程基准高程和 1956 年黄海高程的关系为：1985 年国家高程基准高程等于 1956 年黄海高程减去 0.029 m。1985 年国家高程基准已于 1987 年 5 月开始启用，1956 年黄海高程系同时废止。1956 黄海高程水准原点的高程是 72.289 m。1985 国家高程系统的水准原点的高程是 72.260 m。习惯说法是“新的比旧的低 0.029 m”，黄海平均海平面是“新的比旧的高”。

由于潮汐存在波长为 19 年的周期变化，所以高程基准应采用 19 年的观测数据进行计算。其实，1985 国家高程基准就是这么计算来的。具体计算方法是：根据 1952 年—1979 年的潮汐观测资料，计算时取 19 年的资料为一组，滑动步长为 1 年，得到 10 组以 19 年为一个周期的平均海面，取均值得到的结果作为黄海平均海水面，然后再推算出水准原点的高程。

2.2.3 地面点的坐标

地面点在大地水准面上的投影，可用地理坐标来表示，即天文经度和纬度。它通常用在大地测量和地图绘制中。而在小地区的工程测量中，可将其大地水准面看成水平面，则地面点的投影可用平面直角坐标来表示。

1. 地理坐标

地理坐标是用纬度、经度表示地面点位置的球面坐标。当研究整个地球的形状或进行大区域范围的测量工作时，可采用如图 2.6 所示的球面坐标系统来确定点的位置。地面点的坐标可用经度 λ 和纬度 ϕ 表示，经度 λ 和纬度 ϕ 称为该地面点的地理坐标。例如，北京某点 P 的地理坐标为东经 116° 20′，北纬 39° 36′。

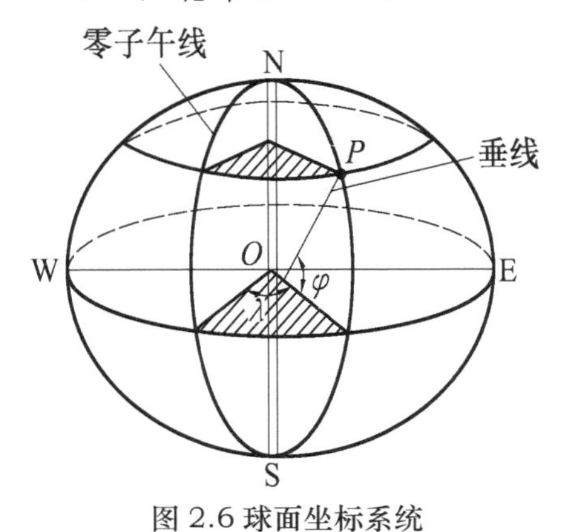

图 2.6 球面坐标系统

所有垂直于地轴的平面与地球椭球面的交线，称为纬线。赤道纬度为零，赤道以北为北纬，以南为南纬，向北向南各分 90°。纬度不同的纬线长度不相等。经线，也称子午线，和纬线一样是人类为度量方便而假设出来的辅助线，定义为在地球仪表面连接南北两极并垂直于纬线的半圆。地球上一切通过地轴的平面与地面相截而成的大圆称为“经线圈”。

经线圈被两极分成的半圆称为“经线”。任两根经线的长度相等，相交于南北两极点。每一根经线都有其相对应的数值，称为经度。经线指示南北方向。国际上统一规定以通过英国伦敦格林威治天文台的经线为起始经线（0°），也叫本初子午线。从起始经线开始，向东、西各以 180° 计算，向东称东经，向西称西经。所有通过地轴的平面，都和地球表面相交而成为（椭）圆，这就是经线圈，每个经线圈都包括两条相差 180°的经线。所有经线都在两极交会，呈南北方向，长度也彼此相等。经纬线相互交织构成经纬网，以经度、纬度表示地面上点的位置的球面坐标称为地理坐标。例如：我国首都北京位于北纬 40°和东经 116°的交点附近，昆明位于北纬 25°和东经 103°的交点附近。

2. 平面直角坐标

地理坐标是球面坐标，若直接用于工程建设规划、设计、施工，会带来很多计算和测量不便。为此，须将球面坐标按一定数学法则归算到平面上，即测量工作中所称的投影。我国采用的是高斯投影法（高斯克吕格投影）。

（1）高斯平面直角坐标

第一步：高斯分带

我国采用 6°分带和 3°分带：

6°分带投影（图 2.7）：即经差为 6°，从零度子午线开始，自西向东每个经差 6°为一投影带，全球共分 60 个带，用 1，2，3，4，5……表示，即东经 0 ～ 6°为第一带，其中央经线的经度为东经 3°，东经 6 ～ 12°为第二带，其中央经线的经度为 9°。

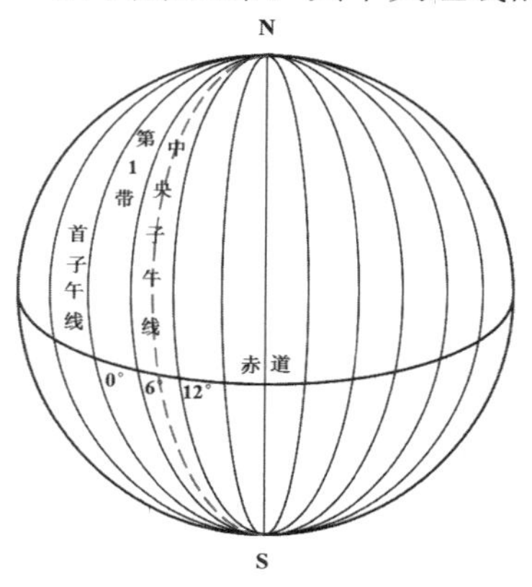

图 2.7 高斯 6 度分带

位于每一带中央的子午线称为中央子午线，第一带中央子午线的经度为 3°，各 6° 带中央子午线的经度 L_0 与带号 N 的关系为：

$$L_0 = 6°N - 3°$$

第二步：高斯投影

如图 2.8 所示，假想有一个椭圆柱面横套在地球椭球体外面，并与某一条子午线（此子午线称为中央子午线或轴子午线）相切，椭圆柱的中心轴通过椭球体中心，然后用一定

投影方法，将中央子午线两侧各一定经差范围内的地区投影到椭圆柱面上，再将此柱面展开即成为投影面，此投影为高斯投影。高斯投影是正形投影的一种。

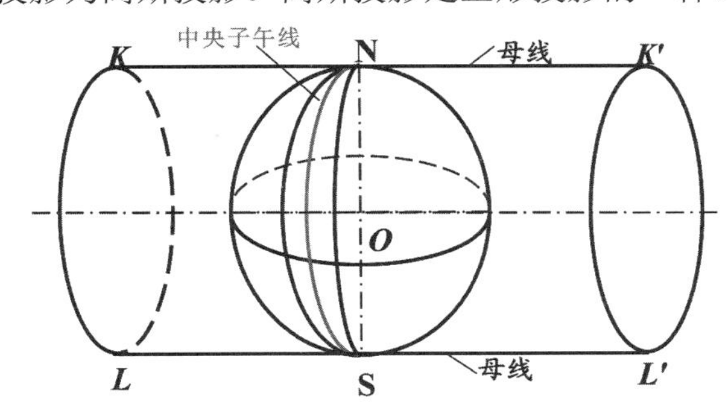

图 2.8 高斯投影

高斯 - 克吕格投影这个投影是由德国数学家、物理学家、天文学家高斯于 19 世纪 20 年代拟定，后经德国大地测量学家克吕格于 1912 年对投影公式加以补充，故称为高斯 - 克吕格投影，又名“等角横切椭圆柱投影”，是地球椭球面和平面间正形投影的一种。

高斯克吕格投影这一投影的几何概念是，假想有一个椭圆柱与地球椭球体上某一经线相切，其椭圆柱的中心轴与赤道平面重合，将地球椭球体面有条件地投影到椭球圆柱面上。

高斯克吕格投影条件：

①中央经线和赤道投影为互相垂直的直线，且为投影的对称轴；

②具有等角投影的性质；

③中央经线投影后保持长度不变。

这种投影，将中央经线投影为直线，其长度没有变形，与球面实际长度相等，其余经线为向极点收敛的弧线，距中央经线越远，变形越大。赤道线投影后是直线，但有长度变形。除赤道外的其余纬线，投影后为凸向赤道的曲线，并以赤道为对称轴。经线和纬线投影后仍然保持正交。所有长度变形的线段，其长度变形比均大于 1，愈远离中央经线，面积变形也愈大。若采用分带投影的方法，可使投影边缘的变形不致过大。

高斯克吕格投影的变形分析：

①中央经线上无变形，满足投影后长度比不变的条件；

②除中央经线上长度比为 1 以外，其他任何点长度比均大于 1；

③在同一条纬线上，离中央经线越远则变形越大，最大值位于投影带边缘；

④在同一条经线上，纬度越低（纬度低的意思是接近赤道，而不是离天空比较低）变形越大，最大值位于赤道上；

⑤等角投影无角度变形，面积比为长度比的平方；

⑥长度比的等变形线平行于中央轴子午线。

第三步：建立高斯平面直角坐标

投影后（图 2.9），中央子午线与赤道成为相互垂直的直线，其他子午线和纬线成为曲线。取中央子午线为坐标纵轴 X，取赤道为坐标横轴 y，两轴的交点为坐标原点 O，组成高斯平面直角坐标系，规定X轴向北为正，y轴向东为正，坐标象限按顺时针编号。

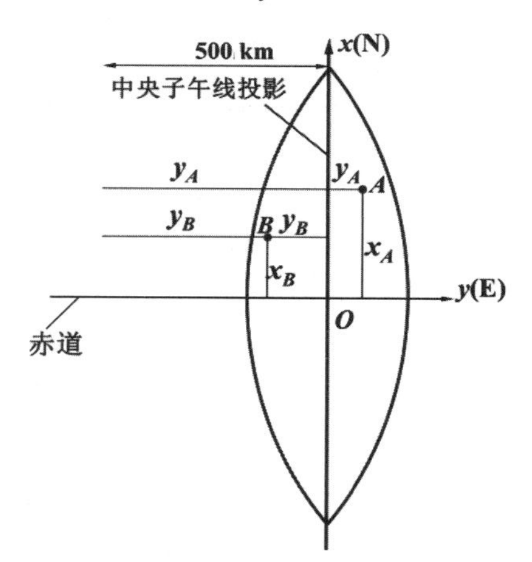

图 2.9 高斯平面直角坐标系

我国位于北半球，X坐标均为正值，y坐标则有正有负，如图 2.10a 所示，设y_A =+136 780m，y_B =-272 440m。为了避免出现负值，将每带的坐标原点向西移 500km，如图 2.10b 所示，纵轴西移后，y_A =500 000+136 780=636 780m，y_B =500 000-272 440=227 560m。为了确定某点所在的带号，规定在横轴之前均冠以带号。设 A，B 点均位于 20 带，则y_A =20 636 780m，y_B =20 227 560m。经上述变换后的高斯平面直角坐标，称为通用坐标（变换前的坐标称为自然坐标）。

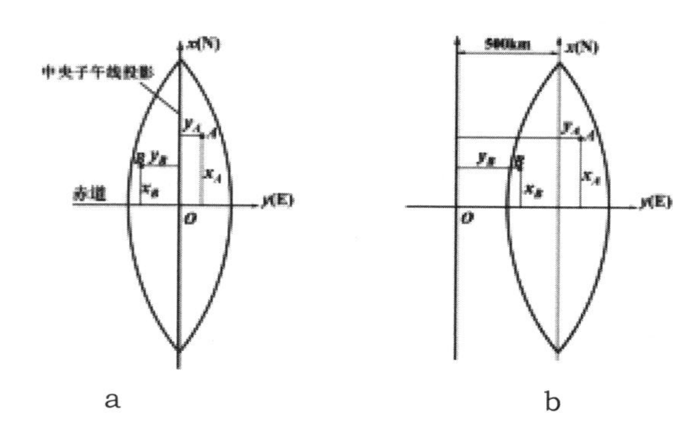

a　　　　b

图 2.10 通用坐标

当要求投影变形更小时，可采用三度分带投影法。它是从东经 1° 30′ 起，每隔经差 3°划分为一带，自西向东将整个地球划分为 120 个带，并依次用阿拉伯数字 1，2，3…表示其带号。在东半球，任一三度带中央子午线的经度 L_0' 与其投影带号 N 的关系为：

$$L_0' = 3°N$$

6°带的中央经线均为 3 度带的中央经线。如图我国经度范围西起 73°，东至 135°，横跨 11 个六°带，对应带号是 13 ～ 23°带，三度带比 6°带大一倍，基本上就是 24 ～ 45°带。中国陆地范围内带号小于 23 的肯定是 6°带，大于等于 24 的肯定是 3°带。（如图 2.11 所示）

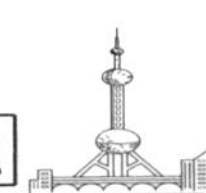

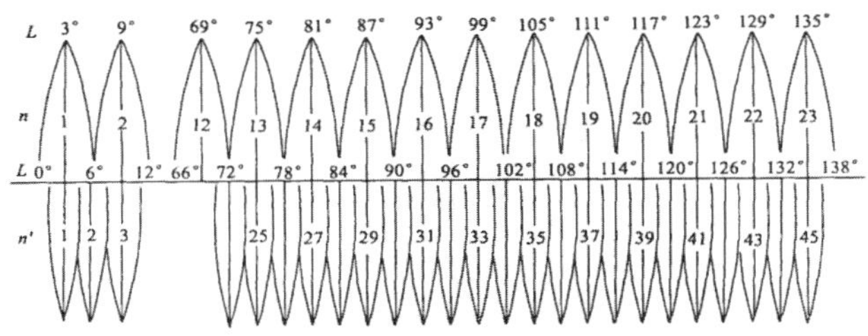

图 2.11 三度带与六度带

如图 2.12 所示，某点坐标为 X =3 263 245m，y =21 534 357m，通过 y 坐标可以看出该点位于第 21 个六°带上，距赤道 3 263 245m，距中央子午线 34 357 m。由于 y 坐标 534 357 m-500 000 m =34 357 m，结果为正表示该点在中央子午线东侧，若结果为负则表示该点在中央子午线西侧。

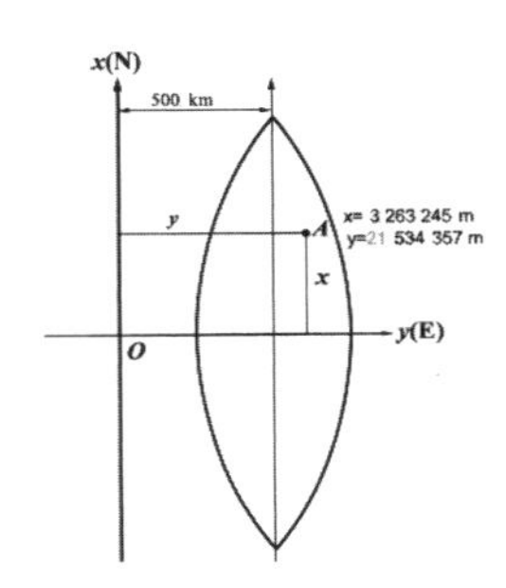

图 2.12 判断点位于中央子午线何处

在三度带中，为避免 y 坐标出现负值，三度带坐标原点同六°带一样向西移动 500 km，但加在坐标前的带号应是三度带的带号。如 C 点所在的中央子午线经度为 105°，y_c =538 640 m，该点所在三度带的带号为 N =105° /3=35，则该点加上带号后的 y 坐标值为 y_c =35 538 640 m。

例：如图 2.13 所示，若我国某处地面点 P 的高斯平面直角坐标值为：X =3 102 467.28m，y =20 792 538.69 m。问：

（1）该坐标值是按几度带投影计算求得。

（2）P 点位于第几带？该带中央子午线的经度是多少？P 点在该带中央子午线的哪一侧？

（3）在高斯投影平面上 P 点距离中央子午线和赤道各为多少米？

答：

（1）该坐标值是按 6°带投影计算求得；

（2）P 点位于第 20 带；该带中央子午线的经度是 117 度；P 点在该带中央子午线的东侧；

（3）在高斯投影平面上 P 点距离中央子午线 290 538.69 m；距赤道为 3 102 467.28 m。

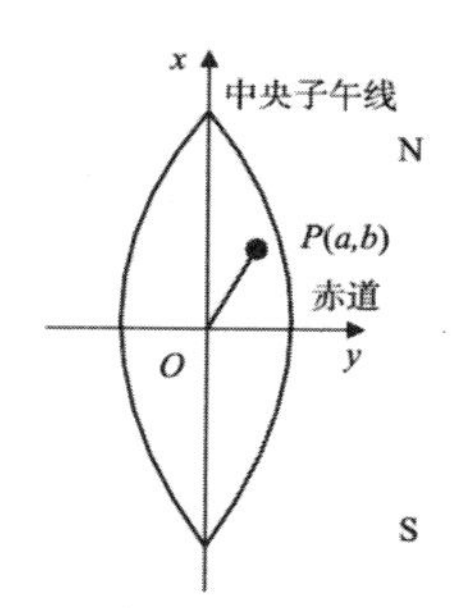

图 2.13 高斯平面直角坐标系

（2）独立平面直角坐标

当测区范围较小时，可将大地水准面看做水平面，并在平面上建立独立平面直角坐标系，由平面直角坐标来代替球面坐标。根据研究分析，在以 10 km 为半径的范围内，可以用水平面代替水准面，由此产生的变形误差对一般测量工作而言，可以忽略不计。

因此，在进行一般工程项目的测量工作时，可以采用平面直角坐标系统，即将小块区域直接投射到平面上进行有关计算；在满足测量工作精度的基础上，简化计算。

图 2.14 为一平面直角坐标系统，规定坐标纵轴为 X 轴且表示南北方向，向北为正，向南为负；横轴为 y 轴且表示东西方向，向东为正，向西为负。为了避免测区内的坐标出现负值，可将坐标原点选择在测区的西南角上。

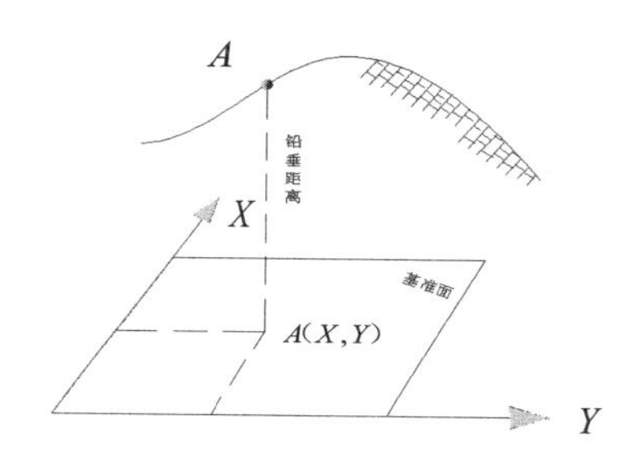

图 2.14 平面直角坐标系统

独立平面直角坐标系，适用于当测量的范围较小，测区附近无任何大地点可以利用，测量任务又不要求与全国统一坐标系相联系的情况下，可以把该测区的地表一小块球面当做平面看待，建立该地区的独立平面直角坐标系。

在房屋建筑或其他工程建筑工地，为了对其平面位置进行施工放样的方便，建筑坐标系使所采用的平面直角坐标系与建筑设计的轴线相平行或垂直，对于左右、前后对称的建筑物，甚至可以把坐标原点设置于其对称中心，以简化计算。将独立平面直角坐标系或建筑坐标系与当地高斯平面直角坐标系进行连测后，可以将点的坐标在这两种坐标系之间进行坐标换算。

2.2.4 用水平面代替水准面的限度

当测区范围小，用水平面代替水准面所产生的误差不超过测量误差的容许范围时，可以用水平面代替水准面。

1. 地球曲率对水平距离的影响

如图 2.15 所示，地面点 A 、 B 、 C 在大地水准面上的投影为 a 、 b 、 c ，在水平面上的投影为 a 、 b' 、 c' ，水平面与大地水准面相切于 a 点。其投影之差 $\Delta D = D' - D$ 。

经数学推导，可以得出：

$$\Delta D = D^3 / 3 D^2 \tag{2-1}$$

$$\Delta D / D = D^2 / 3 D^2 \tag{2-2}$$

式中， D' —— a 与 b' 之间的距离；

D —— a 与 b 之间的弧长；

R ——地球半径， R =6 371 km。

以不同的距离 D 代入式（2-1)、(2-2）可得到不同的结果，见表 2.1。

由表 2.1 可知，当水平距离为 10 km 时，以水平面代替水准面所产生的距离误差仅为距离的 1 ∶ 1 200 000，而目前最精密的距离丈量的容许相对误差为 1 ∶ 1 000 000。由此可以得出一个很重要的结论：在半径为 10 km 的圆面积内可以用水平面代替水准面，这样做所引起的距离误差可以忽略不计。也就是说，对距离测量而言，用水平面代替水准面的限度是以 10 km 为半径的圆面积内。超出这个限度就需考虑地球曲率对距离丈量工作的影响，此时就应用公式（2-1）进行距离修正。

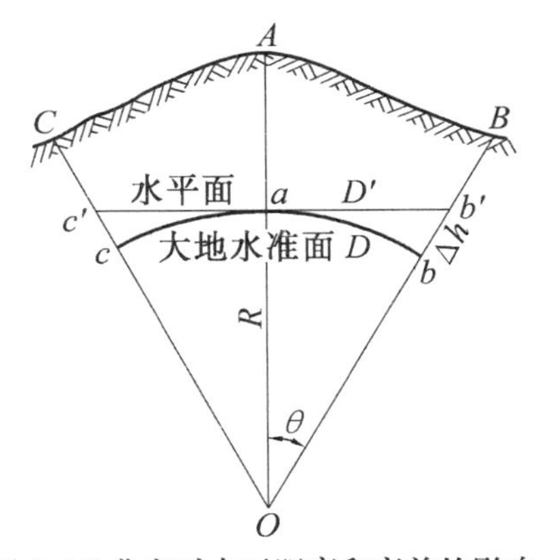

图 2.15 曲率对水平距离和高差的影响

表 2.1 地球曲率对水平距离影响值

D /km	ΔD /cm	$\Delta D / D$
5	0.1	1/4 870 000
10	0.8	1/1 220 000
20	6.6	1/304 000
50	102.7	1/48 700

2. 地球曲率对高程的影响

如图 2.15 所示，地面点 B 的绝对高程为 Bb，如果用水平面代替水准面，则 B 点的高程为 Bb′，其差值 Δh 就是用水平面代替水准面后对高程的影响，见表 2.2。

表 2.2 地球曲率对高程的影响值

D/km	0.05	0.1	0.2	1	10
Δh/mm	0.2	0.8	3.1	78.5	7 850

2.3 测量工作概述

2.3.1 测量工作的基本内容

测量工作的主要目的是确定点的坐标和高程。在实际工作中，常常不是直接测量点的坐标和高程，而是观测坐标和高程已知的点与坐标、高程未知的待定点之间的几何位置关系，然后计算出待定点的坐标和高程。（如图 2.16 所示）

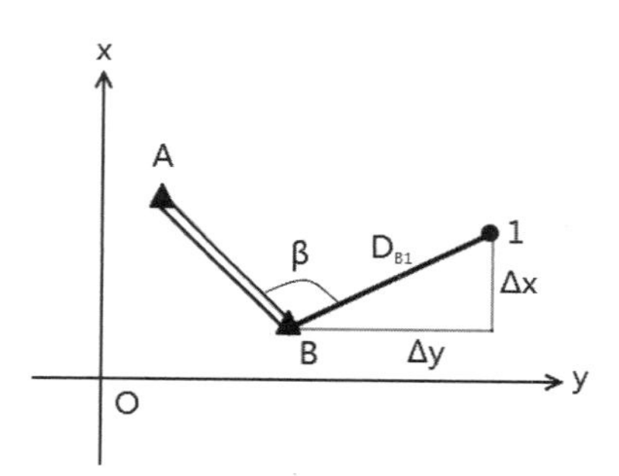

图 2.16 几何位置关系

如前所述，地面点的空间位置是以地面点在投影平面上的坐标（X、y）和高程（H）决定的。图 2.16 中，A、B 为已知点，1 为未知点，只要量出水平角度 β 和水平距离 D_{B1}，即可计算出ΔX、Δy，从而求出未知点坐标：$X_1=X_B+\Delta X$；$y_1=y_B+\Delta y$。测出已知高程点 B 和未知点 1 两点之间的高差 h_{B1}，即可求出未知点 1 的高程：$H_1=H_B+h_{B1}$。可见，测定地面点的坐标主要是测量水平距离和水平角，测定地面点的高程主要是测量高差。

因此，高差测量、角度测量和距离测量是测量工作的基本内容。

测量工作一般分为外业和内业两种。外业工作的内容包括应用测量仪器和工具在测区内所进行的各种测定和测设工作。内业工作是将外业观测的结果加以整理、计算，并绘制成图以便使用。

2.3.2 测量工作的基本原则

测量工作必须遵循两项原则，一是“由整体到局部、先控制后碎部，从高级到低级”，二是“步步要检核”。

1. 测量工作组织原则

（1）布局上：从整体到局部；

（2）程序上：从控制到碎部；

（3）精度上：从高级到低级；

在进行建筑工程测量时，需要测定（或测设）许多特征点（也称碎部点）的坐标和高程。如果从一个特征点开始到下一个特征点逐点进行施测，虽然可以得到各点的位置，但由于测量中不可避免地存在误差，会导致前一点的测量误差传递到下一点，这样累计起来可能会使点位误差达到不可容许的程度，因此测量工作必须按照一定的原则进行。

如图 2.17 所示，布设控制点 A、B、C、…等，进行控制测量，然后再以控制点为基础，进行碎部测量。

图 2.17 先控制后碎部

2. 测量工作的操作原则

步步检核，第一步检核不合要求，绝不做第二步。

在控制测量或碎部测量工作中都有可能发生错误，小错误影响成果质量，严重错误则造成返工浪费，甚至造成不可挽回的损失。为了避免出错，测量工作就必须遵循“步步检核”的原则，前一步工作未做检核，就不进行下一步工作。

2.3.3 计算中数值的凑整规则

测量计算过程中，一般都存在数值取位的凑整问题。由于数值取位的取舍而引起的误差称为凑整误差。为了尽量减弱凑整误差对测量结果的影响，避免凑整误差的累积，在计算中通常采用如下凑整规则：若以保留数字的末位为单位，当其后被舍去的部分大于 0.5 时，则末位进 1；当其后被舍去的部分小于 0.5 时，则末位不变；当其后被舍去的部分等于 0.5 时，则末位凑成偶数，即末位为奇数时进 1，为偶数或零时末位不变（五前单进双不进）。

例如，将下列数据取舍到小数点后三位为

3.141 59 → 3.142

3.513 29 → 3.513

9.750 50 → 9.750

4.513 50 → 4.514

2.854 500 → 2.854

1.258 501 → 1.259

上述的凑整规则对于被舍去的部分恰好等于 5 时凑成偶数的方法作了规定，其他情况与一般数学计算相同。

从统计学的角度，“奇进偶舍”比“四舍五入”要科学，在大量运算时，它使舍入后的结果误差的均值趋于零，而不是像四舍五入那样逢五就入，导致结果偏向大数，使得误差产生积累进而产生系统误差，“奇进偶舍”使测量结果受到舍入误差的影响降到最低。

2.3.4 与测量有关的单位

1. 长度的单位

（1）长度单位是指丈量空间距离上的基本单元，是人类为了规范长度而制定的基本单位。其国际单位是“米”(符号“m”)，常用单位有毫米（mm）、厘米（cm）、分米（dm）、千米（km）、米（m）、微米（μm）、纳米（nm）等。

（2）我国采用的长度单位与国际单位制是一致的，即以“米”作为我国法定的长度计量单位。

（3）“米”的定义起源于法国。1 米的长度最初定义为通过巴黎的子午线上从地球赤道到北极点的距离的千万分之一，并与随后确定了国际米原器。随着人们对度量衡学的认识加深，米的长度的定义几经修改。1983 年起，米的长度被定义为“光在真空中于 1/299 792 458 秒内行进的距离”。

（4）公尺是米的别称，两者是同一长度单位。米又称“公尺”，千米又称“公里”，分米又称“公寸”，厘米又称“公分”，毫米又称“公厘”。1 公尺等于 1 米。公尺与尺不同，尺是另一种长度单位，中国叫“市尺”（现代 3 尺等于 1 米），英国有“英尺”。

（5）公里又称千米，是个长度单位，缩写为“km”，通常用于衡量两地之间的距离。

其常用换算关系如下：1 千米（公里）=1 000 米（公尺）=100 000 厘米（公分）= 1 000 000 毫米（公厘）；1.61 公里 =1 英里。

2. 面积的单位

（1）常用的有：平方千米、公顷、平方米、平方分米、平方厘米；不常用的有：亩、平方毫米。

（2）公顷的单位符号用 hm^2 表示，含义就是百米的平方，也就是 10 000 平方米，即 1 公顷。

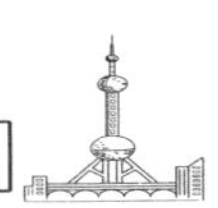

1 公顷 =1/100 平方千米 =10 000 平方米。

（3）1 平方公里（km^2）=100 公顷（ha）=247.1 英亩（acre）=0.386 平方英里（$mile^2$）。

（4）1 公顷（ha）=15 亩 =1 hm^2=10 000 平方米 =2.471 英亩（acre）=0.01 平方千米（其中 h 表示百米，hm^2 的含义就是百米的平方）。

（5）1 亩 =2000/3 平方米≈ 666.666 平方米。

3. 角度的单位

（1）弧度制：用弧度测量角的大小的制度叫做弧度制。（国际单位）

弧度（rad）——一个圆内两条半径之间的平面角。这两条半径在圆周上截取的弧长与半径相等。长度等于半径的弧长所对的圆心角叫做 1 弧度，记作 1 rad。

单位弧度定义为圆周上长度等于半径的圆弧与圆心构成的角。由于圆弧长短与圆半径之比，不因为圆的大小而改变，所以弧度数也是一个与圆的半径无关的量。角度以弧度给出时，通常不写弧度单位，有时记为 rad 或 R。

（2）角度制：

用度（°）、分（′）、秒（″）来测量角的大小的制度叫做角度制。

角度制中，1° =60′，1′ =60″，1′ =（1/60）°，1″ =（1/60）′。

用度作为单位来度量角的单位制叫做角度制。注意“度”是单位，而非“1 度”。规定周角的 360 分之一为 1 度的角，半周就是 180 度，一周就是 360 度。由于 1 度的大小不因为圆的大小而改变，所以角度大小是一个与圆的半径无关的量。

（3）弧度制与角度制单位换算

根据弧度的定义，以长为圆周长（2π ）的弧所对的圆心角为 2π 弧度，半个圆周长的弧所对的圆心角为 π 弧度。主要把握 180° =π rad 这个关系式。

360 度 =2π，所以：1 度 =π/180 ≈ 0.017 45 弧度，1 弧度 =180/π ≈ 57.3 度。

例如：1 度 =π/180 弧度，则 30 度转换成弧度值：弧度 =30× π/180。

基础同步

一、单项选择题

1. 高斯投影能保持图上任意的（ ）与实地相应的数据相等，在小范围内保持图上形状与实地相似。

A. 长度　B. 角度　C. 高度　D. 面积

2. 进行高斯投影后，离中央子午线越远的地方，长度（ ）。

A. 保持不变　B. 变形越小　C. 变形越大　D. 变形无规律

3. 1985 年国家高程系统的水准原点高程是（ ）。

A. 72.289　B. 72.389　C. 72.260　D. 72.269

4. 地球的近似半径为（ ）千米。

A. 6471　B. 6371　C. 6271　D. 6171

5. 目前，我国采用的统一测量高程基准和坐标系统分别是（　）。
A. 1956 年黄海高程基准、1980 西安坐标系
B. 1956 年黄海高程基准、1954 年北京坐标系
C. 1985 国家高程基准、2000 国家大地坐标系
D. 1985 国家高程基准、WGS-84 大地坐标系
6. 大地水准面是（　）。
A. 大地体的表面　　B. 地球的自然表面
C. 一个旋转椭球体的表面　　D. 参考椭球的表面
7. 大地水准面是通过（　）的水准面。
A. 赤道　　B. 地球椭球面
C. 平均海水面　　D. 中央子午线
8. 地球上自由静止的水面，称为（　）。
A. 水平面　　B. 水准面
C. 大地水准面　　D. 地球椭球面
9. 测量工作的基本原则中“由高级到低级”，是对（　）方面做出的要求。
A. 测量布局　　B. 测量程序
C. 测量精度　　D. 测量质量
10. 测量工作的基本原则中“先控制后碎部”，是对（　）方面做出的要求。
A. 测量布局　　B. 测量程序
C. 测量精度　　D. 测量质量
11. 测量工作的基本原则中“从整体到局部”，是对（　）方面做出的要求。
A. 测量布局　　B. 测量程序
C. 测量精度　　D. 测量分工
12. 测量工作的基本原则是“从整体到局部、（　）、由高级到低级”。
A. 先控制后碎部　　B. 先测图后控制
C. 控制与碎部并行　　D. 测图与控制并行
13. 下列关于水准面的描述，正确的是（　）。
A. 水准面是平面，有无数个
B. 水准面是曲面，只有一个
C. 水准面是曲面，有无数个
D. 水准面是平面，只有一个
14. 测量工作的基准面是（　）。
A. 大地水准面　　B. 水准面　　C. 水平面　　D. 平均海水面
15. 大地水准面可以用一个与它非常接近的椭球面来代替，这个椭球面称为（　）。
A. 参考面　　B. 参考椭球面　C. 地球面　　D. 参考地球面

16. 相对高程的起算面是（　）。

A. 平均海水面　B. 水准面　C. 大地水准面　D. 假定水准面

17. 在高斯平面直角坐标系中，横轴为（　）。

A. X轴，向东为正　B. y轴，向东为正

C. X轴，向北为正　D. y轴，向北为正

18. 测量学中，称（　）为测量工作的基准线。

A. 铅垂线　B. 大地线　C. 中央子午线　D. 赤道线

19. 下列关于高斯投影，说法错误的是（　）。

A. 除中央子午线外，其余子午线投影后均为凹向中央子午线的曲线

B. 除赤道外的其余纬圈，投影后均为凸向赤道的曲线

C. 除中央子午线外，椭球面上所有的曲线弧投影后长度都有变形

D. 除赤道外，椭球面上所有的曲线弧投影后长度都有变形

20. 高斯投影采用分带投影的目的是（　）。

A. 保证坐标值为正数　B. 保证形状相似

C. 限制角度变形　D. 限制长度变形

21. 高斯投影中央子午线越远，子午线长度变形（　）。

A. 越大　B. 越小　C. 不变　D. 不确定

22. 静止的海水面向陆地延伸，形成一个封闭的曲面，称为（　）。

A. 水准面　B. 水平面　C. 铅垂面　D. 圆曲面

23. 组织测量工作应遵循的原则是：布局上从整体到局部，精度上由高级到低级，工作顺序上（　）。

A. 先规划后实施　B. 先细部再展开

C. 先碎部后控制　D. 先控制后碎部

24. 将设计的建（构）筑物按设计与施工的要求施测到实地上，以作为工程施工的依据，这项工作叫做（　）。

A. 测定　B. 测设　C. 地物测量　D. 地形测绘

25. 在小范围内，在测大比例尺地形图时，以（　）作为投影面。

A. 参考椭球面　B. 大地水准面　C. 圆球面　D. 水平面

二、多选选择题

26.（多选）下列关于测量记录计算的基本要求中，属于正确说法的是（　）。

A. 计算有序

B. 四舍六入，五看奇偶，奇进偶舍

C. 步步校核

D. 预估结果

E. 各项测量数据记录错误均可以修改

27.（多选）关于大地水准面的特性，下列说法正确的是（　）。

A. 大地水准面有无数个

B. 大地水准面是不规则的曲面

C. 大地水准面是唯一的

D. 大地水准面是封闭的

E. 任意一点的铅垂面总是垂直于该点大地水准面

28.（多选）下列关于建筑工程测量的说法中，属于正确说法的是（　）。

A. 工程勘测阶段，不需要进行测量工作

B. 工程设计阶段，需要在地形图上进行总体规划及技术设计

C. 工程施工阶段，需要进行施工放样

D. 施工结束后，测量工作也随之结束

E. 施工范围小，建筑工程施工放样可以不做控制测量

29.（多选）新中国成立至今，我国先后采用的坐标系统有（　）。

A.1954 年北京坐标系

B.1956 年黄海高程系

C.1980 西安坐标系

D.1985 国家高程基准

E.2000 国家大地坐标系

30.（多选）下列关于建筑工程测量的说法中，属于正确说法的是（　）。

A. 工程勘测阶段，不需要进行测量工作

B. 工程设计阶段，需要在地形图上进行总体规划及技术设计

C. 工程施工阶段，需要进行施工放样

D. 施工结束后，测量工作也随之结束

E. 施工范围小，建筑工程施工放样可以不做控制测量

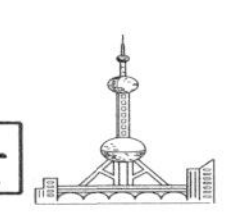

项目三 水准测量

3.1 水准测量的基本原理

3.1.1 基本原理

水准测量的基本原理是利用水准仪提供的水平视线，观测两端地面点上垂直竖立的水准尺，以测定两点间的高差，进而求得待定点高程的方法。

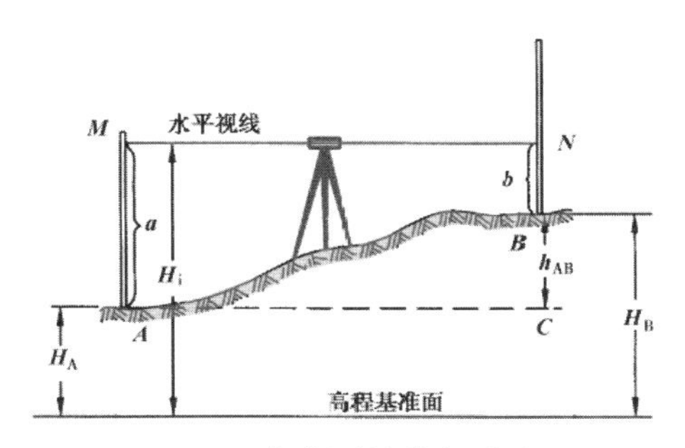

图 3.1 水准测量基本原理

如图 3.1 所示，若要测定 A、B 两点间的高差，则须在 A、B 两点上分别垂直竖立水准标尺，在 A、B 两点中间安置水准仪，用仪器的水平视线分别在 A、B 两点的标尺上读得标尺分划数 a 和 b，则 A、B 两点间的高差为

$$h_{AB}=a-b \tag{3-1}$$

若水准测量是沿 A 到 B 的方向前进，则 A 点称为后视点，其竖立的标尺称为后视标尺，读数值 a 称为后视读数； B 点称为前视点，竖立的标尺称为前视标尺，读数值 b 称为前视读数。

因此，公式（3-1）若用文字表述，即为：两点间的高差等于后视读数减去前视读数。

高差有正（+）负（-）之分。当B点比A点高时，前视读数b比后视读数a要小，高差为正；当B点比A点低时，前视读数 b 比后视读数a要大，高差为负。

因此，水准测量的高差 h 必须冠以“+”号或“-”号。

另外，高差具有方向性。h_{AB}表示B点相对于A点的高程；而h_{AB}则为A点相对于B点的高差，它与h_{AB}的绝对值大小相等，符号相反即

$$H_{BA}=-H_{AB} \tag{3-2}$$

显然，如果 A 点的高程为已知，则 B 点的高程为

$$H_B=H_A+h_{AB}=H_A-h_{BA} \tag{3-3}$$

有时，需要测定较小范围内多个点的高程，可以将仪器置于该范围中央，当视线水平时，分别读取周围各立尺点标尺读数，就可以得到各立尺点的高程。如图 3.2 所示，A点标尺读数为a，则O、A两点间的高差为

$$h_{OA}=i-a \tag{3-4}$$

式中，i——仪器高，即望远镜光轴中心至地面O点的高度，可直接用小钢尺量取。根据O点的高程，就可得到A点的高程。

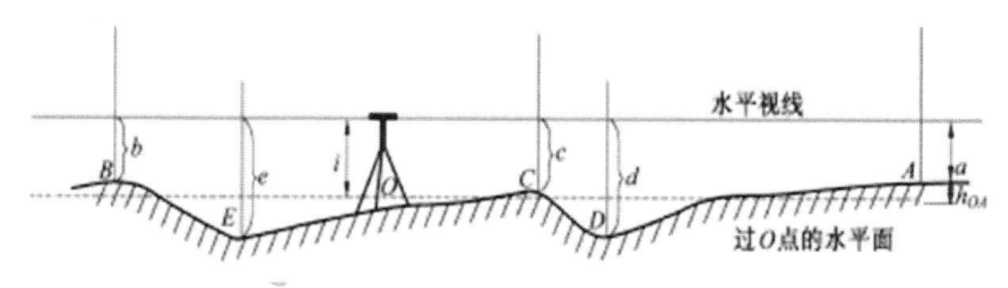

图 3.2　仪器过程

同样，在B、C、D、E等点竖立标尺，读取标尺读数b、c、d、e，按式（2.4）求得各个高差，进而可以计算出B、C、D、E各点的高程。

用这种方法安置一次仪器，可测得周围一系列立尺点的高程。对于范围较小、精度要求不高的水准测量（如场地平整）来说，是一种简单易行的方法。但是，由于视准轴与管水准轴不平行的误差以及由于地球弯曲带来的球差不能消除，这种简易方法得到的各立尺点高程的精度较低，通常不能用于控制测量中。

3.1.2 连续水准测量

在实际工作中，当A、B两点相距较远或者高差较大，安置一次仪器不可能测得两点间的高差时，必须在两点间加设若干个临时的立尺点，并安置若干次仪器。这些临时的立尺点作为传递高程的过渡点，称为转点；安置仪器的地方称为测站。如图 3.3 所示，通过各测站连续测定相邻标尺点间的高差，最后取其代数和即可求得A、B两点间的高差。

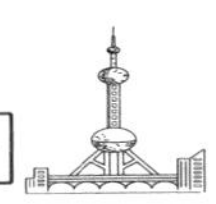

$$h_{AB}=h_1+h_2+\cdots+h_n=\sum_{i=1}^{n}h_i \tag{3-5}$$

$$或\ h_{AB}=\sum_{i=1}^{n}a_i-\sum_{i=1}^{n}b_i \tag{3-6}$$

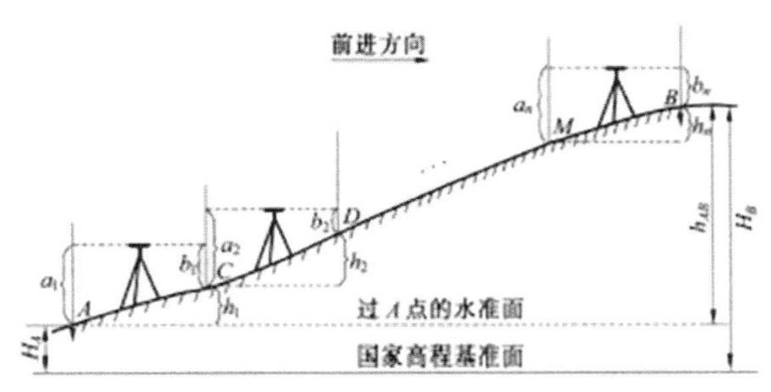

图 3.3 各测站连续测定相邻标尺点间的高差

由此可知，水准测量的结果有以下规律：起点至终点的高差等于各测站高差之总和或所有后视读数之总和减去所有前视读数之总和。在实际作业中，常用式（3.5）计算 A、B 两点间的高差，而用式（3-6）检核有无计算错误。

若已知 A 点的高程 H_A，则 B 点的高程 H_B 为

$$H_B=H_A+h_{AB}=H_A+\sum_{i=1}^{n}h_i \tag{3-7}$$

在图 3.3 所示的水准测量中，待定点 B 的高程是由已知高程的 A 点，经过 C，D，…，M 等转点传递过来的。转点只起传递高程的作用，不需要测出其高程，因此不需要有固定的点位，只需在地面上合适的位置放上尺垫，踩实并垂直竖立标尺即可。观测完毕拿走尺垫继续往前观测。

3.2 DS_3 水准仪和水准测量工具

水准测量所使用的仪器为水准仪，工具为水准尺和尺垫。

3.2.1 水准仪的分类

（1）按精度分类

水准仪是建立水平视线测定地面两点间高差的仪器。我国的水准仪系列标准按其精度分为 DS_{05}、DS_1、DS_3 和 DS_{10} 四个等级。

D 是大地测量仪器的代号，S 是水准仪的代号，均取大和水两个字汉语拼音的首字母。数字 0.5、1、3、10 代表该仪器的精度，即每公里往返测量高差中数的中误差值（以 mm 计）。

其中 DS_{05} 和 DS_1 用于精密水准测量，DS_3 用于一般水准测量，DS_{10} 则用于简易水准测量。建筑工程测量广泛使用 DS_3 级水准仪。我国水准仪系列及其基本参数见表 3.1。

表 3.1 水准仪系列技术参数

水准仪系列型号		DS_{05}	DS_1	DS_3	DS_{10}
每千米往返测高差偶然间误差不大于 /mm		± 0.5	± 1	± 3	± 10
望远镜	物镜有效孔径不小于 /mm	55	47	38	28
	放大倍数	42	38	28	20
水准管分划值 /[(") /2 mm]		10	10	20	20
主要用途		国家一等水准测量及大地测量监测	国家二等水准测量及其他精密水准测量	国家三、四等水准测量及一般工程水准测量	一般工程水准测量

（2）按构造分类

按结构分为微倾水准仪、自动安平水准仪、激光水准仪和数字水准仪（又称电子水准仪）。按精度分为精密水准仪和普通水准仪。

3.2.2 水准仪的构造

1.DS_3 级微倾水准仪的基本构造

DS_3 级微倾水准仪基本构造由望远镜、水准器与基座三部分组成，如图 3.4（a）所示。

①望远镜：包括物镜及物镜对光螺旋、十字丝分划板、目镜及目镜对光螺旋、准星及照门。

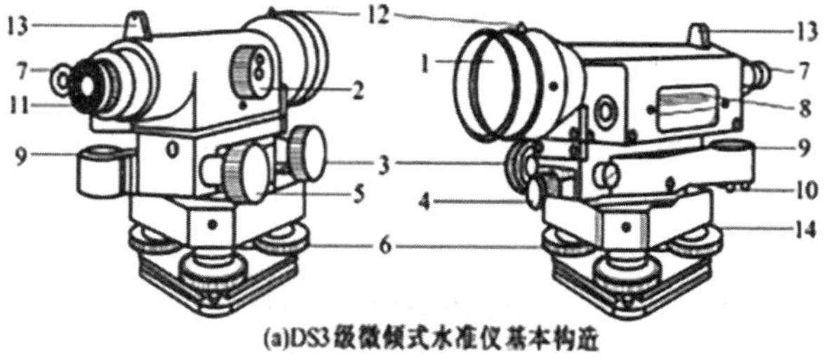

(a)DS3级微倾式水准仪基本构造

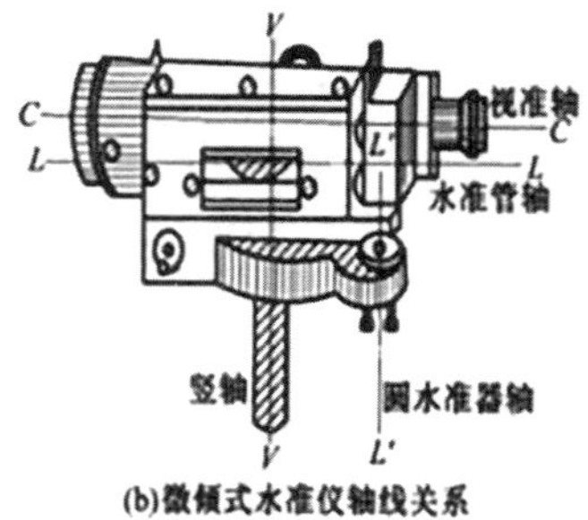

(b)微倾式水准仪轴线关系

1- 物镜；2- 物镜调焦螺旋；3- 微动螺旋；4- 转动螺旋；5- 微倾螺旋；
6- 脚螺旋；7- 管水准器气泡观察窗；8- 管水准器；9- 园水准器；
10- 圆水准器校正螺旋；11- 目镜；12- 准星；13- 照门；14 基座

图 3.4 微倾式水准仪

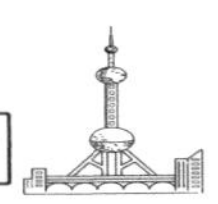

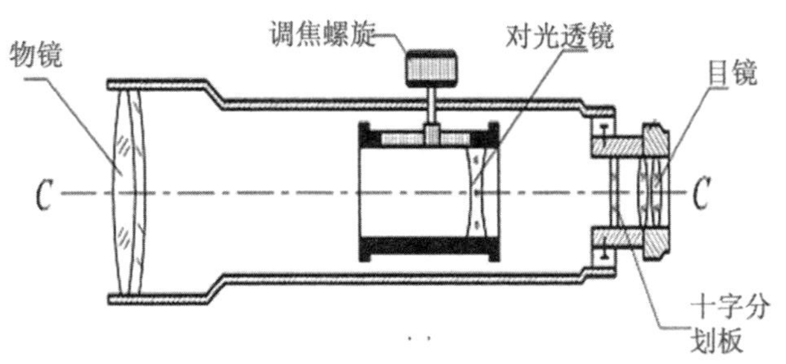

图 3.5 望远镜示意图

物镜和目镜多采用复合透镜组。复合透镜是指两个以上的单体透镜构成的透镜。用一片凸透镜的单体透镜也可以聚光，但为使像差尽量小，得到平衡好的清晰像，必须将各种形式及各种光学玻璃的凸透镜和凹透镜组合起来。将这些凹凸单体透镜单独或胶合组成适于各种目的的复合透镜。一般的镜头几乎 100% 都是复合透镜。

十字丝划板是安装在镜筒内的一块光学玻璃板，上刻有两条互相垂直的长线，竖直的一条称竖丝，横的一条称为横丝或中丝，是为了瞄准目标和读取读数用的。与横丝平行的上、下两条对称的短丝称为视距丝。如图 3.6 所示。

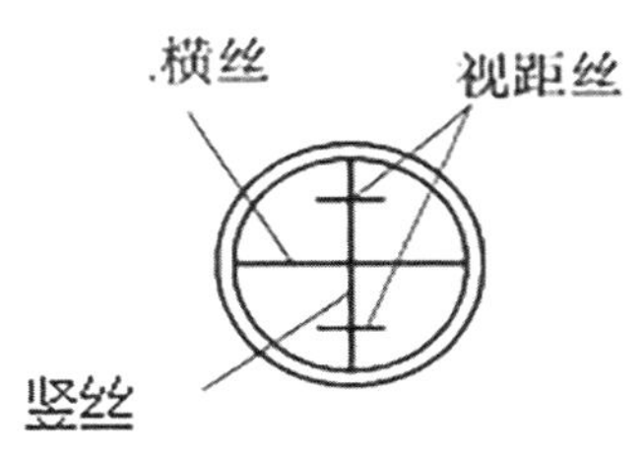

图 3.6 十字丝分划板

转动物镜对光螺旋可以使目标成像清晰的落在十字丝分划板上，转动目镜对光螺旋可以使十字丝影像清晰。

②水准器：包括圆水准器（图 3.7）、管水准器（图 3.8）及微倾螺旋；

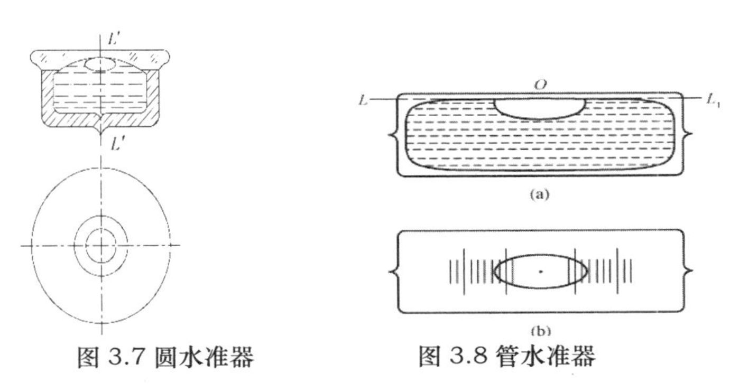

图 3.7 圆水准器　　图 3.8 管水准器

圆水准器顶面的内壁是球面，其中有圆分划圈，圆圈的中心为水准器的零点。圆水准器玻璃盒上表面的内面为球面，其半径为 0.2 ～ 2 m。连接水准器中心点与球心的直线叫作圆水准器轴（L′L′）。通过零点的球面法线为圆水准器轴线，当圆水准器气泡居中时，该轴线处于竖直位置。当气泡不居中时，气泡中心偏移零点 2 mm，轴线所倾斜的角值，称为圆水准器的分划值（分划值不大于 8′/2 mm），由于它的精度较低，故只用于仪器的概略整平。

管水准器又称水准管，是一个封闭的玻璃管，管的内壁在纵向磨成圆弧形。管内盛酒精或乙醚或者两者混合的液体，并留有一气泡。管面上刻有间隔为 2 mm 的分划线，分划的中点称水准管的零点。过零点与管内壁在纵向相切的直线称为水准管轴。当气泡的中心点与零点重合时，称气泡居中，气泡居中时水准管轴位于水平位置。水准管圆弧 2 mm 所对的圆心角称为水准管分划值。安装在 DS_3 级水准仪上的水准管，其分划值不大于 20″ / 2 mm。管水准器分划值小、灵敏度高。

2. 主要轴线（如图 3.4（b）所示）

①视准轴（*CC*）：十字丝中央交点与物镜光心的连线。

②水准管轴（*LL*）：过水准管零点 *O* 与水准管纵向圆弧的切线。

③水准盒轴（*L'L'*）：通过水准盒零点 *O* 的球面法线。

④竖轴（*VV*）：望远镜水平转动时的几何中心轴。

3. 各轴线间应具备的几何关系

① *L'L'* // *VV*：当用定平螺旋定平圆水准器时，仪器竖轴处于水平位置，这样水准仪才能提供水平视线。

② *LL* // *CC*：当用微倾螺旋定平水准管时，视准轴才能处于水平位置，这样水准仪才能提供水平视线。

3.2.3 水准尺、尺垫

（1）水准尺是进行水准测量时用以读数的重要工具。

水准尺有塔尺和双面尺。塔尺如图 3.9（a）示，仅用于等外水准测量，其长度一般为 3 m 或 5 m，分两节或三节套接而成，底端起始数均为 0。每隔 1 cm 或 0.5 cm 涂有黑白或红白相间的分格，每米和分米处皆注有数字。数字有正字和倒字两种。超过 1m 注字，有的直接标注到分米或厘米，如 1.2、1.21 等。

双面尺如图 3.9（b）所示，多用于三、四等水准测量。其长度为 3 m，两根尺为一对。尺的两面均有刻划，一面为黑白相间称为黑面尺，黑面尺底端起始数为 0；另一面为红白相间称为红面尺，红面尺底端起始数，一根尺为 4 686 mm，另一根尺为 4 787 mm。两面尺的刻划均为 1 cm，并在分米处注字。双面尺必须成对使用，用以检核读数。

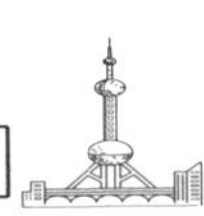

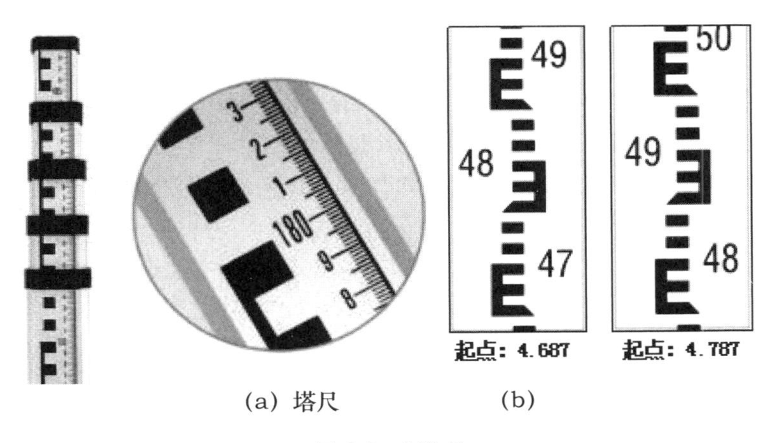

(a) 塔尺　　　　(b)

图 3.9 水准尺

(2) 尺垫

尺垫一般制成三角形铸铁块，中央有一突起的半圆球体，如图 3.10 所示。立尺前先将尺垫用脚踩实，然后竖立水准尺于半圆球体顶上，以防止水准尺下沉及尺子转动时改变其高程。尺垫仅在转点处竖立水准尺时使用。

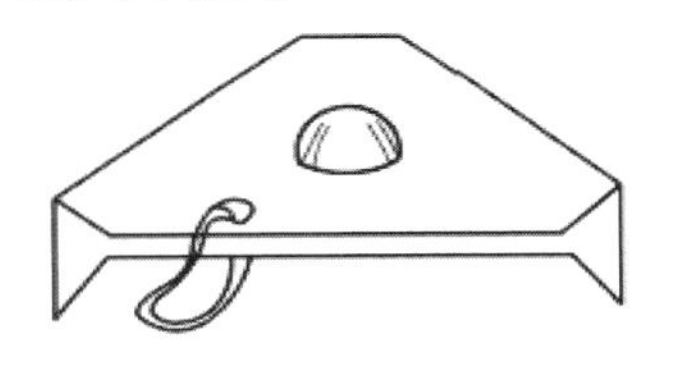

图 3.10 尺垫

3.3 水准仪的使用

3.3.1 普通水准仪的使用

普通水准仪使用操作的主要内容按程序分为：安置仪器－粗略整平－调焦和照准－精确整平－读数。

1. 安置仪器

①选择前、后视距大约相等处设测站。

②在测站上松开脚架固定旋钮，按需要高度调整脚架长度，并拧紧固定旋钮。然后，张开三脚架，用脚尖踏实，并使架头水平。

③从仪器箱中取出水准仪，用连接旋钮将仪器固定于三脚架上。

2. 粗平

①使望远镜平行于任意两个脚旋钮 1 和 2 的连线，如图 3.11（a）所示。然后，用两手以相反方向同时旋动脚旋钮 1 和 2，使圆水准器气泡沿着平行于 1 和 2 连线的方向，由 a 运动至 b。通过操作可以看出气泡运动方向与左手拇指旋动方向相同（左手大拇指法则）。

②再用左手拇指按箭头方向(垂直于 1 和 2 的连线方向)，使气泡由 b 移至中心，如图 3.11(b)所示。

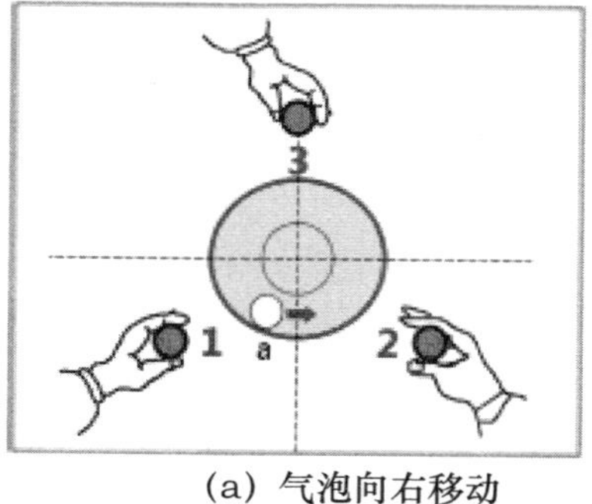

(a) 气泡向右移动

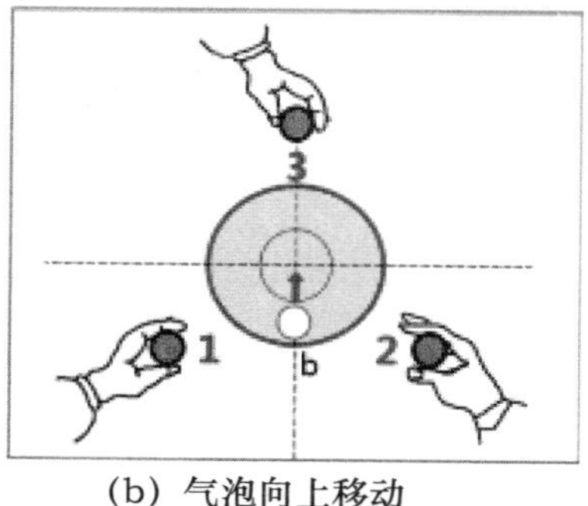

(b) 气泡向上移动

图 3.11 水准仪圆水准器粗平

3. 调焦和照准

①目镜调焦。使望远镜对向明亮的背景，转动目镜对光旋钮，使十字丝清晰。

②初步照准。松开制动旋钮，旋转望远镜使照门和准星的连线瞄准水准尺，拧紧制动旋钮。

③物镜调焦。转动物镜对光旋钮，使水准尺分划清晰，

④精确瞄准。转动微动旋钮，使十字丝竖丝照准水准尺边缘或中央。

⑤消除视差。所谓视差，就是当目镜、物镜对光不够仔细时，目标的影像不在十字丝平面上，以致两者不能同时被看清。（如图 3.12）检查有无视差，可用眼睛接近目镜微微上下移动，发现十字丝横丝在水准尺上相对运动，说明有视差存在。消除视差的方法，应认真对目镜和物镜进行调焦，直至眼睛上下移动读数不变为止。

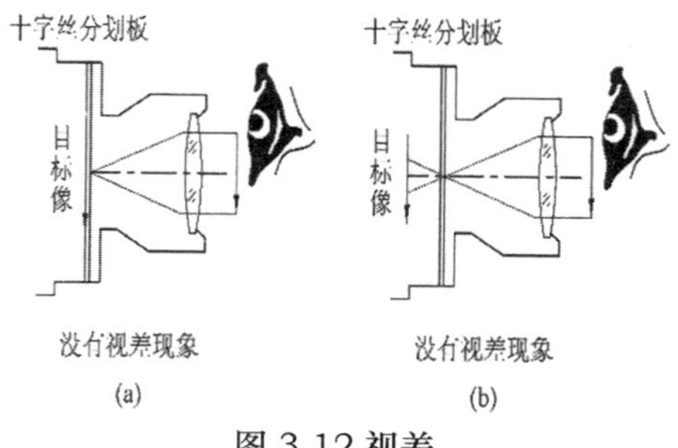

图 3.12 视差

4．精平

微倾式水准仪在水准管的上方安装一组符合棱镜，通过符合棱镜的反射作用，使气泡两端的像反映在望远镜旁的符合气泡观察窗中。若气泡两端的半像吻合时，就表示气泡居中。若气泡的半像错开，则表示气泡不居中，这时，应转动微倾螺旋，使气泡的半像吻合。

眼睛观察水准管气泡，同时右手慢而均匀地转动微倾旋钮，使气泡两端的影像重合，如图 3.13（b）所示。此时，水准仪精平，即望远镜视准轴精确水平。微调旋钮，旋转方向与左侧半边气泡影像移动方向一致，如图 3.13（a）所示。

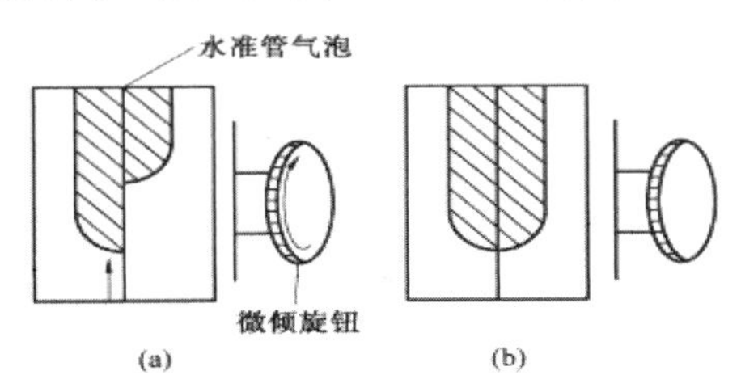

图 3.13 符合水准器精平

5．读数

当水准管气泡两端半边影像重合时，如图 3.13（b）所示，应立即用中丝读取水准尺上读数，直接读 m、dm、cm，估读 mm 共四位。读数时从小数往大数方向读取，如图 3.14 所示。读数后再检查气泡是否居中，若不居中，应重新精平后，再读数。

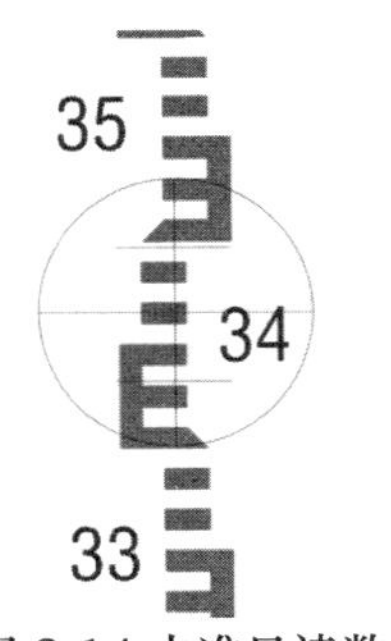

图 3.14 水准尺读数

3.3.2 自动安平水准仪的使用

自动安平水准仪是指在一定的竖轴倾斜范围内，利用补偿器自动获取视线水平时水准标尺读数的水准仪（图 3.15）。也就是利用自动安平补偿器代替管状水准器，在仪器微倾时补偿器受重力作用而相对于望远镜筒移动，使视线水平时标尺上的正确读数通过补偿器后仍旧落在水平十字丝上。自动安平的补偿可通过悬吊字丝，在调焦镜筒至十字丝之间的光路中安置一个补偿器，和在常规水准仪的物镜前安装单独的补偿附件等 3 个途径实现。用此类水准仪观测时，当圆水准器气泡居中仪器放平之后，不需再经手工调整即可读得视线水平时的读数。它可简化操作手续，提高作业速度，以减少外界条件变化所引起的观测误差。

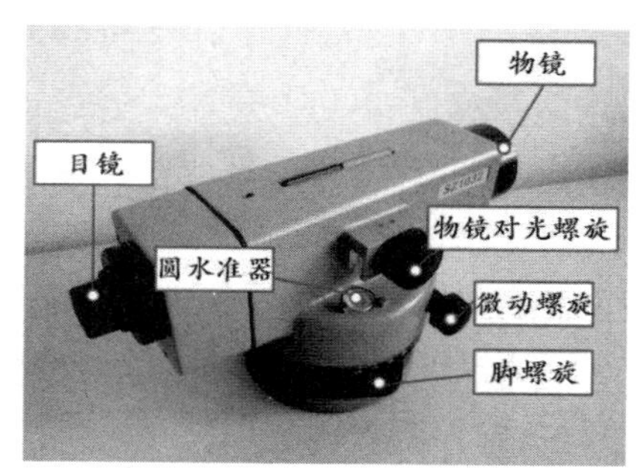

图 3.15 自动安平水准仪

自动安平水准仪的操作过程基本与微倾式水准仪相同，只是没有精平环节。

（1）微倾水准仪的使用操作：

安置仪器→粗平→调焦照准→精平→读数。

其中调焦照准包含：目镜对光、初步瞄准、物镜对光、精确瞄准、消除视差。

（2）自动安平水准仪的使用操作：

安置仪器→粗平→调焦照准→读数。

其中调焦照准包含：目镜对光、初步瞄准、物镜对光、精确瞄准、消除视差。

在自动安平水准仪这种仪器上，精密整平用的长水准器被新的自动安平机构——补偿器所代替。仪器在用圆水准器初整平后，即可进行测量。因此，自动安平水准仪的最大特点是仪器安平迅速，工作效率较高。此外，观测时间的缩短在一定程度上减少了仪器和标尺下沉及外界条件变化对测量成果的影响，有利于提高测量精度。

3.4 水准测量的施测方法

3.4.1 水准点

水准点（简称 BM）是在高程控制网中用水平测量的方法测定其高程的控制点。为了满足工程建设的需要，测绘部门已在全国各地测定了许多水准点，由水准点组成的高程控制网称水准网，分为四个等级。一、二等是全国布设，三、四等是它的加密网。标定水准点位置的标石和其他标记，统称为水准标记，在水准测量之前应做好点的标志。水准点一般分为永久性和临时性两大类。国家水准点一般做成永久点，如图 3.16（a）所示。永久水准点一般由混凝土制成，深埋到冻土线下，标石的顶部埋有耐腐蚀的半球状金属标志。有时水准点也可设在稳定的墙角上。

测量中为控制场区高程，多在建筑物角上的固定处设置借用水准点或临时水准点作为施工高程依据，如图 3.16（b）所示。临时水准点可用大木桩打入地下，顶面钉一铁钉，也可利用地面突出的坚硬岩石。图 3.16（c）为工地永久性水准点。

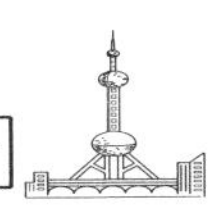

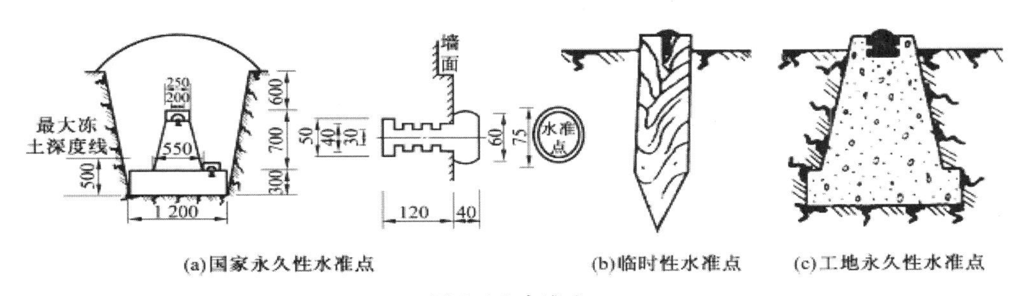

图 3.16 水准点

3.4.2 水准路线

在实际测量工作中，往往需要由已知高程点测定若干个待定点的高程。为了进一步检核在观测、记录及计算中是否存在错误，避免测量误差的积累，保证测量成果的精度，必须将已知点和待定点组成某种形式的水准路线，利用一定的检核条件来检核测量成果的准确性。在普通水准测量中，水准路线有以下三种形式：

1。闭合水准路线

如图 3.17（a）所示，从一已知水准点 BMA 出发，沿待定点 B、C、D、E 进行水准测量，最后测回到 BMA，这种路线称为闭合水准路线。

2. 附合水准路线

如图 3.17（b）所示，从一已知水准点 BMA 出发，沿待定点 1、2、3 进行水准测量，最后测到另一个已知水准点 BMB，这种路线称为附合水准路线。

3. 支水准路线

如图 3.17（c）所示，从一已知水准点 BMA 出发，沿待定点进行水准测量，这种既不闭合又不附合的水准路线，称为支水准路线。支水准路线必须进行往返测量。

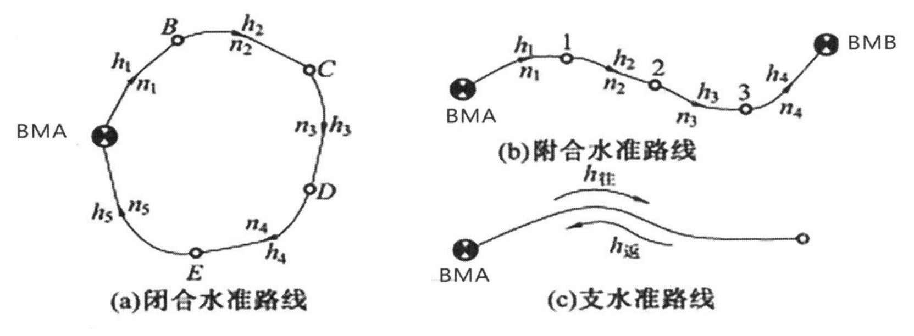

图 3.17 水准路线

3.4.3 水准测量的测站检核

在水准高程引测中，由于各站的连续性，任何一站发生错误造成超差，均会使整个成果返工重测。因此，每站均应进行校核，以便及时发现问题。常用的测站校核方法有以下三种。

1. 双镜位法

在每一测站上安两次仪器，测两次高差（但两次仪器高度差应大于 10 cm），或同时使用两架仪器观测，当两次高差之差小于 5 mm 时取平均数，大于 5 mm 时要重测。

2. 双面尺法

使用有黑红刻划的专用双面水准尺，每测站上用黑红面尺所测得的高差做校核（详见 8.3 节）。

3. 双转点法

双转点法也叫高低转点法，即每一转点处，设置高差大于 10 cm 的两个转点，这样从第二站起，就可以由高低两个转点求得该站的两个视线高，以做校核。

在上述 3 种测法中，为抵消仪器下沉误差，均应采取“后——前——前——后”的观测次序，即测第一次高差时，先后视、再前视；但测第二次高差时，要先前视、再后视，这样，取两次高差中数时，即可减少仪器下沉影响。

3.4.4 水准测站的基本工作

安置一次仪器，测算两点间的高差的工作是水准测量的基本工作。其主要工作内容包括以下几方面。

1. 安置仪器

安置仪器时尽量使前后视线等长，用三脚架与定平螺旋使水准盒气泡居中。

2. 读后视读数（a）

将望远镜照准后视点的水准尺，对光消除视差，如用微倾水准仪则要用微倾螺旋定平水准管，读后视读数（a）后，检查水准管气泡是否仍居中。

3. 读前视读数（b）

将望远镜照准前视点的水准尺，按读后视读数的操作方法读前视读数（b），注意不要忘记定平水准管。

4. 记录与计算

按顺序将读数记入表格中，经检查无误后，用后视读数（a）减去前视读数（b）计算出高差 h，再用后视点高程推算出前视点高程（或通过推算视线高求出前视点高程）。水

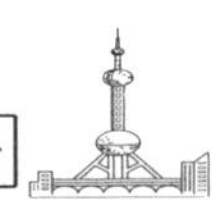

准记录的基本要求是保持原始记录，不得涂改或誊抄。

3.5 水准测量的内业计算

3.5.1 水准测量记录

如图 3.18 所示，由 BM1（已知高程 43.714 m）向施工现场 A 点与 B 点引测高程后，又到 BM2（已知高程 44.332 m）附合校测，填写记录表格，做计算校核与成果校核，若误差在允许范围内，应求出调整后的 A 点与 B 点高程，写在改点的备注中。

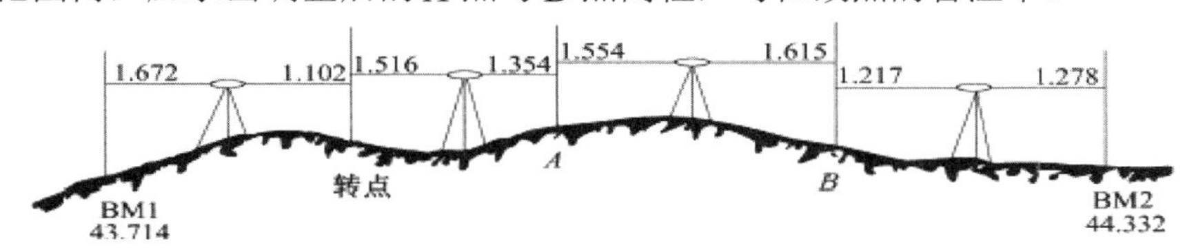

图 3.18 附合水准测量

（1）视线高法记录

在表 3.2 之中，使用视线高法公式（3-4）计算，即

视线高=已知高程＋后视读数；欲求点高程＝视线高－前视读数

表 3.2 视线高法水准记录

测点	后视（a）	视线高（Hi）	前视（b）	高程（H）	备注
BM1	1.672	45.386		43.714	已知高程
转点	1.516	45.800	1.102	+ 2 44.284	
A	1.554	46.000	1.354	+ 4 44.446	44.450
B	1.217	45.602	1.615	+ 6 44.385	44.391
BM2			1.278	+ 8 44.324	已知高程 44.432
计算校核	$\sum a=5.959;\sum b=5.349;\dfrac{\sum b=5.349}{\sum h=0.610};\dfrac{H_{始}=43.714}{\sum h=0.610}$				
成果校核	实测闭合差 = （44.32 − 44.332） m = − 0.008 m = − 8 mm 允许闭合差 = ±6 $\sqrt{n}$ mm = ±6 $\sqrt{4}$ mm = ±12 mm，精度合格 每站改正数 $\dfrac{-8mm}{4站}$ = + 2 mm（逐站累积）				

（2）高差法记录

在表 3.3 中，使用高差法公式（3-1）计算，即

高差＝后视读数－前视读数；欲求点高程＝已知点高程＋高差

表 3.3 高差法水准记录表

测点	后视（a）	前视（b）	高差（h）		高程（H）	备注
			+	−		
BM1	1.672				43.714	已知高程
			0.570			
转点	1.516	1.102			+2 44.284	
			0.162			
A	1.554	1.354			+4 44.446	44.450
				0.061		
B	1.217	1.615			+6 44.385	44.391
				0.061		
BM2		1.278			+8 44.324	已知高程 44.332
计算校核	$\sum a=5.959;\sum b=5.349;\sum h=0.610=0.732-0.122;\dfrac{\sum b=5.349}{\sum h=0.610};$					
成果校核	实测闭合差＝（44.32 － 44.332）m ＝ － 0.008 m ＝ － 8 mm 允许闭合差＝ ±6 $\sqrt{n}$ mm ＝ ±6 $\sqrt{4}$ mm ＝ ±12 mm，精度合格 每站改正数＝ $^{-8mm}/_{4站}$ ＋ 2mm（逐站累积）					

3.5.2 水准测量成果校核

一般工程水准测量的允许闭合差（$fh_{允}$）根据《工程测量规范》（GB 50026——2007）或《高层建筑混凝土结构技术规程》（JGJ 3——2010）有：

$$fh_{允}=\pm 20\sqrt{L}\ \text{mm}；\ fh_{允}=\pm 6\sqrt{L}\ \text{mm}$$

式中，L—水准测量路线的总长，km；

n—测站数

①布设成闭合水准路线，如图 3.19（a）所示。

$$f_h=\sum h_{测}$$

式中，f_h——闭合水准路线高差闭合差，m。

当$\left|f_h\right|<\left|f_{h容}\right|$时，其精度符合要求，可以调整闭合差，求各点高程。

②布设成附和水准路线，如图 3.19（b）所示。

$$f_h=\sum h-(H_B-H_A)$$

当$\left|f_h\right|<\left|f_{h容}\right|$，其精度符合要求。

③布设成支线水准路线，如图 3.19（c）所示。

$$f_h=\left|h_{往}\right|-\left|h_{返}\right|$$

当$\left|f_h\right|<\left|f_{h容}\right|$，其精度符合要求。

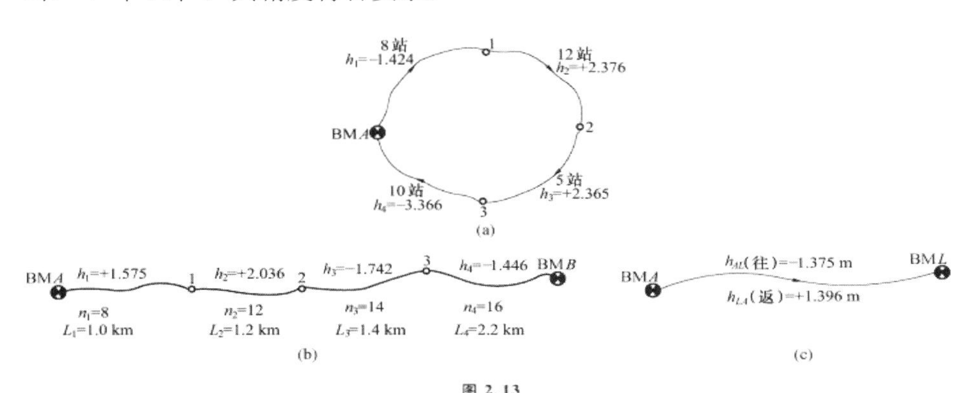

图 3.19 支线水准路线

3.5.3 附合水准测量闭合差的计算与调整

如果水准路线的高差闭合差在允许范围之内，即可进行闭合差的调整和高程计算。高差闭合差的调整在同一条水准路线上，认为各测站条件大致相同，各测站产生的误差是相等的，因此在调整闭合差时，应将闭合差以相反符号，按测站数（或距离）成正比例分配到各测段的实测高差中，即某测段高差改正数为

$$v_i=\frac{f_h}{\sum n}n_i;v_i=-\frac{f_h}{\sum L}L_i$$

如图 3.20 所示，为了向施工现场引测高程点A与B，由 BM7（已知高程 44.027 m）起，经过 6 站到A点，测得高差；由 A 点经过 2 站到B点，测得高差为了附合校核，由B点经过 8 站到 BM4（已知高程 46.647 m），测得高差，求实测闭合差，若误差在允许范围以内，对闭合差进行附合调整，最后求出A、B点调整后的高程。

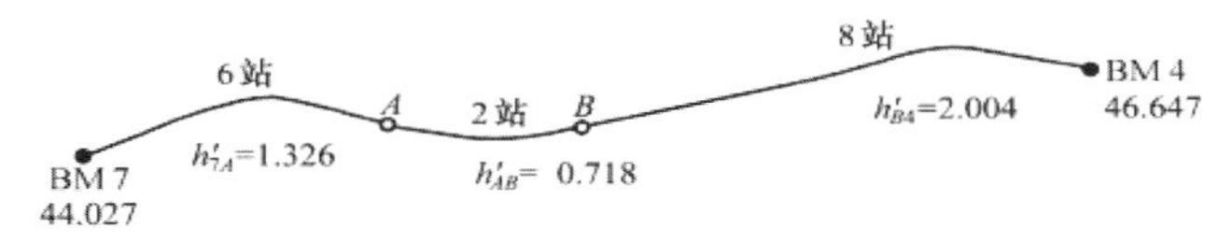

图 3.20 附和水准路线

（1）计算实测闭合差（$f_{测}$ 已知高差）

$f_{测}$ =(1.326 − 0.718 + 2.004)m −（46.647 − 44.027）m=2.612m − 2.620m= − 0.008m

（2）计算允许闭合差（$f_{测}=\pm 6\sqrt{n}mm$）

$$f_{允}=\pm 6\sqrt{16}mm=24mm>f_{测}$$，精度合格。

（3）计算每站应加改正数（ $v=-\dfrac{闭合差}{测站数}$ ）

$$v=-\frac{-0.008}{16}=0.005$$

（4）计算各段高差调整值（ $h=h'+v\times n$ ）

h_{7A} =（1.326+0.0005×6）m=1.329 m

h_{AB} =（－0.718+0.0005×2）m=－0.717 m

h_{BA} =（2.004+0.0005×8）m=2.620 m

计算校核： $\sum h=(1.329-0.717+2.008)m=2.620m$

$\sum h=(2.612+2.008)m=2.620m$

（5）推算各点高程

H_A =（44.027+1.329）m=45.356 m

H_B =（45.356+（-0.717）m=44.639 m

计算校核： H_A =（44.639+2.008）m=46.647 m 与已知高程相同，计算无误。

在实际工作中为简化计算，而采取表 3.4 格式计算。

表 3.4 附合水准成果调整表

点名	测站数	高差（ h ）			高程（ H ）	备注
		观测值	改正数	调整值		
BM7					44.027	已知高程
	6	+1.326	+0.003	+1.329		
A					45.356	
	2	-0.718	+0.001	-0.717		
B					44.639	
	8	+2.004	+0.004	+2.008		
BM4					46.647④	已知高程
校核	16	+2.612①	+0.008②	+2.620③		

$\sum h=\pm2.612$ m

已知高差 $H_{终}-H_{始}$ =（46.647-44.027）m=2.620 m

实测闭合差 $f_{测}$ =（2.612-2.620）m=-0.008 m

允许闭合差 $f_{允}$ = ±6 $\sqrt{16}$ mm=±24 mm，精度合格

每站改正数 v =-（-0.008 m）/16 站=0.0005 m

上表中：①值应与实测各段高差总和（ $\sum h$ ）一致；②值应与实测闭合差数值相等，但符号相反；③值应与 BM4、BM7 的已知高差相等，并作为总和校核之用；④值是由 BM7 已知高程加各段高差调整值后推算而得，应与 BM4 已知高程一致以作计算校核。总之，此表中的计算校核是严密的、充分的。

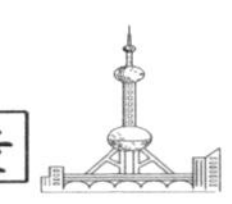

3.6 水准测量的误差及注意事项

水准测量误差包括仪器工具误差、观测误差和外界环境的影响三个方面。

3.6.1 仪器工具误差

1. 仪器校正后的残余误差

在测量学中，当水准仪的水准管轴在空间平行于望远镜的视准轴时，它们在竖直面上的投影是平行的，若两轴不平行，则在竖直面上的投影也不平行，其交角 i 称为 i 角误差，如图 3.21 所示。

使用前虽然仪器经过了严格的检验校正，但仍然存在残余的角残差。这种误差的影响与仪器至水准尺的距离成正比，属于系统误差。可以在测量中采取一定的方法加以减弱或消除。若观测时使前、后视距相等，可消除或减弱此项误差的影响。

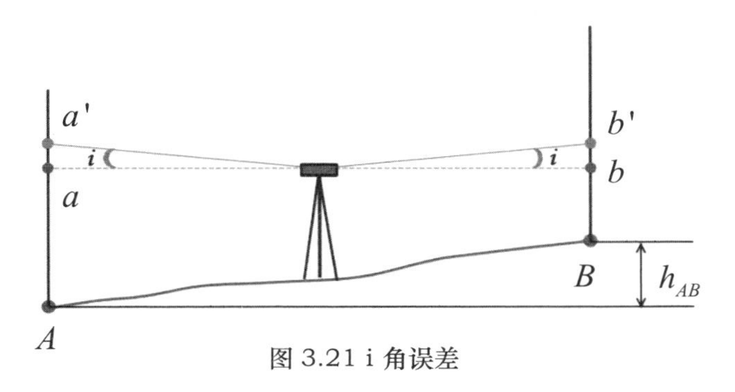

图 3.21 i 角误差

根据我国国家水准测量规范和工程测量规范的要求，用于一、二等水准测量的水准仪，仪器的 i 角不应超过 15"，用于三、四等水准测量的仪器，仪器的 i 角不应超过 20"。

（1） i 角检验方法：

①如图 3.22（a）所示，在平坦的地面上选定相距 60 ～ 100 m 的 A、B 两点，立水准尺；将水准仪安置于点 A、B 的中点 C，精平仪器后分别读取 A、B 点上水准尺的读数 a_1 、 b_1 。

②改变水准仪高度（10 cm 以上）再重读两尺读数 a_1' 、 b_1'；前后两次分别计算高差 h' 和 h''，高差之差如果不大于 3 mm，则取其平均数，作为 A、B 两点间不受 i 角影响的正确高差： $h_1=[(a_1-b_1)+(a_1'-b_1')]/2=(h'+h'')/2$。

③然后将水准仪搬到与 B 点相距 2 m 处，如图 3.22（b）所示，精平仪器后分别读取 A， B 两点水准尺读数 a_2' 、 b_2'，又测得高差 $h_2=a_2'-b_2'$。如果 $h_1=h_2$ 则说明水准管轴平行于视准轴，否则说明存在 i 角。DS_3 水准仪，当 i 角＞ 20″ 时，需要进行水准管轴

平行于视准轴的校正。

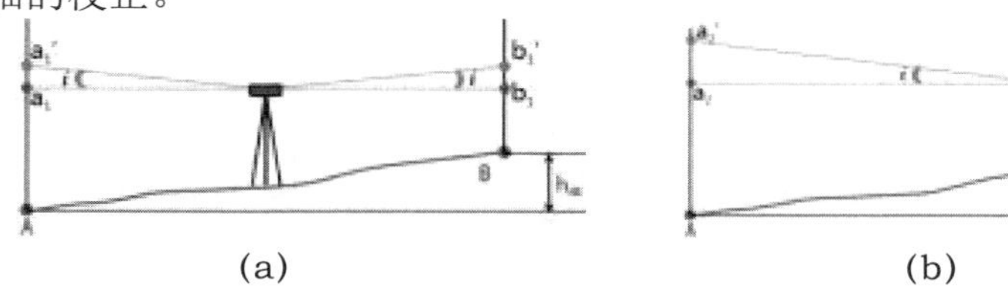

(a)　　　　(b)

图 3.22　i 角检验方法

（2）i 角的计算

利用两次高差（h 侧和 h 中）之差计算 i 角 ：

计算公式：$i = \Delta \cdot p'' / S$

其中：

Δ ：$\Delta = h_{侧} - h_{中}$，即两次高差之差，单位 m 或 mm，要与 S 的单位一致。

S：两点之间的距离，单位 m 或 mm，要与 Δ 的单位一致。

p'' =206265″

例：AB 两点距离 60 m，仪器在中间，读取 A 尺的读数 a_1 =0962，B 尺的读数 b_1 =1062；仪器在一侧，读取 A 尺的读数 a_2 =0835，B 尺的读数 b_2 =0933。求 i 角？

答：

$h_{中} = a_1 - b_1$ =0962 — 1062=0100；

$h_{侧} = a_2 - b_2$ =0835 — 0933=0098；

Δ（两次高差之差）=（$h_{侧} - h_{中}$）=0098 — 0100=-2 mm；

按公式计算 i 角

I =Δ · P / s =（-2 mm）× 206265" /60000 mm

=-41/ 6" =- 7"

（Δ ：两次高差之差；s：两点之间的距离；p'' =206265″）

2. 水准尺误差

由于水准尺刻划不准确、尺长发生变化、尺身弯曲等原因，会对水准测量造成影响，因此水准尺在使用之前必须进行检验。

此外，由于水准尺长期使用导致尺底端零点磨损，或者是水准尺的底端粘上泥土改变了水准尺的零点位置，则可以在同一水准测段中把两支水准尺交替作为前后视读数，或者设测量偶数站来消除。

3.6.2 观测误差

1. 水准管气泡居中误差

设水准管分划值为“ τ”，水准管气泡居中误差一般为“±0. 15 τ”，采用符合式水准器时，气泡居中精度可提高一倍。为了减弱该误差的影响，要求每次读数前，必须使水准

管气泡严格居中。

2. 读数误差

在水准尺上估读毫米数的误差，与人眼的分辨能力、望远镜的放大倍率以及视线长度有关。

$$m_v = \pm \frac{60''}{v} \times \frac{D}{p}$$

其中：

v：望远镜的放大率。

60″：人眼的极限分辨能力。

D：水准仪到水准尺的距离。

3. 视差影响

当视差存在时，十字丝平面与水准尺影像不重合，若眼睛观察的位置不同，便读出不同的读数，因而也会产生读数误差。

消除方法：应仔细进行调焦，严格消除视差。

4. 水准尺倾斜影响

水准尺倾斜将使尺上读数增大。水准尺倾斜，将使尺上读数增大，从而带来误差。如水准尺倾斜 3° 30′，在水准尺上 1 m 处读数时，将产生 2 mm 的误差。

消除方法：为了减小该误差的影响，要求用水准尺气泡居中或“摇尺法”来读数。

3.6.3 外界条件的影响

1. 仪器下沉

由于仪器下沉，使视线降低，从而引起高差误差。采用“后、前、前、后”的观测程序，可减弱其影响。

2. 尺垫下沉

如果在转点发生尺垫下沉，将使下一站后视读数增大。采用往返观测，取平均值的方法可以减弱其影响。

3. 地球曲率及大气折光影响（如图 3.23）

曲率表示曲线弯曲程度的量。

地球是一个椭球体，其表面呈曲线型。

光线在密度不匀的介质中沿曲线传布，称为“大气折光”。由于大气折光，视线并非是水平，而是一条曲线，标准折射曲线的曲率半径为地球半径的 4 倍。

因大气层密度不同，对光线产生折射，使视线产生弯曲，从而使水准测量产生误差。视线离地面越近，视线越长，大气折光影响越大。视线越长，地球曲率的影响也越大。接近地面的空气温度不均匀，所以空气的密度也不均匀。总体上说，白天近地面的空气温度高，密度低，弯曲的光线凹面向上；晚上近地面的空气温度低，密度高，弯曲的光线凹面向下。接近地面的温度梯度大则大气折光的曲率大，由于空气的温度不同时刻不同的地方一直处于变动之中。所以很难描述折光的规律。对策是避免用接近地面的视线工作，尽量抬高视线，用前后视等距的方法进行水准测量。

可采用前后视距离相等，选择有利的观测时间，控制视线与地面物体的距离等方法减弱大气折光对水准测量的影响。如果前视水准尺和后视水准尺到测站的距离相等，则在前视读数和后视读数中含有相同的影响。这样在高差中就没有地球曲率及大气折光影响这项误差的影响了。因此，放测站时要争取“前后视距相等”。

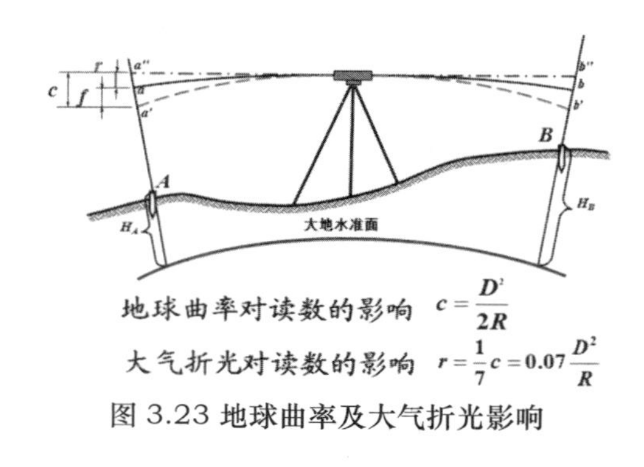

图 3.23 地球曲率及大气折光影响

4. 温度对仪器的影响

温度会引起仪器的部件涨缩，从而可能引起视准轴的构件（物镜，十字丝和调焦镜）相对位置的变化，或者引起视准轴相对与水准管轴位置的变化。由于光学测量仪器是精密仪器，不大的位移量可能使轴线产生几秒偏差，从而使测量结果的误差增大。

不均匀的温度对仪器的性能影响尤其大。例如从前方或后方日光照射水准管，就能使气泡“趋向太阳”——水准管轴的零位置改变了。

温度的变化不仅引起大气折光的变化，而且当烈日照射水准管时，由于水准管本身和管内液体温度升高，气泡向着温度高的方向移动，影响仪器水平，产生气泡居中误差，观测时应注意撑伞遮阳。

3.7 水准仪的检验和校正

水准仪的检验与校正有以下内容：圆水准轴平行于仪器竖轴的检验校正；十字丝横丝垂直于仪器竖轴的检验校正；水准管轴平行于视准轴的检验校正。

3.7.1 圆水准器轴平行于仪器竖轴的检验与校正

（1）检验

转动脚螺旋使圆水准器气泡居中，将仪器绕竖轴旋转 180° 后，若气泡仍居中，则说明圆水准器轴平行于仪器竖轴，否则需要校正。

（2）校正

先稍松圆水准器底部中央的固紧螺丝，再拨动圆水准器的校正螺丝，使气泡返回偏离量的一半，然后再转动脚螺旋使气泡居中。如此反复检校，直到圆水准器在任何位置时，气泡都在刻划圈内为止，最后旋紧固紧螺旋。

3.7.2 十字丝横丝垂直于仪器竖轴的检验与校正

（1）检验

以十字丝横丝一端瞄准约 20 m 处的一细小目标点，转动水平微动螺旋，若横丝始终不离开目标点，则说明十字丝横丝垂直于仪器竖轴，否则需要校正。

（2）校正

旋下十字丝分划板护罩，用小螺丝刀松开十字丝分划板的固定螺丝，微略转动十字丝分划板，使转动水平微动螺旋时横丝不离开目标点。如此反复检校，直至满足要求。最后将固定螺丝旋紧，并旋上护罩。

3.7.3 水准管轴与视准轴平行关系的检验与校正

（1）检验

在平坦地面上选定相距 60-80 m 的 A 、B 两点，放下尺垫立水准尺。现在距 A 、B 等距离处安置水准仪，分别读取 A 、B 两点水准尺读数 a_1 、b_1 ，求得正确高差 $h_{AB} = a_1 - b_1$ 。

再在 B 点附近 2-3 米处安置水准仪，分别读取 A 、B 两点水准尺读数 a2′、b2′，求得 A 尺的上的应有读数 $a_2 = b_2 + h_{AB}$。若 $a_2 = a_2'$ 时，说明水准管轴与视准轴平行；若 a_2 不等于 a_2' 时，说明水准管轴与视准轴不平行。应计算 i 角，当 i 角 >20″ 时需要校正。

（2）校正

仪器不动，转动微倾螺旋，使十字丝的中横丝对准正确读数 a_2；

用校正针对拨动水准管一端的上、下校正螺丝，使气泡居中。如此反复检校，直到满足条件为止。

基础同步

一、填空题

1. 视线高等于____________________+后视点读数。

2. 水准路线有__________、__________、__________三种形式。

3. 高差闭合差的分配原则为____________________成正比例进行分配。

4. 水准测量中，同一测站，当后尺读数大于前尺读数时说明后尺点__________。

5. 水准仪后视点高程为 1001.55 m，后视读数为 1.55 m，水准仪的视线高为__________。

6. 水准观测中前后视距尽量相等主要是为了消除__________轴和__________轴不平行而产生的误差。

二、选择题

1. 地面上某一点到大地水准面的铅垂距离是该点的（　）。

A. 绝对高程　　B. 相对高程

C. 正常高　　D. 大地高

2. 地面上某点到国家高程基准面的铅垂距离，是该点的（　）。

A. 假定高程　　B. 比高

C. 绝对高程　　D. 高差

3. 地面上某一点到任一假定水准面的垂直距离称为该点的（　）。

A. 绝对高程　　B. 相对高程

C. 高差　　D. 高程

4. 两地面点的绝对高程之差称为（　）。

A. 高度　　B. 高差　　C. 高程　　D. 真高

5. 如果水准仪的十字丝横丝和竖轴不垂直，观测时要注意的是（　）。

A. 始终用十字丝的中间部分瞄准尺子上的刻划

B. 始终用十字丝的一端瞄准尺子上的刻划

C. 利用脚螺旋将十字丝横丝调成水平后，再用横丝读数

D. 利用目估横丝应在的水平位置，然后读数

6. 已知水准点 A 的高程为 16.163 m，现要测设高程为 15.000 m 的 B 点，水准仪架在 A B 两点之间，在 A 尺上读数为 1.036 m，则 B 尺上读数应为（　）。

A. 1.163 m　　B. 0.127 m　　C. 2.199 m　　D. 1.036 m

7. 整理水准测量数据时，计算检核所依据的基本公式是（　）。

A. $\sum a-\sum b=\sum h$　　B. $\sum h=H_{终}-H_{始}$

C. $\sum a-\sum b=\sum h=H_{终}-H_{始}$　D. $fh \leqslant Fh$

8. 微倾式水准仪能够提供水平视线的主要条件是（　）。

A. 水准管轴平行于视准轴　　B. 视准轴垂直于竖轴

C. 视准轴垂直于圆水准轴　　D. 竖轴平行于圆水准轴

9. 水准仪的（　）与仪器竖轴平行。

A. 视准轴　　B. 圆水准器轴

C. 十字丝横丝　　D. 水准管轴

10. 水准测量时，长水准管气泡居中明（　）。

A. 视准轴水平，且与仪器竖轴垂直

B. 视准轴与水准管轴平行

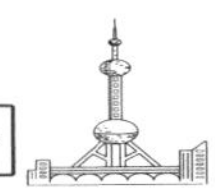

C. 视准轴水平

D. 视准轴与圆水准器轴垂直

11. 水准仪 i 角是指（　）在竖直面上的投影夹角。

A. 纵丝与视准轴　　B. 管水准轴与视准轴

C. 管水准轴与横丝　　D. 视准轴与圆水准器轴

12. 采用微倾式水准仪进行水准测量时，经过鉴定的仪器视准轴也会发生偏差，这是因为（　）。

A. 水准器气泡没有严格居中

B. 测量时受周围环境影响，仪器下沉等

C. 水准管轴和视准轴没有严格平行，会存在 i 角偏差

D. 操作不熟练，读数等发生偏差

13. 水准测量中要求前后视距离大致相等的作用在于削弱（　）影响，还可削弱地球曲率和大气折光、对光透镜运行误差的影响。

A. 圆水准轴与竖轴不平行的误差

B. 十字丝横丝不垂直竖轴的误差

C. 读数误差

D. 管水准轴与视准轴不平行的误差

14. 微倾式水准仪视准轴和水准管轴不平行的误差对读数产生影响，其消减方法是（　）。

A. 两次仪器高法取平均值

B. 换人观测

C. 测量时采用前、后视距相等的方法

D. 反复观测

15. 水准测量后视读数为 1.224 m，前视读数为 1.974 m，则两点的高差为（　）。

A. +0.750 m　　B. −0.750 m　　C. +3.198 m　　D. −3.198 m

16. 用高程为 24.397 m 的水准点，测设出高程为 25.000 m 的室内地坪 ±0.000，在水准点上水准尺的读数为 1.445 m，室内地坪处水准尺的读数应是（　）。

A. 1.042 m　　B. 0.842 m　　C. 0.642 m　　D. 0.042 m

17. 在水准测量中设 A 为后视点，B 为前视点，并测得后视点读数为 1.124 m，前视读数为 1.428 m，则 B 点比 A 点（　）。

A. 高　　B. 低　　C. 等高　　D. 无法确定

18. DS3 水准仪，数字 3 表示的意义是（　）

A. 每公里往返测高差中数的中误差不超过 3 mm

B. 每公里往返测高差中数的相对误差不超过 3 mm

C. 每公里往返测高差中数的绝对误差不超过 3 mm

D. 每公里往返测高差中数的极限误差不超过 3 mm

19. DS1 水准仪的观测精度（　）DS3 水准仪。

A. 高于　　B. 接近于　　C. 低于　　D. 等于

20. 国产水准仪的型号一般包括 DS05、DS1、DS3，精密水准仪是指（　）。

A. DS05、DS3　　B. DS05、DS1

C. DS1、DS3　　D. DS05、DS1、DS3

21. DSZ3 型自动安平水准仪，其中“D”表示（　）。

A. 地面　　B. 地址　　C. 大地测量　　D. 大型

22. DSZ3 型自动安平水准仪，其中“Z”表示（　）。

A. 安平　　B. Z 号　　C. 制动　　D. 自动

23. DS3 水准仪水准器的分划线间隔为（　）。

A. 3 mm　　B. 5 mm　　C. 2 mm　　D. 6 mm

24. DS3 水准仪的水准管分划值为（　）/2 mm。

A. 20″　　B. 30″　　C. 40″　　D. 10″

25. 附合水准路线内业计算时，高差闭合差采用（　）计算。

A. $f_h=\Sigma h_{测}-(H_{终}-H_{起})$　　B. $f_h=\Sigma h_{测}-(H_{起}-H_{终})$

C. $f_h=\Sigma h_{测}$　　D. $f_h=(H_{终}-H_{起})-\Sigma h_{测}$

26. 已知 AB 两点高程为 11.166 m、11.157 m。今自 A 点开始实施高程测量观测至 B 点，得后视读数总和 26.420 m，前视读数总和为 26.431 m，则闭合差为（　）。

A. +0.001 m　　B. −0.001 m　　C. +0.002 m　　D. −0.002 m

27. 水准路线闭合差调整是对高差进行改正，方法是将高差闭合差按与测站数或路线长度成（　）的关系求得高差改正数。

A. 正比例并同号　　B. 反比例并反号

C. 正比例并反号　　D. 反比例并同号

28. 支水准路线成果校核的方法是（　）。

A. 往返测法　　B. 闭合测法　　C. 附合测法　　D. 单程法

29. 望远镜概略瞄准目标时，应当使用（　）去瞄准。

A. 制动螺旋和微动螺旋　　B. 准星和照门

C. 微动螺旋　　D. 微动螺旋和准星

30. 微倾水准仪精平是通过转动（　），使水准管气泡居中来达到目的。

A. 微倾螺旋　　B. 脚螺旋

C. 制动螺旋　　D. 水平微动螺旋

31. 微倾式水准仪观测操作步骤是（　）。

A. 仪器安置　粗平　调焦照准　精平　读数

B. 仪器安置　粗平　调焦照准　读数

C. 仪器安置　粗平　精平　调焦照准　读数

D. 仪器安置　调焦照准　粗平　读数

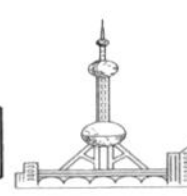

32. 普通水准测量时，在水准尺上读数通常应读至（　）。

A. 0.1 mm　　B. 5 mm　　C. 1 mm　　D. 10 mm

33. 水准测量中，设后尺 A 的读数 a=2.713 m，前尺 B 的读数 b=1.401 m，已知 A 点高程为 15.000 m，则水准仪视线高程为（　）m。

A. 13.688　　B. 16.312　　C. 16.401　　D. 17.713

34. 在水准测量中，若后视点 A 的读数大，前视点 B 的读数小，则有（　）。

A. A 点比 B 点低　　B. A 点比 B 点高

C. A 点与 B 点可能同高　　D. 无法判断

35. 微倾水准仪安置符合棱镜的目的是（　）。

A. 易于观察气泡的居中情况

B. 提高管水准器气泡居中的精度

C. 保护管水准器

D. 提高圆水准器气泡居中的精度

36. 水准测量时，尺垫应放置在（　）上。

A. 水准点　　B. 转点

C. 土质松软的水准点　　D. 需要立尺的所有点

37. 转点在水准测量中起传递（　）的作用。

A. 高程　　B. 水平角　　C. 距离　　D. 方向

38. 从一个已知的水准点出发，沿途经过各点，最后回到原来已知的水准点上，这样的水准路线是（　）。

A. 附合水准路线　　B. 闭合水准路线

C. 支水准路线　　D. 支导线

39. 一闭合水准路线测量 6 测站完成，观测高差总和为 +12 mm，其中两相邻水准点间 2 个测站完成，则其高差改正数为（　）。

A. +4 mm　　B. −4 mm　　C. +2 mm　　D. −2 mm

40. 测得有三个测站的一条闭合水准路线，各站观测高差分别为 + 1.501 m、 + 0.499 m和 − 2.009 m，则该路线的闭合差和各站改正后的高差为（　）m。

A. + 0.009；1.504、0.502 和 − 2.012

B. − 0.009；1.498、0.496 和 − 2.012

C. − 0.009；1.504、0.502 和 − 2.006

D. + 0.009；1.498、0.505 和 − 2.006

41. 水准仪的（　）应平行于仪器竖轴。

A. 视准轴　　B. 圆水准器轴

C. 十字丝横丝　　D. 管水准器轴

42. 微倾水准仪应满足的三个几何条件中最重要的是（　）。

A. 管水准轴应平行于视准轴

B. 圆水准器轴应平行于竖轴

C. 十字丝横丝应垂直于竖轴

D. 管水准轴应垂直于视准轴

43. 下列哪个工具不是水准测量所需要的（ ）。

A. 尺垫　　B. 塔尺　　C. 铟瓦尺　　D. 测钎

44. 等外水准测量，仪器精平后，应立即读出（ ）在水准尺所截位置的四位读数。

A. 十字丝中丝　　B. 十字丝竖丝

C. 上丝　　D. 下丝

45. 已知水准A点的高程为82.523 m，该点水准尺的读数为1.132 m，欲测设B点的高程为81.500 m，B点水准尺的读数应是（ ）。

A. 0.109 m　　B. 1.455 m　　C. 2.155 m　　D. 1.155 m

46. 水准测量中，设A为后视点，B为前视点，A尺读数为1.213 m，B尺读数为1.401 m，A点高程为21.000 m，则视线高程为（ ）m。

A. 22.401　　B. 22.213　　C. 21.812　　D. 20.812

47. 水准仪粗平时，圆水准器中气泡运动方向与（ ）。

A. 左手大拇指运动方向一致

B. 右手大拇指运动方向一致

C. 都不一致

D. 不确定

48. 已知水准点A、B的绝对高程分别是576m、823m，又知道B点在某假定高程系统中的相对高程为500 m，则A点的相对高程（ ）。

A. 500 m　　B. 253 m　　C. 899 m　　D. 699.5 m

49. 自动安平水准测量一测站基本操作（ ）。

A. 必须做好安置仪器，粗略整平，瞄准标尺，检查补偿器是否正常，读数记录

B. 必须做好安置仪器，瞄准标尺，精确整平，读数记录

C. 必须做好安置仪器，粗略整平，瞄准标尺，精确整平，读数记录

D. 必须做好安置仪器，瞄准标尺，粗略整平，读数

50. M点的高程为43.251 m，测得后视读数为α =1.000m，前视读数为b =2.283m，则视线高Hi和待测点B的高程分别为（ ）m。

A. 45.534，43.251　　B. 40.968，38.685

C. 44.251，41.968　　D. 42.251，39.968

三、判断题

1. 水准尺的读数应从下往上读。（ ）

2. 高差等于后视读数减前视读数。（ ）

3. 圆水准器气泡的运动方向与左手大拇指运动方向一致。（ ）

4. 消除视差的方法是再仔细调节物镜对光螺旋。（ ）

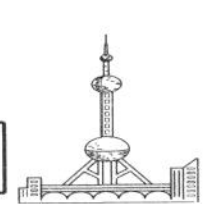

四、简答题

1. 为什么在水准测量中一个测站上应尽量使前、后视距相等？

2. 水准测量时应注意哪些问题？

3. 水准仪有哪些轴线？它们之间应满足什么条件？

4. 视差产生的原因及如何消除？

五、实训提升

1. 如图 3.24 示，为了利用高程为 154.400 m 的水准点 A 测设高程为 12.000 m 的水平控制桩 B，在基坑的上边缘设了一个转点 C。水准仪安置在坑底时，依据图中所给定的尺读数，试计算尺度数 b 为何值时，B 尺的尺底在 12.000 m 的高程位置上？

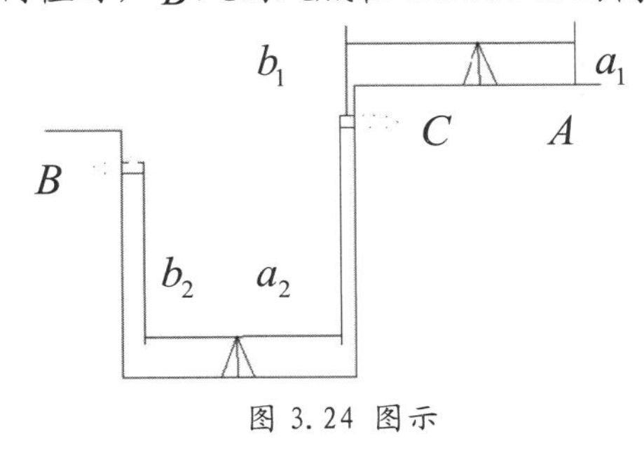

图 3.24 图示

2. 有一条附合水准路线如图 3.25 所示，其观测数值标于图上，已知 A 点高程为 H_A = 32.522 m，B 点高程为 H_A = 82.175 m。求 1、2、3、4 点平差后的高程。

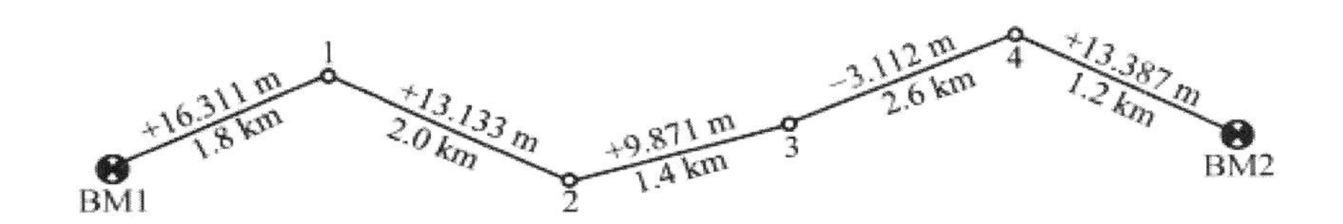

图 3.25 附合水准路线示意图

3. 已知水准点 BMA 高程为 50.675 m，闭合水准路线计含 4 个测段（如图 3.26 所示），各段测站数和高程差观测值见表 3.5 所列。按表 3.6 完成其内业计算。

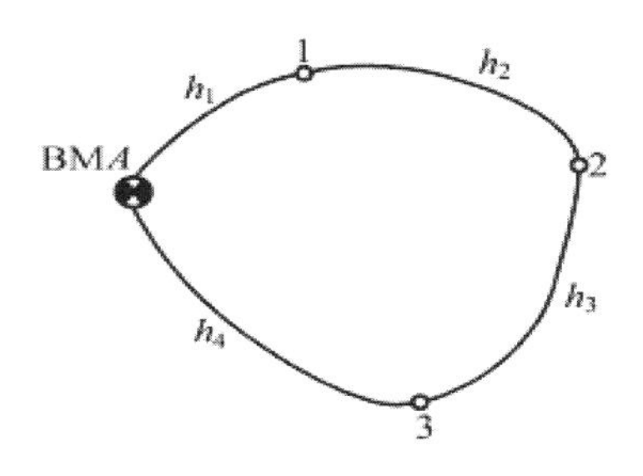

图 3.26 闭合水准路线示意图

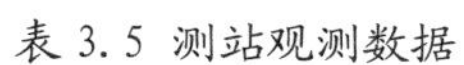
表 3.5 测站观测数据

段号	观测高差	测站数	段号	观测高差	测站数
1	+1.140	6	3	+1.787	7
2	-1.320	4	4	-1.572	8

表 3.6 闭合水准计算表

测段号	点名	测站	观测高差 /m	改正数 /m	改正后高差 /m	高程 /m	备注
1	2	3	4	5	6	7	8
Σ							
辅助计算	f_h = f_h容 =						

项目四 角度测量

4.1 水平角和竖直角测量原理

4.1.1 水平角测量原理

水平角：从一点出发的两空间直线在水平面上投影的夹角即二面角，称为水平角。其范围：顺时针 0°～360°，通常用β表示。

如图 4.1 所示，A、O、B 为地面上任意三点，将三点沿铅垂线方向投影到水平面 H 上，得到相应的A'、O'、B'点，则水平面上的夹角β即为地面OA、OB两方向线间的水平角。

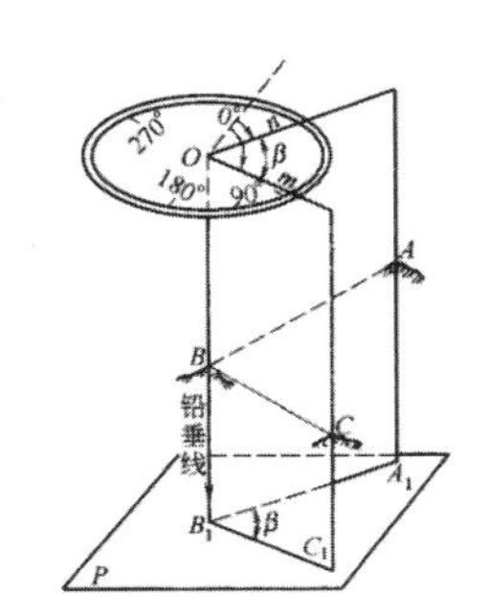

图 4.1 水平角测量原理

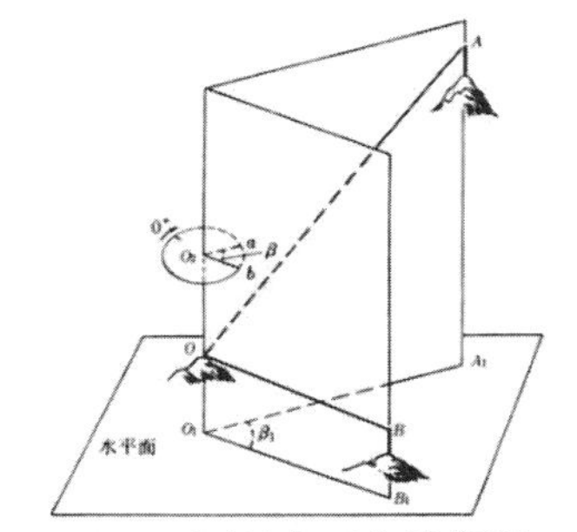

图 4.2 测量水平角的仪器

如图 4.2 所示，由水平角测量原理可知测量水平角的仪器应满足的条件为：

（1）有水平放置的圆盘，圆盘上有顺时针方向注记的 0°～360° 刻度。

（2）圆盘的中心在角顶点O的铅垂线上。

（3）有一个能瞄目标的望远镜，望远镜不但可以在水平面内转动，而且还应能在竖直面内转动。

通过望远镜可分别瞄准高低和远近不同的目标A和B，并可在圆盘得相应的读数α和

b。则水平角 β 即为两个读数之差。即：$\beta = b - \alpha$。

4.1.2 竖直角测量原理

竖直角定义：竖直角是同一竖直平面内的视线与水平线之间的夹角，如图 4.3 所示，用 α 来表示。

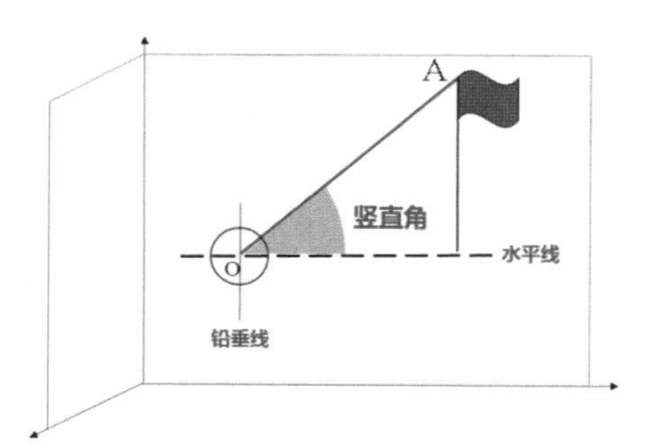

图 4.3 竖直角测量原理

在图 4.3 中，假想在过 O 点的铅垂面上，安置一个竖直圆盘，并令其中心过 O 点，该盘称为竖直读盘，通过瞄准设备和读数装置可分别获得目标视线的读数和水平视线读数，则 α 可以写成：

$$\alpha = \text{目标视线的读数} - \text{水平视线的读数}$$

竖直角有仰角和俯角之分（图 4.4）。

夹角在水平线以上，称为仰角，取正号，角值为 0°～ 90°。夹角在水平线以下，称为俯角，取负号，角值为－ 90°～ 0°。

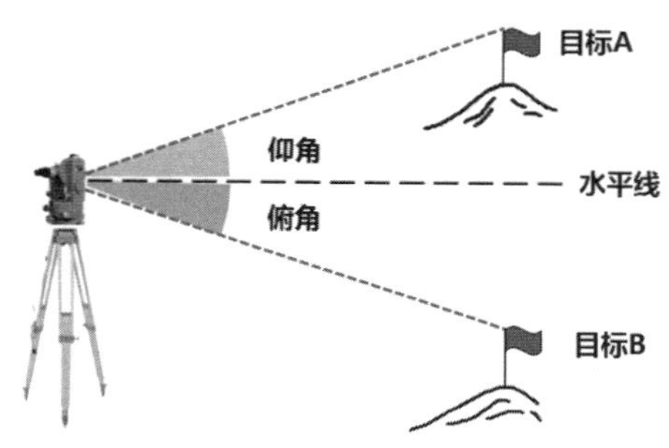

图 4.4 仰角与俯角

根据上述角度测量原理，用于角度测量的仪器应具有带刻度的水平圆盘（称水平度盘）、竖直圆盘（称竖直度盘，简称竖盘），以及瞄准设备、读数设备等，并要求瞄准设备能够瞄准左右不同、高低不一的目标点，能形成一个竖直面，而且这个竖直面还能绕竖直线。在水平方向旋转。经纬仪就是根据这些要求制成的一种测角仪器，它不但能测水平角，还可以测竖直角。

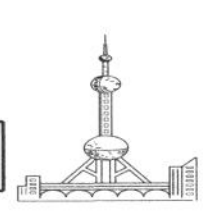

4.2 DJ6 光学经纬仪和角度测量工具

光学经纬仪是水平度盘和竖直度盘均用光学玻璃制成的经纬仪。是用于测量学中测量地平和垂直角度的一种仪器。它包括一架望远镜，目镜上的十字线用于对准目标。望远镜可沿水平轴和垂直轴转动。

光学经纬仪是用于角度测量的仪器。我国生产的经纬仪用“DJ”表示，“D”为“大地测量”的“大”字的汉语拼音的首字母，“J”为“经纬仪”的“经”字的汉语拼音的首字母，紧跟其后的阿拉伯数字代表仪器的精度。经纬仪的精度用水平方向一测回中误差表示。

例如：DJ6 表示其一测回方向中误差为“6”的经纬仪型号，其他型号可为此类推。

按精度划分：经纬仪按精度指标划分为若干等级。中国 1982 年颁发的经纬仪系列标准（GB3161-82）将经纬仪分为 DJ07、DJ1、DJ2、DJ6 和 DJ30 五个等级。以 DJ2、DJ6 为例，一测回水平方向中误差分别为 2″和 6″；望远镜放大倍数分别不小于 28 倍和 25 倍；照准部水准器角值分别为 20″ /2 mm 和 30″ /2 mm；垂直度盘指标补偿范围为 ±2′；水平度盘刻划直径不小于 90 mm；垂直度盘刻划直径不小于 70 mm；水平读数最小值分别为 1″和 60″。

光学经纬的水平度盘和竖直度盘用玻璃制成，在度盘平面的周围边缘刻有等间隔的分划线，两相邻分划线间距所对的圆心角称为度盘的格值，又称度盘的最小分格值。一般以格值的大小确定精度，分为：DJ6 度盘格值为 1；DJ2 度盘格值为 20′；DJ1（T3）度盘格值为 4′。

按物理特性划分：经纬仪经历了机械型、光学机械型和集光、机、电及微电子技术于一体的智能型三个发展阶段，各阶段的标志性产品分别为游标经纬仪、光学经纬仪和电子经纬仪。

光学经纬仪利用集合光学的放大、反射、折射等原理进行度盘读数。电子经纬仪利用的物理光学、电子学和光电转换等原理显示度盘读数，电子经纬仪是现代高科技高度集成的产品，目前主要使用的是光学经纬仪和电子经纬仪。

4.2.1 DJ6 光学经纬仪的构造

由以上分析可知，用于测角的经纬仪必须有一个圆刻度盘、一个瞄准设备和一个读数设备。度盘应该能水平安置，并能使其中心位于所测角顶点的铅垂线上。瞄准设备（望远镜）应具有瞄准不同方向、不同高度的目标和过测站点（角顶点）与目标点建立铅垂面的功能。读数设备应能读取不同方向的读数。

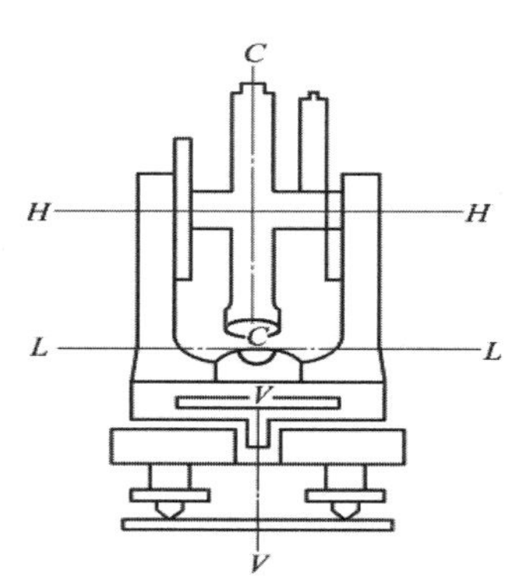

图 4.5 经纬仪的构造

图 4.5 为经纬仪的构造示意图。仪器上部可绕竖轴 VV 在水平方向转动，望远镜可绕横轴 HH 转动，经纬仪的轴线之间在几何上满足 $LL \perp HH$， $CC \perp HH$ 和 $HH \perp VV$ 以及 VV 垂直于水平度盘，且过水平度盘中心。经纬仪安置在角顶上，通过一定的操作步骤可使竖轴与角顶的铅垂线重合，此时水平度盘和 H H 处于水平状态，视准轴 CC 可绕横轴 HH 在瞄准的目标点和测站点之间建立铅垂面，视准轴 CC 瞄准不同目标时的方向读数，可在望远镜旁的读数目镜中读出。

1.J6 光学经纬仪的构造

J6 光学经纬仪由基座、水平度盘和照准部三部分组成。图 4.6 为其构造图。

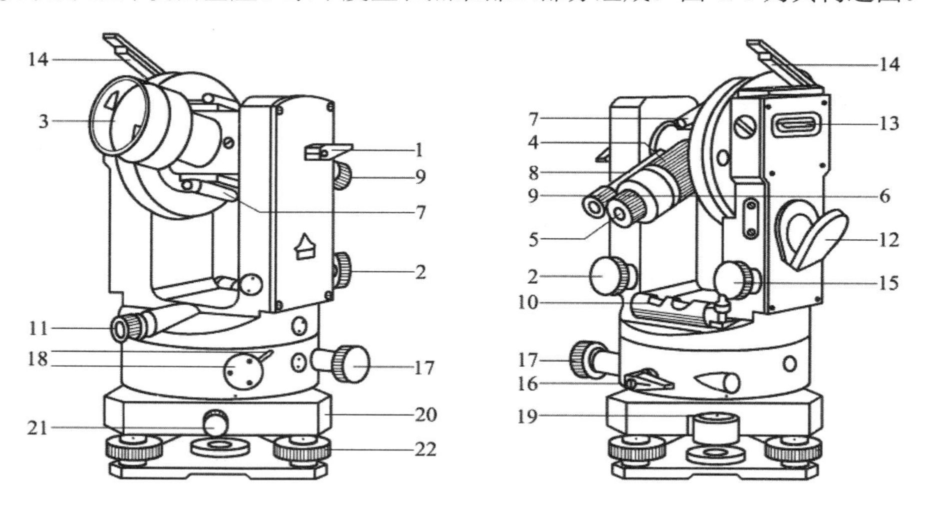

图 4.6 J6 经纬仪构造图

1—望远镜制动手柄；2—望远镜微动螺旋；3—望远镜物镜；4—望远镜调焦环；5—望远镜目镜；6—目镜调焦螺旋；7—光学瞄准器；8—度盘读数显微镜；9—读数显微镜调焦螺旋；10—照准部管水准器；11—光学对中器目镜；12—度盘照明反光镜；13—竖盘指标管水准器；14—指标管水准器反光镜；15—竖盘水准器微动螺旋；16—水平制动手柄；17—水平微动螺旋；18—水平度盘变换器；19—圆水准器；20—基座；21—底座制动螺旋；22—脚螺旋

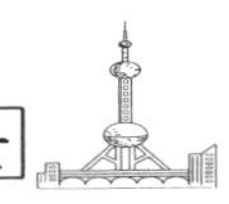

1）基座

构造和作用与水准仪的基座相似。基座上的轴座固定螺旋可将轴座固定在基座上。当固定螺旋松开时，照准部连同水平度盘便可从基座上取下。因此，平时应将该螺旋旋紧。

2）水平度盘

J6 光学经纬仪的水平度盘为 0°～360° 全圆刻划的玻璃圆环，其分划值（相邻两刻划间的弧长所对的圆心角）为 1°。度盘上的刻划线注记按顺时针方向增加。测角时，水平度盘不动。若使其转动，可拨动度盘变换手轮实现。

3）照准部

照准部系指仪器上部可绕竖轴水平转动的部分。它由支架、望远镜、竖直度盘和水准器等组成。望远镜、竖直度盘和横轴固连在一起，横轴装在支架上。整个照准部绕竖轴在水平方向的转动由水平制动螺旋和水平微动螺旋控制。望远镜的构造与水准仪的相同。望远镜绕横轴的旋转由望远镜制动螺旋和微动螺旋控制。

2. 分微尺测微器的读数方法

光学经纬仪的读数设备主要由度盘和指标组成，外加一些棱镜和显微装置。为了读取度盘上不足 1° 的小数部分，读数设备中还设有测微装置。

J6 光学经纬仪所使用的测微装置有单平板玻璃测微器和分微尺测微器两种。目前生产的 J6 光学经纬仪大都采用分微尺测微器。它具有结构简单、读数方便和作业效率高等优点。

图 4.7 是从读数目镜端看到的读数窗上的度盘分划和分微尺影像。注有 0～6 的格尺为分微尺，它共有 60 个等分的小格，其总长度恰好等于度盘上相邻两刻划线间放大后的宽度。由于度盘的分划值为 1°，故分微尺的格值为 1′，可估读到 0～1′（即 6″）。读数窗分上下两部分，注有“*H*”（水平）字样的供读水平盘读数时使用，注有“V”（垂直）字样的供读竖盘读数时使用。读数时，以分微尺的 0 线为指标线。整度数为落在分微尺内的度盘分划注记值，不足 1°的小数部分为度盘分划线在分微尺上截取的长度。图 4.7 中的水平度盘读数为 73° 04′ 24″，竖盘读数为 87° 06′ 54″。

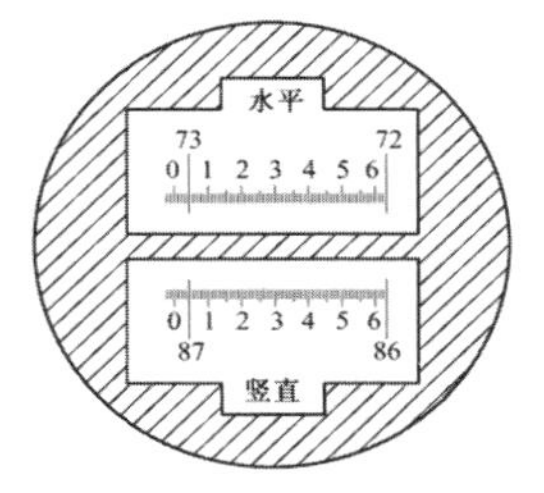

图 4.7 J6 经纬仪读数视窗

4.2.2 测钎、标杆和觇板

测钎、标杆和觇板均为经纬仪瞄准目标时所使用的照准工具，如图 4.8 所示。

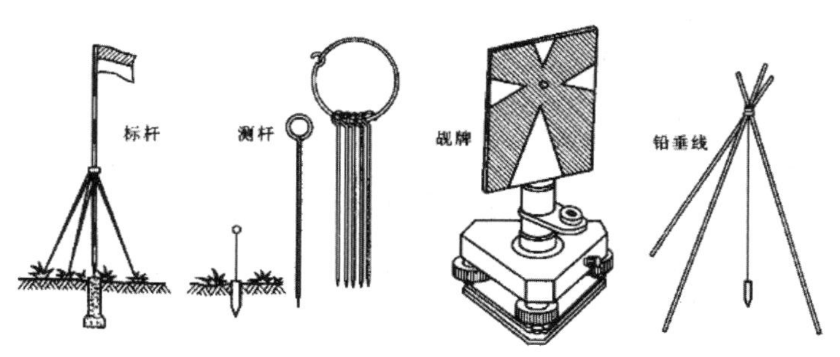

图 4.8 测钎、标杆和觇板

通常我们将测钎、标杆的尖端对准目标点的标志，并竖直立好作为瞄准的依据。测钎适于距离测站较近的目标。觇板适于距离较远的目标。觇板（觇牌）一般连接在基座上并通过连接螺旋固定在三脚架上使用，远近皆可使用。觇牌一般为红白或黑白相间且常与棱镜结合用于电子经纬仪或全站仪。

4.3 经纬仪的使用

经纬仪的使用，一般有对中、整平、瞄准和读数 4 个基本步骤，其中对中和整平又统称为安置仪器。

4.3.1 对中

经纬仪对中的目的是使水平度盘中心和测站点标志中心在同一铅垂线上。对中的方法有垂球对中法和光学对中器对中法两种。

（1）用垂球对中

用垂球对中的步骤如下：

a. 张开三脚架，调节架腿，使三脚架高度适中、架头大致水平，并使架头中心初步对准标志中心。

b. 装上仪器，使其位于架头中部，拧紧中心螺旋，挂上垂球。如果垂球尖偏离标志中心较大，可平移脚架，使垂球尖靠近标志中心，并将三脚架的脚尖踩入土中。同时，注意保持架头大致水平和垂球偏离标志中心不超过 1 cm。

c. 稍许松开中心连接螺旋，在架头上慢慢移动仪器，使垂球尖对准标志中心，再旋紧中心连接螺旋。垂球对中的误差可小于 3 mm。

（2）用光学对中器对中

光学经纬仪中，通常都装有光学对中器，它实际上是一个小型望远镜。它的视准轴通过棱镜转动后与仪器竖轴的方向线重合。用光学对中器对中，实际上是用铅垂后的视准轴去瞄准标志中心。对中的步骤如下：

a. 首先使架头大致水平和用垂球（或目估）初步对中；然后转动（拉出）对中器目镜，使测站标志的影像清晰。

b. 转动脚螺旋，使标志中心影像位于对中器小圆圈（或十字分划线）中心，此时圆水准器气泡偏离。

c. 伸缩脚架使圆水准气泡居中，但需注意脚尖位置不得移动。再按下述整平的方法转动脚螺旋使长水准管气泡居中。

d. 检查对中情况，标志中心是否位于小圆圈中心，若有很小偏差可稍许松开中心连接螺旋，平移基座，使标志中心和分划圈中心重合。

e. 检查水准管气泡，若气泡仍居中，说明对中已经完成。否则，应重复②、③、④、⑤的步骤直至标志中心与分划圈中心重合后水准管气泡仍居中为止。最后，将中心螺旋旋紧。用光学对中器对中的优点是不受风力的影响且能提高对中精度，其误差一般可小于1 mm。

4.3.2 整平

整平的目的是使水平度盘处于水平位置和仪器竖轴处于严格的铅垂位置，其操作步骤如下：

a. 转动照准部，使长水准管平行于任意两个脚螺旋（编号分别为1、2）的连线，并转动1、2脚螺旋使长水准管气泡居中，如图4.9（a）所示。

b. 再将照准部转动90°，使水准管垂直于1、2的连线，并转动脚螺旋3使气泡居中，如图4.9（b）所示。

c. 重复a、b两步骤，直至照准部转到任何位置时，气泡的偏离量不超过1格为止。

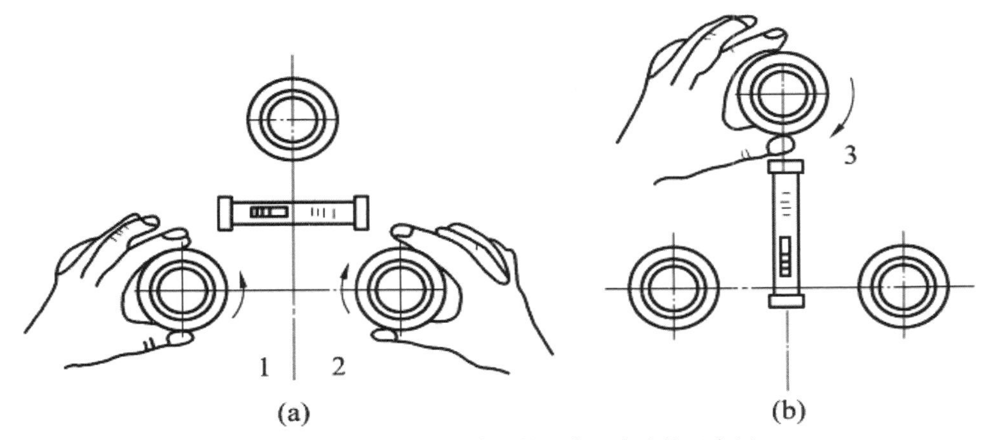

图4.9 左手大拇指法则整平水平水准管示意图

4.3.3 瞄准

瞄准就是用望远镜的十字丝交点去精确对准目标。与水准仪一样，经纬仪瞄准目标时也是先用望远镜上的粗瞄器瞄准目标，将各制动螺旋制动并调焦后，再转微动螺旋使十字丝精确瞄准目标。测水平角时，应该用十字丝的竖丝精确夹准（双丝）或切准（单丝）目标，测竖直角时，则应该用十字丝的横丝精确切准目标。图 4.10（a）、图 4.10（b）分别为水平角观测和竖直角观测时瞄准后的望远镜视场的示例。

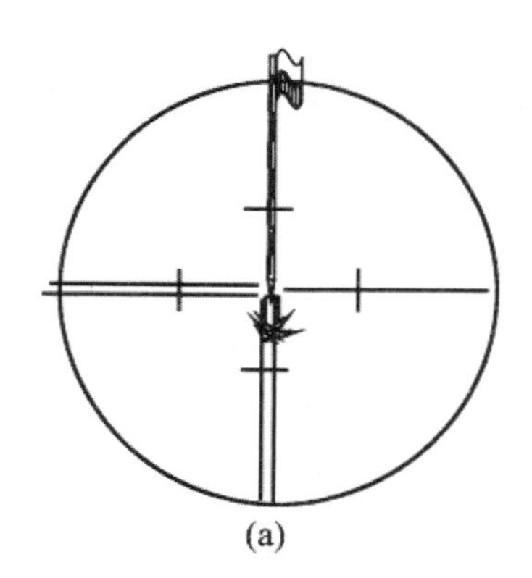
(a)

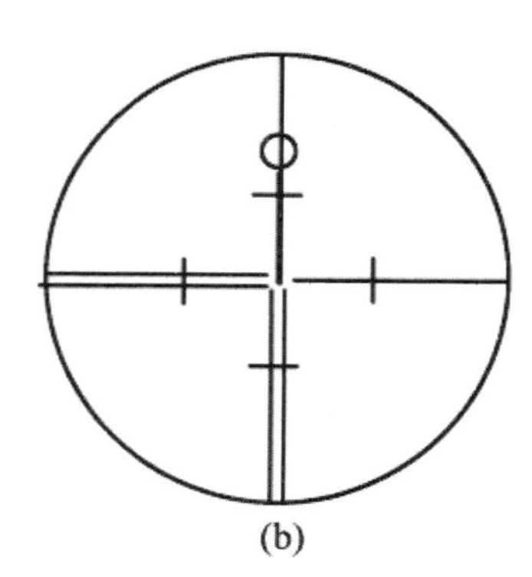
(b)

图 4.10 经纬仪瞄准目标点示意图

4.3.4 读数

读数前，先将反光镜张开成适当位置，调节镜面朝向光源，使读数窗亮度均匀，转动读数显微镜调焦螺旋，使读数分划线清晰，然后根据仪器的读数设备，按前述的方法读数。

4.4 水平角测量

水平角的观测根据观测目标的多少，采用测回法或方向观测法。测回法：适用于观测两个方向之间的单角。方向观测法又简称方向法，适用于两个以上方向间的水平角，当方向数多于三个并再次瞄准起始方向者，称为全圆方向观测法。

4.4.1 测回法

测回法是观测水平角的一种最基本方法，常用于观测由两个方向所夹的单个水平角，适用于一个测站上只有两个观测方向。如图 4.11 所示，用测回法测量水平角 β 的大小时，观测步骤如下：

a. 在 B 点安置（即对中和整平）经纬仪。

b. 盘左（即竖盘在望远镜的左侧，又称正镜）瞄准左方目标 A，读取水平度盘读数 α 左，记入观测手簿（见表 4.1）；松开水平制动螺旋，顺时针方向转动照准部去瞄准右方目标 C，读取水平度盘读数 C 左，记入观测手簿。盘左测得的水平角值为 β 左 $=C$ 左 $-\alpha$ 左，称为上半测回。

c. 盘右（又称倒镜）瞄准右方目标 C，读记水平度盘读数 C 右，再逆时针方向转动

照准部，瞄准左方目标 A，读记水平度盘读数 α右，则盘右位置测得的水平角值为 $\beta_{右}=C_{右}-\alpha_{右}$，称为下半测回。

d. 当 $\beta_{左}$与 $\beta_{右}$之差（对 J6 仪器）不超 ±40″ 时，取其平均值 $\beta=(\beta_{左}+\beta_{右})/2$ 作为结果，上半测回与下半测回合称一测回。

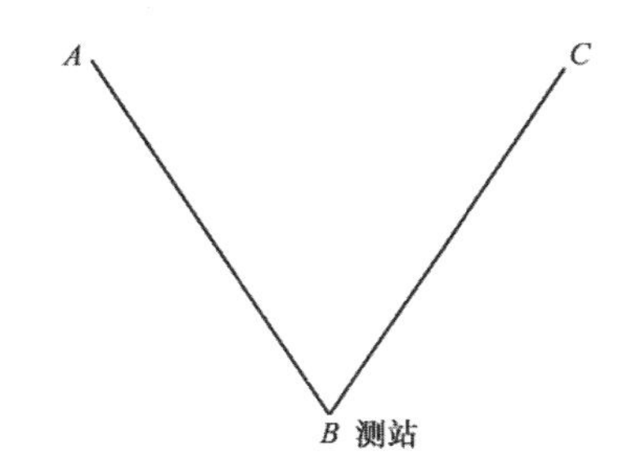

图 4.11 测回法测水平角

当需要用测回法测某角 n 个测回时，为了减小度盘刻划误差的影响，各测回之间要按 180°/ n 的差值变换度盘的起始位置。如 n =3 时，各测回的起始方向读数可等于或略大于 0°、60°、120°。如果 n =4 时，各测回的起始方向读数可等于或略大于 0°、45°、90°和 135°。

此外，无论是正镜观测还是倒镜观测，水平角的角值始终是瞄准右方目标时的水平度盘读数减去瞄准左方目标时的水平度盘读数，不够减时，右方目标读数加上 360°。

表 4.1 测回法水平角观测手簿

测站	竖盘位置	目标	水平度盘读数 0 ′ ″	半测回角值 0 ′ ″	一测回角值 0 ′ ″	各测回平均值 0 ′ ″
第一测回 0	左	A B	0 02 18 95 20 30	95 18 12	95 18 24	95 18 15
	右	A B	180 02 24 275 21 00	95 18 36		
第二测回 0	左	A B	90 03 00 185 21 00	95 18 00	95 18 06	
	右	A B	270 02 48 5 21 00	95 18 12		

一测回水平角观测过程中，不得再调整照准部水准气泡，如气泡偏离中央，超过规定值时，应重新整平与对中仪器，重新观测。

盘左瞄准目标为正镜，盘右瞄准目标为倒镜，为消除误差采取的盘左盘右各测一次的方法又称为正倒镜分中法。

4.4.2 方向观测法

方向观测法是以两个以上的方向为一组，从初始方向开始，依次进行水平方向观测，正镜半测回和倒镜半测回，照准各方向目标并读数的方法。

在测站上用测角仪器对两个以上照准点方向依次进行观测，从而求出每两相邻方向间的水平角。观测时用望远镜在盘左位置，从起始照准点按顺时针方向依次照准至最终照点，并读取读数，为上半测回，然后在盘右位置反向依次照准至起始照准点，为下半测回。上、下半测回合为一测回。

当一测站的待测方向数不超过 3 个时可用此法。

4.4.3 全圆方向观测法

全圆方向观测法，则需进行归零观测。当一测站的待测方向数超过 3 个但不超过 6 个时可用此法。

当方向数超过三个时，需在每个半测回末尾再观测一次零方向（称归零），两次观测零方向的读数应相等或差值不超过规定要求，其差值称“归零差”。由于重新照准零方向时，照准部已旋转了 360°，故又称这种方向观测法为全圆方向观测法或全圆测回法，如图 4.12 所示。

半测回归零差：是指盘左或盘右半测回中两次瞄准起始目标的读数差。J6 经纬仪半测回归零差不得大于 ±18″。

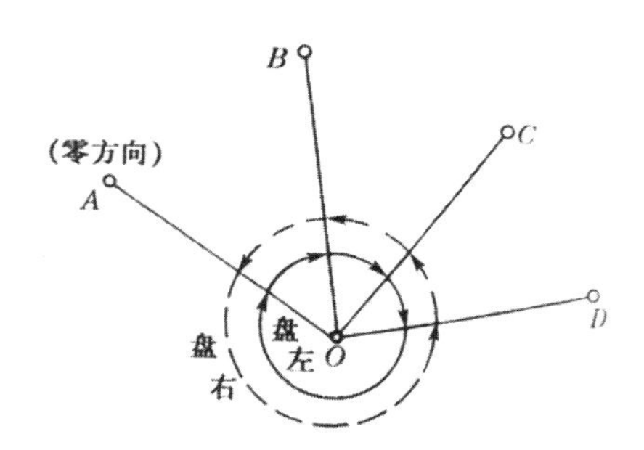

图 4.12 全圆方向观测法

例：全圆方向观测法观测

1. 全圆方向观测法观测程序

如图 4.12 所示，具体观测步骤如下：

（1）在测站 O 上安置经纬仪，并选定起始方向 A。

（2）盘左，瞄准起始方向 A，读取水平度盘读数，并记入方向法观测手薄（表 4.2）的第四列中。

（3）顺时针转动照准部，一次照准目标 B / C / D，读取相应的水平度盘读数并记录。

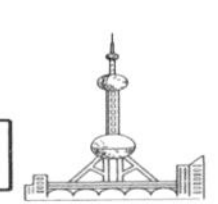

（4）继续顺时针转动照准部，再次瞄准起始方向 A，读数并记录（称归零，两次瞄准 A 的读数之差，称为半测回归零差，对于 J6 经纬仪，要求半测回归零差不得大于 ±18″），完成上半测回的观测。

（5）盘右，瞄准起始方向 A，读数水平度盘读数，并记入方向法观测手薄的第五列中；然后逆时针方向依次瞄准目标 D/C/B，读取相应的水平度盘读数并记录。同样，最后要继续逆时针转动照准部再次瞄准起始方向 A 进行归零，计算下半测回归零差，并检查其是否超限。符合要求后，才算完成下半测回的观测。

以上为一个测回的观测。如果欲观测多个测回，各测回间仍应按 180°/n 间隔配置度盘，以减少度盘分划误差的影响。

表 4.2 全圆方向法观测记录手簿

测站	测回数	目标	读数		2c= 左 -（右 ±180°）	平均读数 =【左 +（右 ±180°）】/2	归零方向值	各测回归零方向值的平均值
			盘左	盘右				
			° ′ ″	° ′ ″	″	° ′ ″	° ′ ″	° ′ ″
1	2	3	4	5	6	7	8	9
0	1					0 02 10		
		A	0 02 12	180 02 00	+12	0 02 06	0 00 00	0 00 00
		B	37 44 15	217 44 05	+10	37 44 10	37 42 00	37 42 04
		C	100 29 04	290 28 52	+12	110 28 58	110 26 48	110 26 52
		D	150 14 51	330 14 43	+8	150 14 47	150 12 37	150 12 33
		A	0 02 18	180 02 08	+10	0 02 13		
	2					90 03 24		
		A	90 03 30	270 03 22	+8	90 03 26	0 00 00	
		B	127 45 34	307 45 28	+6	127 45 31	37 42 07	
		C	200 30 24	20 30 18	+6	200 30 21	110 26 57	
		D	240 15 57	60 15 49	+8	240 15 53	150 12 29	
		A	90 03 25	270 03 18	+7	90 03 22		

2. 全圆方向观测法的计算方法和步骤

以该题为例，说明方向观测法的计算方法和步骤：

（1）计算两倍照准误差 2c。

c 称为照准误差，指望远镜的视准轴与横轴不垂直而相差的一个小角，致使盘左、盘右瞄准同一目标时读数相差不是 180°。2c 的计算公式为

$$2c = 左 - (右 \pm 180^\circ) \tag{4-1}$$

对于 J6 级经纬仪，对 2 c 值的变化范围不作规定；但对于 J2 级经纬仪，则要求其 2 c 值的变化范围不得超过 ±18″。

（2）计算各方向盘左、盘右读数的平均值。

$$平均读数 = 【左 + （右 \pm 180°）】/2 \quad (4.2)$$

此时应注意：由于 A 方向一测回瞄准了 4 次，有两个平均读数，因此应将 A 方向的平均读数再取均值作为起始方向一测回的方向值，写在第一行，并用括号括起。

（3）计算归零方向值。

首先将起始方向值（括号内的）进行归零，即将起始方向值化为 0° 00′ 00″；然后再将其他方向的方向值也减去括号内的起始方向值。

（4）计算各测回归零方向值的平均值。

如果观测了多个测回，应检查同一方向各测回归零方向值互差是否超限（对于 J6 级经纬仪，要求不得大于 ±24″）。如果满足限差的要求，取同一方向归零方向值的平均值作为该方向的最后结果。

（5）计算水平角。

将两个方向归零方向值的平均值相减，即得该两方向间的水平角。

4.4.4 分组方向观测法

分组方向观测法：当超过 6 个时，可将待测方向分为方向数不超过 6 个的若干组，分别按此法进行，称分组方向观测法。

但各组之间必须有两个共同的方向，且在观测结束后对各组的方向值进行平差处理，以便获得全站统一的归零方向值。

知识拓展：

强制对中（精密工程测量中常用）

对中方法：光学对中、激光对中、铅锤对中、强制对中。

在进行特种精密工程测量操作时，由于其精度要求特别高，采用垂球对中，光学对中或激光对中时对中误差在总体误差中会产生显著的影响，因此采用精密仪器观测时多采用强制对中的方法。

精密工程测量中常用的强制对中方法有：

（1）在整个观测过程中，仪器的位置始终保持不动，这样几乎没有对中误差；这种方法多用在室内，但长时间保持仪器不动较为困难，只适用于短期工程。

（2）建立观测墩，观测墩头类似三角架头，在观测墩平台上埋设中心连接螺旋，使用时直接将仪器插上即可。

（3）在观测墩上埋设仪器基座，使用时直接将仪器照准部或相应部位插入即可。

4.5 竖直角测量

4.5.1 竖直度盘的构造与垂直角计算公式的确定

光学经纬仪的竖盘读数系统由竖盘、指标、竖盘指标水准管和显微镜等组成。竖直度盘为0°～360°全圆刻划的玻璃圆环。竖盘、望远镜和仪器横轴固连在一起，横轴在支架上的转动轴线过竖盘中心并垂直于竖盘。仪器整平后，竖盘相当于一个铅垂面。当竖盘随望远镜瞄准高低不同的目标而转动时，用于指示竖盘读数的指标（分微尺上的0刻划）不动（只有转动指标水准管的微动螺旋时，其影像才做微小的移动），如图4.13所示。因此，望远镜瞄准目标点时的方向读数，可由竖盘读数指标读出。竖盘指标水准管用于控制指标的影像，当其气泡居中时，表示指标影像处于正确位置。所以在测垂直角时，每次读数前，必须转动指标水准管的微动螺旋使指标水准管气泡居中。

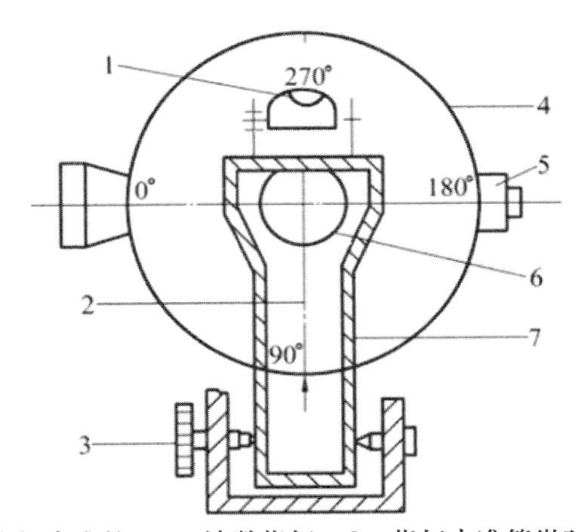

1—指标水准管；2—读数指标；3—指标水准管微动旋钮；

4—竖直度盘；5—望远镜 6—水平轴；7—框架

图 4.13 竖直度盘构造图

竖直度盘的注记方式有多种，图4.14和图4.15分别为顺时针注记和逆时针注记的天顶式竖盘在盘左和盘右时的结构形式。国产经纬仪的竖盘多数为天顶式顺时针注记。

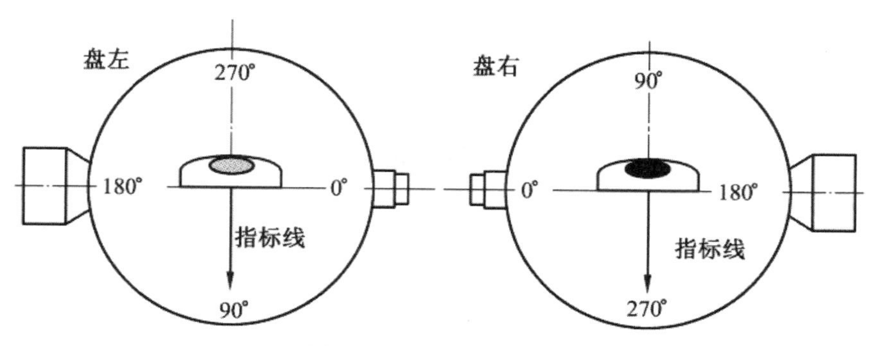

图 4.14　顺时针注记竖直度盘简图

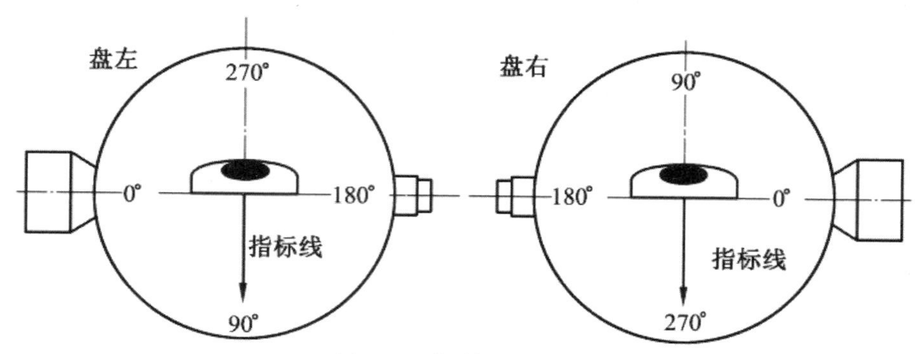

图 4.15 逆时针注记竖直度盘简图

前已述及，垂直角为倾斜视线与水平视线在竖盘上截取的两个方向读数之差，但究竟是倾斜方向的读数减去水平方向的读数，还是水平方向的读数减去倾斜方向的读数，这和竖盘的注记方式有关。现以天顶距式顺时针注记的竖盘为例，说明垂直角计算公式的确定方法。

如图 4.14 所示，假设竖盘指标水准管的气泡居中时，竖盘指标处于正确位置，则盘左望远镜水平时的竖盘读数为 90°，盘右望远镜水平时的竖盘读数为 270°。当望远镜上仰或下俯瞄准一目标时，竖盘转过的角度即为所要测的目标方向的垂直角 α。显然，由于竖盘转动时指标不动，故盘左测得的垂直角 $\alpha_{左}$为望远镜瞄准目标时的读数 L 与常数 90°之差，盘右测得垂直角 $\alpha_{右}$为望远镜瞄准目标时的读数 R 与常数 270°之差。考虑到垂直角的符号，从图中可以看出

$$\alpha_{左}=900-L \tag{4-3}$$

$$\alpha_{右}=\alpha-270^{\circ} \tag{4-4}$$

即用天顶式顺时针注记的竖盘测垂直角时，盘左为常数减去瞄准目标时的竖盘读数，盘右为瞄准目标时的竖盘读数减去常数。

测垂直角前，对不了解其注记方式的竖盘，要通过实地判定来确定垂直角的计算公式。具体步骤为：先以盘左位置将望远镜大致放平，读取竖盘读数，由此可以判断出视准轴真正水平时的常数；然后将望远镜慢慢上仰，看读数是增加还是减小，由此可断定视准轴转

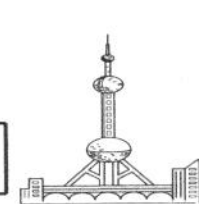

到铅垂位置时竖盘注记是多少。由以上判定，即可画出盘左望远镜水平时的竖盘注记草图，同时可按下列法则写出垂直角的计算公式：

①望远镜上仰时，若读数减小，则垂直角等于望远镜水平时的常数减去瞄准目标时的读数；

②望远镜上仰时，若读数增大，则垂直角等于瞄准目标时的读数减去望远镜水平时的常数。

如果盘左属于第一种情况，则盘右必须属于第二种情况。反之亦然。

4.5.2 竖直角的观测

如图 4.16 所示，设测站点为 O，目标点为 A，欲测量垂直角 α，则可按下列步骤进行观测：

①在 O 点安置经纬仪（对中、整平），盘左判定竖盘注记方式，画出盘左望远镜水平时的竖盘注记草图，确定盘左和盘右观测垂直角的计算公式；

②盘左用横丝精确瞄准目标 A，转动指标水准管的微动螺旋使指标水准管的气泡居中后读竖盘读数，并计算 $\alpha_{左}$，此为上半测回的观测；

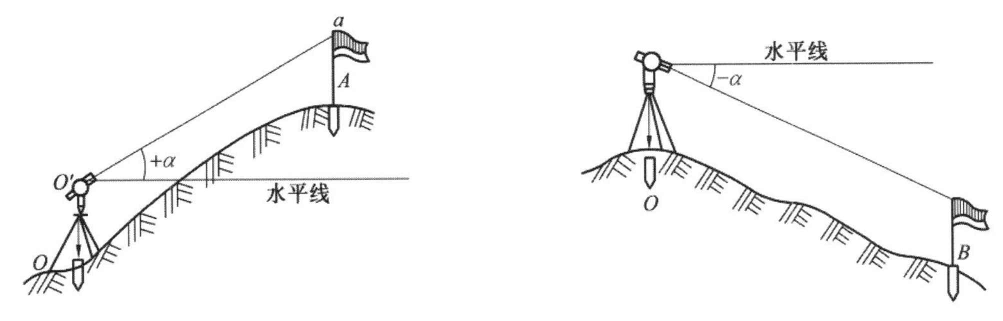

图 4.16 竖直角观测图

③盘右瞄准 A，使指标水准管的气泡居中后读记竖盘读数，并计算 $\alpha_{右}$，此为下半测回的观测；

④取 $\alpha_{左}$和 $\alpha_{右}$的平均值，从而得一测回的垂直角 α 为

$$\alpha=\frac{1}{2}(\alpha_{左}+\alpha_{右}) \tag{4-5}$$

同上述方法在 O 点安置经纬仪，观测 B 点，垂直角的记录计算格式见表 4.3。

表 4.3 垂直角观测手簿

测站	目标	竖盘位置	竖盘读数	半测回竖直角	指标差	一测回竖直角	备注
0	A	左	86 46 48	03 13 12	-9	03 13 03	竖直度盘为顺时针标记
		右	273 12 54	03 12 54			
	B	左	97 24 36	-7 24 36	-12	-7 24 48	
		右	262 35 00	-7 25 00			

4.5.3 竖盘指标差

上述垂直角的计算，是假定指标水准管气泡居中时，指标处于正确位置，盘左和盘右在望远镜水平时的竖盘常数分别为 90° 和 270° 。但事实上，当气泡居中时，指标所处的实际位置往往和其应处的正确位置相差一个小角 x，x 称为指标差，如图 4.17 所示。

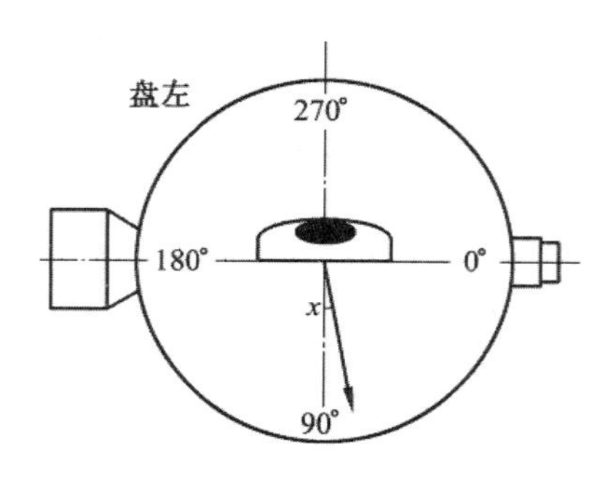

图 4.17 竖直度盘指标差原理

盘左在望远镜水平时竖盘读数实际上为 $90°+x$，盘右实际上为 $270°+x$。故用盘左、盘右测垂直角时，如图 4.18 所示，正确的垂直角应为

$$a=(90°+x)-L \tag{4-6}$$

$$a=R-(270°+x) \tag{4-7}$$

由上两式可以导出

$$x=(L+R-360°) \tag{4-8}$$

对于同一台仪器来说，指标差应是一个常数，但由于偶然因素的影响，它也可能变化，其变化范围应符合规范中的规定。

式（4-6）和式（4-7）又可写成

$$a=a_{左}+x \tag{4-9}$$

$$a=a_{右}-x \tag{4-10}$$

即在盘左和盘右测得的垂直角中分别加上和减去一个指标差，便可得到正确的垂直角。

同样，由式（4-9）和（4-10）又可导出

$$\alpha = \frac{1}{2}(\alpha_{左} + \alpha_{右}) \tag{4.11}$$

即盘左、盘右测得的同一垂直角取其平均值，可以消除指标差的影响。

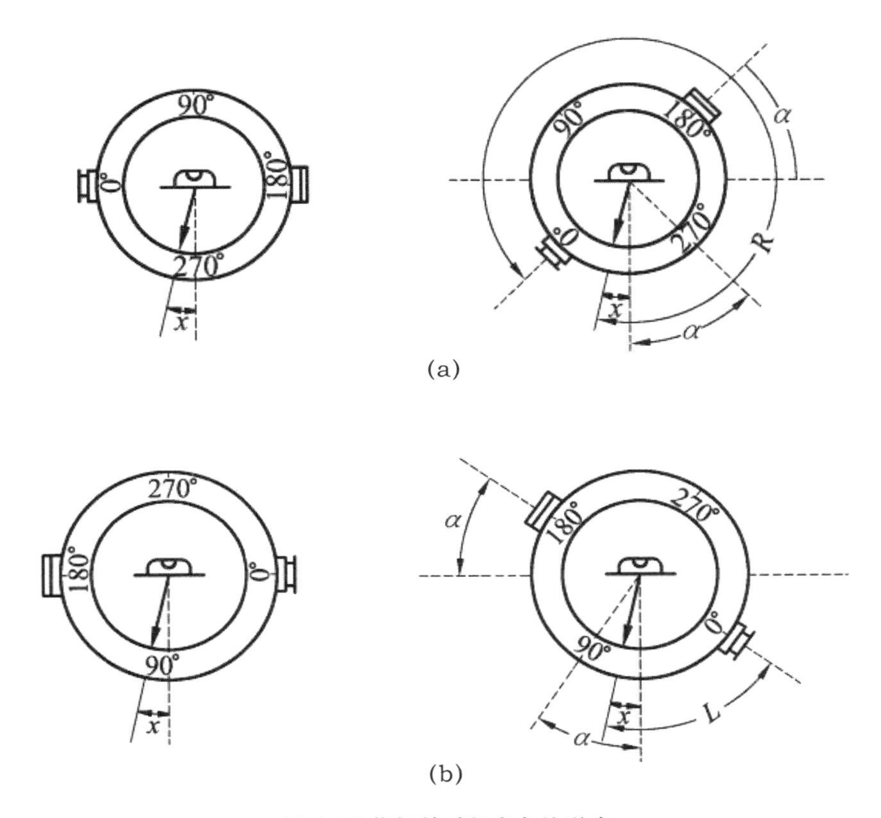

图 4.18 指标差对竖直角的影响

4.6 角度测量误差与注意事项

角度测量的误差主要有仪器误差、观测误差以及外界条件的影响三个方面。

4.6.1 仪器误差

1. 仪器制造加工不完善所引起的误差

如照准部偏心误差、度盘分划误差等。经纬仪照准部旋转中心应与水平度盘中心重合，如果两者不重合，即存在照准部偏心差，在水平角测量中，此项误差影响也可通过盘左、盘右观测取平均值的方法加以消除。水平度盘分划误差的影响一般较小，当测量精度要求较高时，可采用各测回间变换水平度盘位置的方法进行观测，以减弱这一项误差影响。

2．仪器校正不完善所引起的误差

如望远镜视准轴不严格垂直于横轴、横轴不严格垂直于竖轴所引起的误差，可以采用盘左、盘右观测取平均的方法来消除，而竖轴不垂直于水准管轴所引起的误差则不能通过盘左、盘右观测取平均或其他观测方法来消除，因此，必须认真做好仪器此项检验、校正。

4.6.2 观测误差

1．对中误差

仪器对中不准确，使仪器中心偏离测站中心的位移叫偏心距，偏心距将使所观测的水平角值不是大就是小。经研究已经知道，对中引起的水平角观测误差与偏心距成正比，并与测站到观测点的距离成反比。因此，在进行水平角观测时，仪器的对中误差不应超出相应规范规定的范围。

2．整平误差

若仪器未能精确整平或在观测过程中气泡不再居中，竖轴就会偏离铅直位置。整平误差不能用观测方法来消除，此项误差的影响与观测目标时视线竖直角的大小有关，当观测目标与仪器视线大致同高时，影响较小；当观测目标时，视线竖直角较大，则整平误差的影响明显增大，此时，应特别注意认真整平仪器。当发现水准管气泡偏离零点超过一格以上时，应重新整平仪器，重新观测。

3．目标偏心误差

由于测点上的标杆倾斜而使照准目标偏离测点中心所产生的偏心差称为目标偏心误差。目标偏心是由于目标点的标志倾斜引起的。观测点上一般都是竖立标杆，当标杆倾斜而又瞄准其顶部时，标杆越长，瞄准点越高，则产生的方向值误差越大；边长短时误差的影响更大。为了减少目标偏心对水平角观测的影响，观测时，标杆要准确而竖直地立在测点上，且尽量瞄准标杆的底部。

4．瞄准误差

正常人眼分辨两点的最小视角约 60″，通常依此作为眼睛的鉴别角。当使用放大倍率为v 的望远镜瞄准目标时，鉴别能力可提高 V 倍。（V：望远镜的放大率。60″：人眼的极限分辨能力。）

引起瞄准误差的因素很多，如望远镜孔径的大小、分辨率、放大率、十字丝粗细、清晰等；人眼的分辨能力，目标的形状、大小、颜色、亮度和背景，以及周围的环境，空气透明度大气的湍流、温度等，其中与望远镜放大率的关系最大。经计算，DJ6 级经纬仪的瞄准误差为 ±2.0″ ～ ±2.4″，观测时应注意消除视差，调清十字丝。

5. 读数误差

读数误差与读数设备、照明情况和观测者的经验有关。一般来说，主要取决于读数设备。对于 2″级光学经纬仪其误差不超过 ±2″。如果照明情况不佳，读数显微镜存在视差，以及读数不熟练，估读误差还会增大。

4.6.3 外界条件的影响

影响角度测量的外界因素很多，大风、松土会影响仪器的稳定；地面辐射热会影响大气稳定而引起物像的跳动；空气的透明度会影响照准的精度，温度的变化会影响仪器的正常状态等。这些因素都会在不同程度上影响测角的精度，要想完全避免这些影响是不可能的，观测者只能采取措施及选择有利的观测条件和时间，使这些外界因素的影响降低到最小的程度，从而保证测角的精度。

4.6.4 角度测量的注意事项

用经纬仪测角时，往往由于粗心大意而产生错误，如测角时仪器没有对中整平，望远镜瞄准目标不正确，度盘读数读错，记录错误和读数前未旋紧制动螺旋等，因此，角度测量时必须注意下列几点。

1. 仪器安置的高度要适合

三脚架要踩牢，仪器与脚架连接要牢固；观测时不要手扶或碰动三脚架，转动照准部和使用各种螺旋时，用力要适中，可转动即可。

2. 对中、整平要准确

测角精度要求越高或边长越短的，对中要求越严格；如观测的目标之间高低相差较大时，更应注意仪器整平。

3. 在水平角观测过程中

如同一测回内发现照准部水准管气泡偏离居中位置，不允许重新调整水准管使气泡居中；若气泡偏离中央超过一格时，则需重新整平仪器，重新观测。

4. 观测竖直角时

每次读数之前，必须使竖盘指标水准管气泡居中或自动归零开关设置“ON”位置。

5. 标杆要立直于测点上

尽可能用十字丝交点瞄准对中杆的低部；竖角观测时，宜用十字丝中丝切于目标的指定部位。

6. 不要把水平度盘和竖直度盘读数弄混淆

记录要清楚，并当场计算校核，若误差超限应查明原因并重新观测。

由于竖直角主要用于三角高程测量和视距测量，在测量竖直角时，只要严格按照操作规程作业，采用测回法消除竖盘指标差对竖直角的影响，测得的竖直角即能满足对高程和水平距离的计算。

4.7 经纬仪的检验与校正

如图 4.19 所示，一台结构完善的经纬仪，其主要轴线有仪器的旋转轴即仪器竖轴 VV 、照准部水准管轴 LL 、望远镜视准轴 CC 和望远镜的旋转轴即横轴 HH（又称水平轴）。经纬仪是根据水平角和竖直角的测角原理制造的，当水准管器泡居中时，仪器旋转轴竖直、水平度盘水平，则要求水准管轴垂直竖轴。测水平角要求望远镜绕横轴旋转为一个竖直面，就必须保证视准轴垂直横轴。保证竖轴竖直时，横轴水平，则要求横轴（水平轴）垂直竖轴（6″ 级仪器不应超过 20″ ）。照准目标使用竖丝，只有横轴水平时竖丝竖直，则要求十字丝竖丝垂直横轴。

经纬仪各轴线在理论上主要应满足如下几何条件：

①照准部水准管轴垂直于仪器竖轴（ $LL \perp VV$ ）；

②十字丝的竖丝垂直于水平横轴；

③望远镜的视准轴垂直于水平横轴（ $CC \perp HH$ ）；

④水平横轴垂直于仪器竖轴（ $HH \perp VV$ ）。

此外，经纬仪还应满足：

水平度盘的圆心位于仪器竖轴上，并保证水平度盘与竖轴垂直。光学对中器的光学垂线与仪器竖轴重合（重合度不应大于 1 mm）。在测量竖直角时，还应满足竖盘指标水准管轴垂直于竖盘指标线的条件。

仪器出厂时，一般能够满足上述关系，但在运输或使用过程中，由于受震动等因素的影响，这些轴线关系可能会发生变化。因此，应经常对所用的经纬仪进行检验与校正。

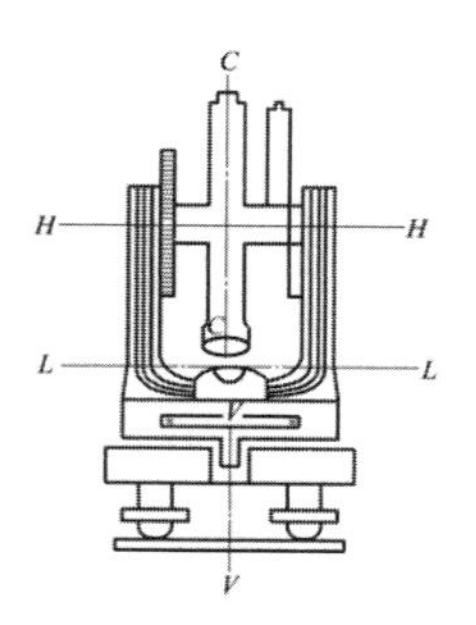

图 4.19 经纬仪各轴线关系示意图

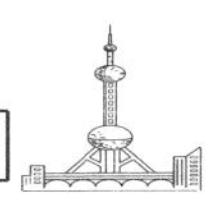

4.7.1 水准管轴垂直于竖轴的检验

先按整平仪器的步骤将仪器大致整平，然后转动仪器，使水准管平行于任意两个脚螺旋的连线，并旋转这两个脚螺旋，使水准管的气泡严格居中，再将仪器转 180°，若水准管的气泡仍居中，说明条件满足，否则需要校正。

4.7.2 十字丝竖丝垂直于横轴的检验

如图 4.20 所示，将仪器整平后，用十字丝交点切准一明晰的小目标点，然后旋转望远镜的微动螺旋，使目标点相对移到竖丝的下端或上端，若目标点始终在竖丝上移动，则说明该项条件满足，否则，应对十字丝进行校正。

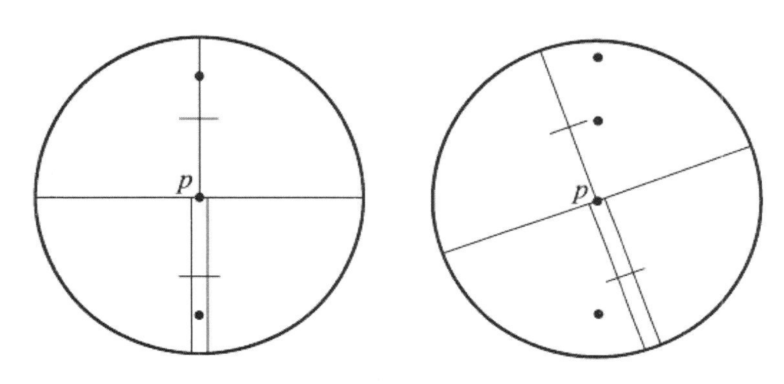

图 4.20 十字丝不垂直于横轴检验图

4.7.3 视准轴垂直于横轴的检验

在平坦的地面上，选一条约 80 m长的直线 AB，在其中点 O 安置经纬仪，在 A 点与仪器同高处设一瞄准标志，在 B 点与仪器同高处横放一把毫米尺，如图 4.21 所示。盘左瞄准 A，固定照准部后旋转望远镜，用竖丝在横尺上截取读数 B_1；再用盘右位置瞄准 A，固定照准部后旋转望远镜，用竖丝在横尺上截取读数 B_2。若 B_1 与 B_2 重合，说明该项条件满足，否则，说明存在视准误差 C。当 C 超限时，应对仪器进行校正。

$$C = \frac{B_1B_2}{4 \cdot OB} \cdot \rho \tag{4-12}$$

J6：2C ＞ 60″；J2：2C ＞ 30″ 时，则需校正。

4.7.4 横轴垂直于仪器竖轴的检验

在 20 ～ 30 m 处的墙上选一仰角大于 30° 的目标点 P，如图 4.22 所示，先用盘左瞄准 P 点，放平望远镜，在墙上定出 P_1 点；再用盘右瞄准 P 点，放平望远镜，在墙上定出 P_2 点。

$$i = \frac{P_1P_2}{2D \cdot \tan\alpha} \cdot \rho \tag{4-13}$$

J6： $i>20''$，则需校正。

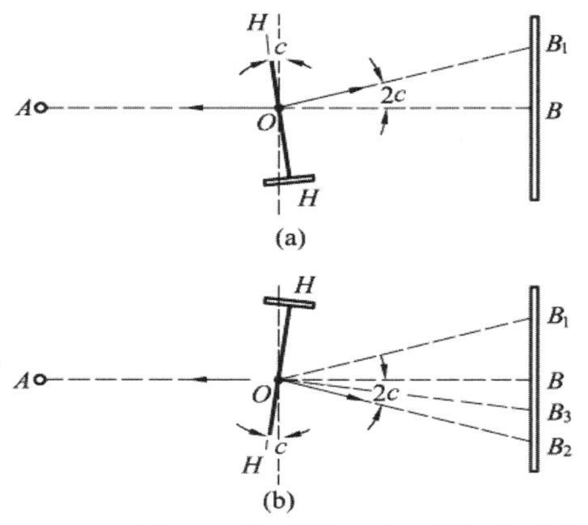

图 4.21 视准轴垂直于横轴的检验图

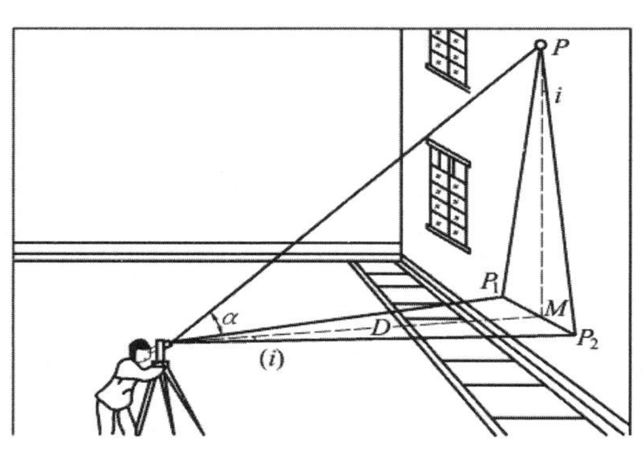

图 4.21 横轴垂直于仪器竖轴的检验

4.7.5 指标差的检验

整平经纬仪，盘左、盘右观测同一目标点 P，转动竖盘指标水准管微动螺旋，使竖盘指标水准管气泡居中，读记竖盘读数 L 和 R，按下式计算竖盘指标差

$$x=\frac{1}{2}(L+R-3600) \tag{4-14}$$

当竖盘指标差 $x>1'$ 时，则需校正。

基础同步

一．填空题

1．水平角是指____。

2．竖直角是指____。

3．J6 光学经纬仪由__________、__________、__________三大部分组成。

4．经纬仪的使用，一般有________、________、________、________四个基本步骤组成。

5．经纬仪的主要轴线有________、________、________、________。

6．水平角测量的误差来源，主要有________、________、________和外界条件影响造成的误差。

二、选择题

1. 经纬仪对中的目的是使仪器中心与测站点标志中心位于同一（　）。

A. 水平线上　　B. 铅垂线上　　C. 水平面内　　D. 垂直面内

2. 经纬仪望远镜照准目标的步骤是（　）。

A. 目镜调焦、物镜调焦、粗略瞄准目标、精确瞄准目标

B. 物镜调焦、目镜调焦、粗略瞄准目标、精确瞄准目标

C. 粗略瞄准目标、精确瞄准目标、物镜调焦、目镜调焦

D. 目镜调焦、粗略瞄准目标、物镜调焦、精确瞄准目标

3. 水平角观测时，为精确瞄准目标，应该用十字丝尽量瞄准目标（ ）。

A. 顶部　B. 底部　C. 约 1/2 高处　D. 约 1/3 高处

4. 经纬仪的粗平操作应（ ）。

A. 伸缩脚架　B. 平移脚架　C. 调节脚螺旋　D. 平移仪器

5. 经纬仪测角时，采用盘左和盘右两个位置观测取平均值的方法，不能消除的误差为（ ）。

A. 视准轴误差　B. 横轴误差　C. 照准部偏心差　D. 水平度盘刻划误差

6. 用 DJ6 级经纬仪一测回观测水平角，盘左、盘右分别测得角度值之差的允许值一般规定为（ ）。

A. ±40″　B. ±10″　C. ±20″　D. ±80″

7. 在一个测回中，同一方向的盘左、盘右水平度盘读数之差称为（ ）。

A. 2C 值　B. 互差　C. 测回差　D. 半测回差

8. 以下使用 DJ6 经纬仪观测某一水平方向，其中读数记录正确的是（ ）。

A. 108° 7′ 24″　B. 54° 18′ 6″　C. 43° 06′ 20″　D. 1° 06′ 06″

9. 光学经纬仪的照准部应绕（ ）在水平面内旋转。

A. 基座　B. 竖轴　C. 横轴　D. 视准轴

10. 以下不属于光学经纬仪组成部分的是（ ）。

A. 照准部　B. 水平度盘　C. 连接螺旋　D. 基座

11. 经纬仪基座上有三个脚螺旋，其主要作用是（ ）。

A. 连接脚架　B. 整平仪器　C. 升降脚架　D. 调节对中

12. 经纬仪的望远镜应绕（ ）在竖直面内旋转。

A. 竖轴　B. 横轴　C. 视准轴　D. 圆水准器轴

13. 下列关于经纬仪的螺旋使用，说法错误的是（ ）。

A. 制动螺旋未拧紧，微动螺旋将不起作用

B. 旋转螺旋时注意用力均匀，手轻心细

C. 瞄准目标前应先将微动螺旋调至中间位置

D. 仪器装箱时应先将制动螺旋锁紧

14. DJ6 光学经纬仪的分微尺读数器最小估读单位为（ ）。

A. 1°　B. 1′　C. 1″　D. 6″

15. 以下经纬仪型号中，其精度等级最高的是（ ）。

A. DJ1　B. DJ2　C. DJ6　D. DJ07

16. 测量工作中水平角的取值范围为（ ）。

A. 0° ~ 180°　B. -180° ~ 180°

C. -90° ~ 90°　D. 0° ~ 360°

17. 经纬仪上的水平度盘通常是（　）。

A. 顺时针方向刻划 0° ~ 360°　　B. 逆时针方向刻划 0° ~ 360°

C. 顺时针方向刻划 -180° ~ 180°　D. 逆时针方向刻划 -180° ~ 180°

18. 采用经纬仪盘右进行水平角观测，瞄准观测方向左侧目标水平度盘读数为 145° 03′ 24″，瞄准右侧目标读数为 34° 01′ 42″，则该半测回测得的水平角值为（　）。

A. 111° 01′ 42″　　B. 248° 58′ 18″

C. 179° 05′ 06″　　D. -111° 01′ 42″

19. 用经纬仪测水平角时，由于存在对中误差和瞄准误差而影响水平角的精度，这种误差大小与边长的关系是（　）。

A. 边长越长，误差越大

B. 对中误差的影响与边长有关，瞄准误差的影响与边长无关

C. 边长越长，误差越小

D. 误差的大小不受边长长短的影响

20. 用测回法测水平角，测完上半测回后，发现水准管气泡偏离 2 格多，在此情况下应（ ）。

A. 整平后观测下半测回　　B. 整平后重测整个测回

C. 对中后重测整个测回　　D. 继续观测下半测回

21. 当测角精度要求较高时，应变换水平度盘不同位置，观测 n 个测回取平均值，变换水平度盘位置的计算公式是（　）。

A. 90° /n　　B. 180° /n　　C. 270° /n　　D. 360° /n

22. 当采用多个测回观测水平角时，需要设置各测回间水平度盘的位置，这一操作可以减弱（　）的影响。

A. 对中误差　　B. 照准误差　　C. 水平度盘刻划误差　　D. 仪器偏心误差

23. 采用测回法观测水平角，盘左和盘右瞄准同一方向的水平度盘读数，理论上应（　）。

A. 相等　　B. 相差 90°　　C. 相差 180°　　D. 相差 360°

24. 下列选项中，不属于仪器误差的是（　）。

A. 视准轴误差　　B. 横轴误差　　C. 竖轴误差　　D. 目标偏心误差

25. 经纬仪的水准管轴应（　）。

A. 垂直于竖轴　　B. 保持铅垂　　C. 平行于视准轴　　D. 平行于横轴

26. 若经纬仪的视准轴与横轴不垂直，在观测水平角时，其盘左盘右的误差影响是（　）。

A. 大小相等　　B. 大小不等　　C. 大小相等，方向相反　D. 大小相等，方向相同

27. 经纬仪视准轴 CC 与横轴 HH 应满足的几何关系是（　）。

A. 平行　　B. 垂直　　C. 重合　　D. 成 45° 角

28. 地面上两相交直线的水平角是（　）的夹角。

A. 这两条直线的空间实际线

B. 这两条直线在水平面的投影线

C. 这两条直线在竖直面的投影线

D. 这两条直线在某一倾斜面的投影线

29. 经纬仪整平的目的是（　）。

A. 使竖轴处于铅垂位置　　B. 使水平度盘水平

C. 使横轴处于水平位置　　D. 使竖轴位于竖直度盘铅垂面内

30. 经纬仪的视准轴是（　）。

A. 望远镜物镜光心与目镜光心的连线

B. 望远镜物镜光心与十字丝中心的连线

C. 望远镜目镜光心与十字丝中心的连线

D. 通过水准管内壁圆弧中点的切线

31. 测回法观测某水平角一测回，上半测回角值为102°28′13″，下半测回角值为102°28′20″，则一测回角值为（　）。

A. 102°28′07″　　B. 102°28′17″

C. 102°28′16″　　D. 102°28′33″

32. 当在同一测站上观测方向数有3个时，测角方法应采用（　）。

A. 复测法　　B. 测回法　　C. 方向观测法　　D. 分组观测法

33. 管水准器和圆水准器对于经纬仪整平精度的关系是（　）。

A. 管水准器精度高　B. 圆水准器精度高　C. 精度相等　　D. 无法确定

34. 适用于观测两个方向之间的单个水平角的方法是（　）。

A. 测回法　　B. 方向法　　C. 全圆方向法　　D. 复测法

35. 经纬仪管水准器检验校正的目的是（　）。

A. 使水准管气泡居中　　B. 使水准管轴垂直于竖轴

C. 使水平度盘水平　　D. 使水准管轴垂直于视准轴

36. 在一般工程测量中，采用DJ6经纬仪测回法观测水平角，若上下半测回角值差超过40″，则应（　）。

A. 重测上半测回　　B. 重测下半测回

C. 重测整个测回　　D. 重测上半测回或下半测回

37. 测回法测量水平角，计算角度总是用右目标读数减左目标读数，其原因在于（　）。

A. 水平度盘刻度是顺时针增加的　B. 右目标读数大，左目标读数小

C. 水平度盘刻度是逆时针增加的　D. 倒过来减可能得负数

38. 采用经纬仪观测水平角，瞄准某一方向后需要调节水平度盘读数，可操作的装置是（）。

A. 脚螺旋　　B. 水平微动螺旋

C. 度盘变换手轮　　D. 水平制动螺旋

39. 经纬仪瞄准其竖轴所在的同一竖直面内不同高度的点，其水平度盘读数（　）。

A. 相等　　B. 不相等　　C. 有时相等，有时不相等　　D. 不能确定

40. 在水平角测量时，目标的偏心误差对观测精度影响最大的是（　）。

A. 偏心误差垂直于观测方向

B. 偏心误差平行于观测方向

C. 偏心误差与观测方向在一条直线上

D. 偏心目标距离测站较远

41. 经纬仪整平的目的是使（　）处于铅垂位置。

A. 仪器竖轴　　B. 仪器横轴　　C. 管水准轴　　D. 圆水准器轴

42. 当经纬仪进行完精平操作以后，发现圆水准气泡略有偏移，不完全居中，这时应（　）。

A. 重新整平，使圆气泡严格居中　B. 检校仪器

C. 以精平时的管水准器为准　　D. 停止观测

43. DJ6 光学经纬仪的分微尺读数器上，将单位长分为 60 小格，其每一小格代表的角度为（　）。

A. 1°　　B. 1′　　C. 1″　　D. 6″

44. 用经纬仪观测水平角时，尽量照准目标的底部，其目的是为了减弱（　）误差对测角的影响。

A. 对中　　B. 整平　　C. 目标偏心　　D. 仪器偏心

45. 水平角测量主要目的是（　）。

A. 确定点的平面位置　　B. 确定点的高程

C. 确定水平距离　　D. 确定高差

46. 经纬仪精平操作应（　）。

A. 升降脚架　　B. 调节脚螺旋　C. 调整脚架位置　　D. 平移仪器

47. 经纬仪望远镜的纵转是望远镜绕（　）旋转。

A. 竖轴　　B. 横轴　　C. 管水准轴　　D. 视准轴

48. 在进行经纬仪水准管轴是否垂直于竖轴的检验时，应先粗略整平仪器，使水准管轴和任意两个脚螺旋平行，调整脚螺旋，使水准管气泡居中，转动照准部（　），若气泡仍居中，表示水准管轴垂直于竖轴。

A. 0°　　B. 90°　　C. 180°　　D. 270°

49. 当经纬仪望远镜的十字丝不清晰时，应旋转（　）螺旋。

A. 物镜对光螺旋　B. 目镜对光螺旋 C. 脚螺旋　　D. 中心锁紧螺旋

50. 经纬仪的光学对中器主要作用是（　）。

A. 使测站点与水平度盘中心在同一铅垂线上

B. 使水平度盘水平

C. 使测站点与水平度盘中心在同一水平面内

D. 使仪器竖轴和竖盘在同一铅垂面内

三、简答题。

1. 请简述用经纬仪测水平角 < AOB 的过程（一测回）

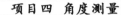

2. 简述经纬仪操作中的对中、整平的过程。

3. 简述测量竖直角的操作过程。

4. 什么叫竖盘指标差？

四、实训提升

1. 试完成下列测回法水平角观测手簿的计算。

测站	目标	竖盘位置	水平度盘读数 (° ′ ″)	半测回角值 (° ′ ″)	一测回平均角值 (° ′ ″)
一测回 B	A	左	0 06 24		
	C		111 46 18		
	A	右	180 06 48		
	C		291 46 36		

2. 完成下列竖直角观测手簿的计算，不需要写公式，全部计算均在表格中完成。

测站	目标	竖盘位置	竖盘读 (° ′ ″)	半测回竖直角 (° ′ ″)	指标差 (″)	一测回竖直角 (° ′ ″)	
A	B	左	81 18 42				备注：竖盘度盘为顺时针标记
		右	278 41 30				
	C	左	124 03 30				
		右	235 56 54				

3. 计算测回法观测数据。

测站	竖盘位置	目标	水平度盘读数	半测回角值	一测回角值	各测回平均值
第一测回 O	左	A B	0 02 30 95 20 42			
	右	A B	180 02 48 275 21 12			
第二测回 O	左	A B	90 03 06 185 21 30			
	右	A B	270 02 54 5 20 48			

4. 整理下表竖直角观测记录

<table>
<tr><th>测站</th><th>目标</th><th>竖盘位置</th><th>竖盘读数</th><th>半测回竖直角</th><th>指标差</th><th>一测回竖直角</th><th>备注</th></tr>
<tr><td rowspan="4">0</td><td rowspan="2">A</td><td>左</td><td>86 47 42</td><td></td><td rowspan="2"></td><td rowspan="2"></td><td>竖直度盘</td></tr>
<tr><td>右</td><td>273 11 54</td><td></td><td>为顺时针</td></tr>
<tr><td rowspan="2">B</td><td>左</td><td>97 25 42</td><td></td><td rowspan="2"></td><td rowspan="2"></td><td>标记</td></tr>
<tr><td>右</td><td>262 34 00</td><td></td><td></td></tr>
</table>

项目五 距离测量与直线定向

5.1 钢尺量距

距离测量的方法有钢尺量距、视距测量、磁波测距三种。

钢尺量距是用钢制的尺子丈量两点间的距离，方便，直接，且使用的工具成本低；视距测量利用经纬仪或水准仪望远镜中的视距丝和视距尺按几何光学原理进行测距；磁波测距是用仪器发射及接收红外光、激光或微波等，按其传播速度及时间确定距离。

5.1.1 量距工具

测量的工具有很多种，主要有钢尺、标杆、测钎、垂球等。

钢尺是用薄钢片制成的带状尺，可卷入金属圆盒内，故又称钢卷尺。尺宽约 10 ～ 15 mm，长度有 20m、30 m 和 50 m 等几种。根据尺的零点位置不同，有端点尺，和刻线尺之分，如图 5.1 所示。

钢尺的优点：钢尺抗拉强度高，不易拉伸，所以量距精度较高，在工程测量中常用钢尺量距。

钢尺的缺点：钢尺性脆，易折断，易生锈，使用时要避免扭折、防止受潮。

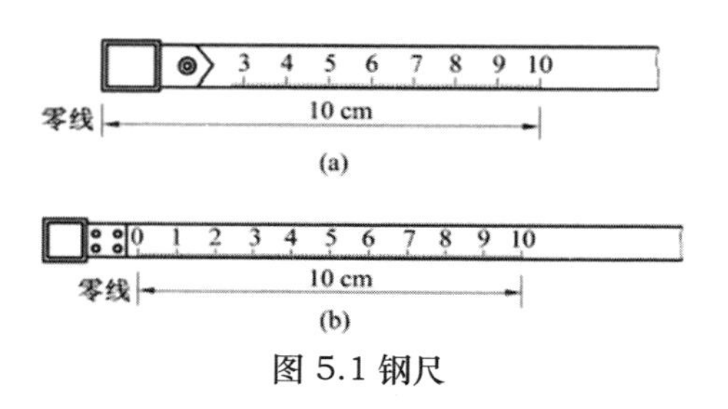

图 5.1 钢尺

标杆又叫花杆，如图 5.2（a）所示，用长 2 ～ 3 m，直径 3 ～ 4 cm 的木杆或玻璃钢制成。杆上每隔 20 cm 用红白油漆涂在标杆上，底部为金属尖，方便插入土中。

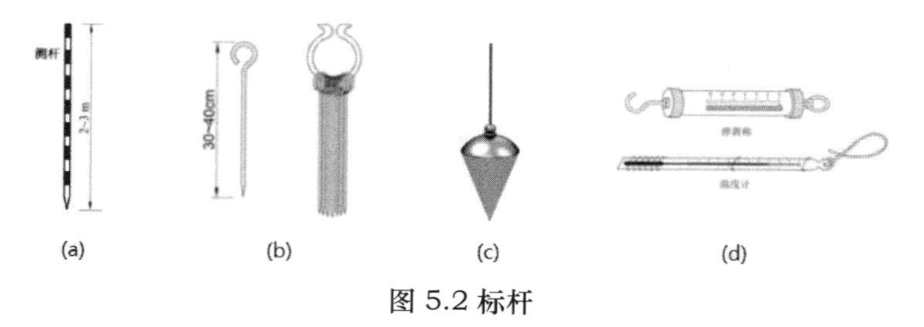

图 5.2 标杆

测钎一般用钢筋制成，上部弯成小圆环，下部磨尖，直径 3 ～ 6 mm，长度 30 ～ 40 cm，如图 5.2（b）所示。钎上可用油漆涂成红、白相间的色段。通常 6 根或 11 根系成一组。量距时，将测钎插入地面，用以标定尺端点的位置，亦可作为近处目标的瞄准标志。

其他：锤球、弹簧秤和温度计。锤球用金属制成，上大下尖呈圆锥形，上端中心系一细绳，悬吊后，锤球尖与细绳在同一垂线上，如图 5.2（c）所示。它常用于在斜坡上丈量水平距离。弹簧秤和温度计等将在精密量距中应用，如图 5.2（d）所示。

5.1.2 直线定线

当地面两点的距离过长或地形起伏较大时，为了便于量距，需要在两点的连线方向上标定出若干点，这项工作称为直线定线。

在距离测量时，得到的结果必须是直线距离，若用钢尺丈量距离，丈量的距离一般都比整尺要长，不能一次量完，需要在直线方向上标定一些点，这项工作就叫直线定线。钢尺量的是两点间的直线距离，而不是两点间任意曲线距离。

目估定线又称标杆定线。如图 5.3（a）所示，在 A 、 B 量距的端点上竖立标杆，测量员甲站在 A 点标杆后 1 ～ 2 m 处，由 A 瞄向 B，使视线与标杆边缘相切，然后甲指挥乙持标杆左右移动，直到 A 、2、 B 三根标杆位于同一直线上，将标杆竖直插在地上。直线定线一般应由远及近，即先定 1 点，再定 2 点。

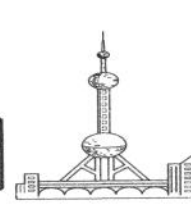

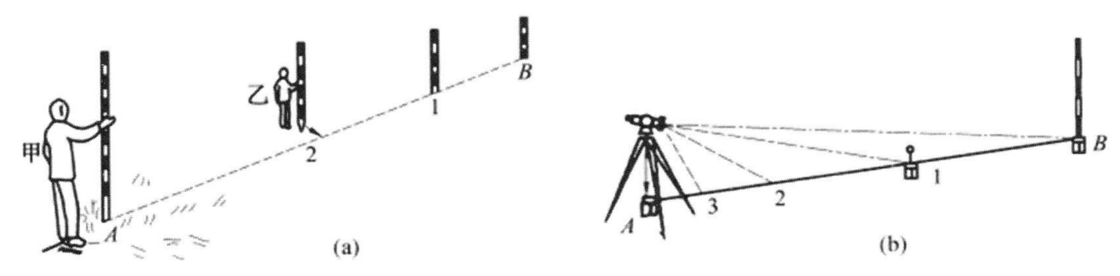

图 5.3 目估定线和经纬仪定线

当直线定线精度要求较高时，可用经纬仪定线。如图 5.3（b）所示，欲在 *AB* 直线上精确定出 1、2、3 点的位置，可将经纬仪安置于 *A* 点，用望远镜照准 *B* 点，固定照准部制动螺旋，然后将望远镜向下俯视，将十字丝交点投测到木桩上，并钉小钉以确定 1 点的位置。同法标定出 2、3 点的位置。

5.1.3 量距的一般方法

1. 在平坦地面上量距

如图 5.4 所示，先用桩将 *A*、*B* 两点标记出来，然后分别在两点外侧立标杆，确定两点直线上没有障碍物。丈量工作一般由两个人进行，后尺手持尺的零点位于 *A* 点，并在 *A* 点上插一测钎；前尺手持尺的末端并携带一组测钎，沿着前进方向，行至一尺段处停下。后尺以手势指挥前尺将钢尺拉在 *AB* 直线方向上，当后尺以尺的零点对准 A 点并发出确定可以时，两人同时把钢尺拉近，保持尺面水平，前尺手持测钎对准钢尺的整尺段刻划线竖直插下，得到 1 点，完成了 *A*—1 尺段的丈量。后面根据前面的测量方法类推，直至最后一段 n—*B* 余长。这样，*AB* 的水平距离为

$$L = nl + q \tag{5-1}$$

式中，l——钢尺的尺长；

n——尺段数；

q——不足一整尺的余长。

在实际丈量中，为了校核和提高精度，一般需要往返丈量，并取往返丈量的平均值作为该直线的最后丈量结果，并将往返丈量之差称为较差，用 ΔL 表示；较差 ΔL 与往返丈量的平均值之比，称为相对误差，用 K 表示，用以衡量丈量的精度，即

$$K = \frac{|\Delta L|}{\overline{L}} = \frac{1}{\frac{\overline{L}}{|\Delta L|}} = \frac{1}{N} \tag{5-2}$$

在平坦地区，量距精度要达到 1/3000 以上，在困难地区要达到 1/1000 以上。

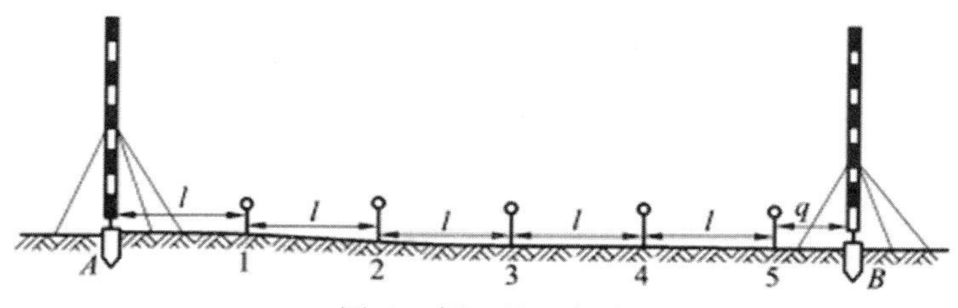

图 5.4 钢尺量距方法

【案例实解】

对某直线进行往返丈量，往测为 198. 376 m，返测为 198. 369 m，则其相对误差为多少？

解：其相对误差为

$$K=\frac{|198.376-198.339|}{\dfrac{198.376+198.339}{2}}=\frac{0.037}{198.356}\approx\frac{1}{5361}$$

（2）在倾斜地面上量距

①平量法。如图 5. 5（a）所示，丈量由 A 向 B 进行，甲立于 A 点，指挥乙将尺拉在 AB 方向线上。甲将尺零点对准 A，乙将尺的另一端抬起使尺水平，然后用垂球将尺末端投影到地面并插上测钎。当地面倾斜度较大，钢尺抬平困难时，可分几段丈量。

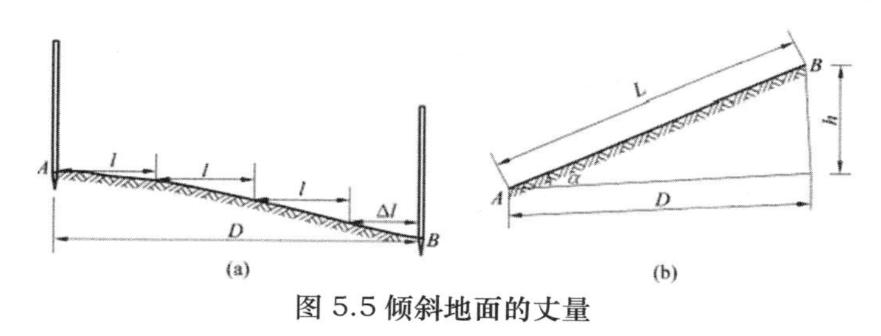

图 5.5 倾斜地面的丈量

②斜量法。如图 5. 5（b）所示，当倾斜地面坡度均匀时，可沿斜坡量出 AB 斜距 L，在测出地面倾角或者高差，然后计算水平距离 D，即

$$D=L\cdot\cos\alpha \tag{5-3}$$

$$D=\sqrt{L^2-h^2} \tag{5-4}$$

5.1.4 距离测量误差

距离丈量时，无论采用何种方法，其往返丈量的结果常常是不一致的，这说明在距离丈量中不可避免地存在误差。因此，需要了解误差的来源，并采取相应的措施削弱或消除影响。

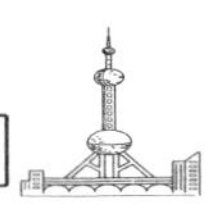

（1）尺长误差

因为钢尺的名义长度与实际长度不符而产生的尺长误差，会随着距离的增长而增加。所以，在量距之前，应对钢尺进行检定，以便在计算中加上尺长改正以消除之。

（2）温度变化误差

钢尺的长度随温度而变化，所以在精密量距时，需测定钢尺的表面温度（最好使用点温计），以便进行温度改正。

（3）拉力误差

钢尺具有弹性，受拉时会伸长。如果丈量时不用弹簧秤衡量拉力，仅凭手臂感觉，则会因与检定时的拉力不一致而产生拉力误差。可以证明，当拉力误差为3 kg、尺长为30 m时，钢尺量距误差可达到 ±1 mm。因此，在精密量距时，应使用弹簧秤控制拉力，使其与检定时的拉力相等。

（4）钢尺不水平误差与垂直误差

平量时钢尺不水平，悬量时钢尺中间下垂，都会引起量得的长度大于实际长度。因此，平量时应拉平尺子，若精密量距应进行倾斜改正。悬量时最好有人在中间托一下尺子，并利用悬量方程式进行尺长改正。

（5）定线误差

量距时，若各尺段标志不在待测距离的直线方向，即定线有误差，这样量出的距离是折线而不是直线，导致所量距离总是偏大。因此，在一般量距中，每一整尺段的定线误差要控制在 0.4 m 以内，在精密量距中，应使用经纬仪定线。

（5）钢尺对准及读数误差

钢尺对准及读数误差是指量距时，钢尺对准端点及插钎时落点不准以及读数不准确而引起的误差。这种误差属偶然误差，无法抵消。因此，必须认真仔细地对点和读数。

5.2 普通视距测量

视距测量是一种根据几何光学原理，同时测定点位间距离和高差的方法。它利用望远镜十字丝分划板上的视距丝和标尺进行观测，方法简便、快速、不受地面起伏影响，测距精度约 1/300 ～ 1/200，能满足碎部测图的要求，因而广泛用于地形测量。

5.2.1 视距测量原理

（1）视线水平时的距离和高差公式

如图 5.6 所示，经纬仪置于测站 A，标尺立于测点 B，设两点间的距离为 D，高差为 h。当视线水平时，视准轴与标尺垂直，十字丝分划板的上下视距丝 m、n 经物镜焦点 F 投影到标尺上的 M、N 两点，MN 长度称为视距间隔或尺间隔。

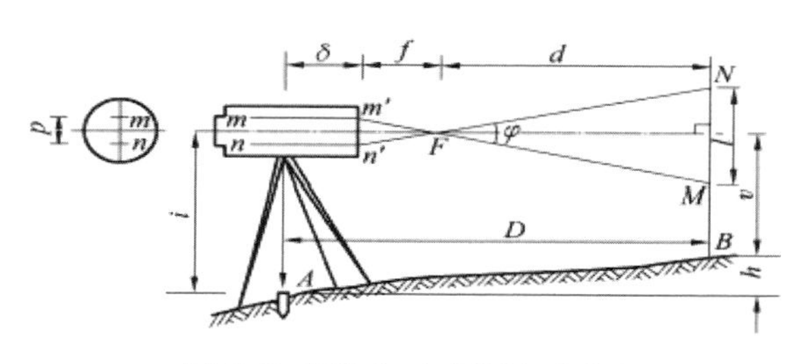

图 5.6 视线水平时的视距测量

设尺间隔 $MN=l$ ，十字丝板的上下视距丝间隔 $mn=p$ ， f 为物镜焦距， δ 为目镜中心至仪器中心的距离，为物镜焦点至标尺距离。由相似原理可得 $d=\dfrac{f}{p}l$

则 $$D=d+f+\delta=\frac{f}{p}l+f+\delta$$

令 $\dfrac{f}{p}=K$ ，称为视距常数； $f+\delta=c$ ，称为视距加常数。则

$$D=K\cdot l+c$$

经纬仪在设计和制造时，通常使，很小忽略不计，则

$$D=k\cdot l \tag{5-5}$$

同时

$$h=i-v \tag{5-6}$$

式中， i——仪器高，是测站点 A 到经纬仪横轴的高度，可用卷尺量出；

v——十字丝中横丝的标尺读数。

（2）视线倾斜时的距离和高差公式

在地面起伏较大的地区进行视距测量，必须使视线倾斜才能观测到标尺。如图5.7所示，当视线不垂直于标尺，不能直接引用式（5-5）和（5-6）。为此，过G作辅助线M′N′垂直于视线，与标尺成角。因很小（约为34′ 23″）故可将近似视为直角，因此可得

$$l'=M'N'=M'G+GN'=MG\cdot\cos\alpha+GN\cdot\cos\alpha=l\cdot\cos\alpha$$

故斜距 S 为

$$S=K\cdot l'\cdot\cos\alpha$$

又 $$D=S\cdot\cos\alpha$$

即 $$D=K\cdot l\cdot\cos^2\alpha \tag{5-7}$$

同时 $$h=h'+i-v=S\cdot\sin\alpha+i-v=K\cdot l\cdot\sin\alpha\cos\alpha+i-v$$

即 $$h=\frac{1}{2}K\cdot l\cdot\sin 2\alpha+i-v \tag{5-8}$$

在实际测量中，常以中横丝瞄准标尺上的 i 值，即使 $v=i$ ，以简化式（5-8）的计算。

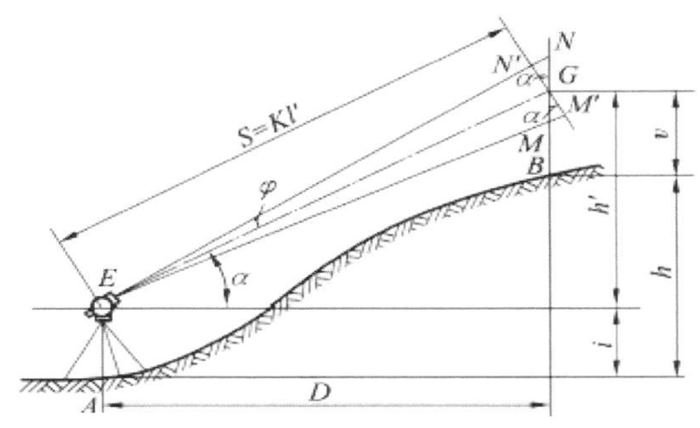

图 5.7 视距倾斜时的视距测量

5.2.2 视距测量的观测步骤和计算

（1）如图 5.7 所示，安置经纬仪于 A 点，量取仪器高 i，在 B 点竖立视距尺。

（2）用盘左或盘右，转动照准部瞄准 B 点的视距尺，分别读取上、中、下三丝在标尺上的读数 b、l、a，计算出视距间 $n=a-b$。在实际视距测量操作中，为了使计算方便，读取视距时，可使下丝或上丝对准尺上一个整分米处，直接在尺上读出尺间隔 n，或者在瞄准读中丝时，使中丝读数 1 等于仪器高 i。

（3）转动竖盘指标水准管微动螺旋，使竖盘指标水准管气泡居中，读取竖盘读数，并计算竖直角。

（4）将上述观测数据分别记入视距测量手簿表 5.1 中相应的栏内。再根据视距尺间隔 n，竖直角 α 仪器高 i 及中丝读数 L，按式（5-7）和式（5-8）计算出水平距离和高差值。最后根据 A 点高程 HA 计算出待测点的高程 HB。

表 5.1 视距测量计算表

测站：F　　测站高程：86.45 m　　仪器高：1.435 m

仪器：J6

日期：　年　月　日　　视线高：7.885 m　　观测：×××

记录：××

点号	下丝读数/m	上丝读数/m	中丝读数/m	视距间隔/m	竖盘读数		竖直角		水平距离/m	高差/m	高程/m	备注
					°	′	°	′				
1	1.718	1.192	1.445	0.526	85	32	+4	28	52.28	+4.06	90.51	
2	1.944	1.346	1.645	0.598	83	45	+6	15	59.09	+6.26	92.71	
3	2.153	1.627	1.890	0.526	92	13	−2	13	52.52	−2.49	83.96	
4	2.226	1.684	1.955	0.542	84	36	+5	24	53.72	+4.56	91.01	

5.2.3 视距测量误差

读取尺间隔误差：用视距丝在视距尺上读数，其误差与尺面最小分划的宽度、观测距离的远近、望远镜的放大倍率等因素有关，视使用的仪器和作业条件而定。

视距尺倾斜误差：视距尺倾斜误差的影响与竖直角大小有关，它随竖直角绝对值的增大而增大。在山区测量时尤其要注意这个问题。

上述两项误差是视距测量的主要误差源，除此以外，影响视距测量精度的还有乘常数K值误差、标尺分划误差、大气垂直折光影响、竖直角观测误差等。

5.2.4 注意事项

（1）对视距长度必须加以限制。根据资料分析，在比较良好的外界条件下，视距在200 m以内，视距测量的精度可达到要求。

（2）作业时，应尽量将视距尺竖直，最好使用带水准器的视距尺，以保证视距尺的竖直精度在30′以内。

（3）严格检核常数K值，使K =100±0.1以内，否则应加改正数。

（4）最好采用厘米刻划的整体视距尺，尽量少用塔尺。

（5）为减少大气垂直折光影响，视线高度尽量保证在1 m以上。

（6）在成像稳定的情况下进行观测。

5.3 光电测距仪

5.3.1 光电测距

电磁波测距是利用电磁波作为载波，经调制后由测线一端发射出去，由另一端反射或转送回来，测定发射波与回波相隔的时间，以测量距离的方法。它与钢尺量距和视距测量相比，具有速度快、测程长、精度高、受地形影响小、使用方便等优点。随着微电子技术的高速发展，电磁波测距仪正朝着小型化、智能化、多功能方向发展，因此，被广泛应用于各项测量工作中。

如图5.8所示，欲测量A、B两点间的距离D，在A点安置测距仪，B点安置反射镜。由测距仪发出的电磁波信号经反射镜反射又回到测距仪。若电磁波信号往返所需的时间为t，信号在大气中传播的速度为c，则A、B之间的距离为

$$D=\frac{1}{2}ct \tag{5-9}$$

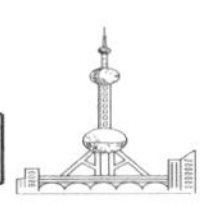

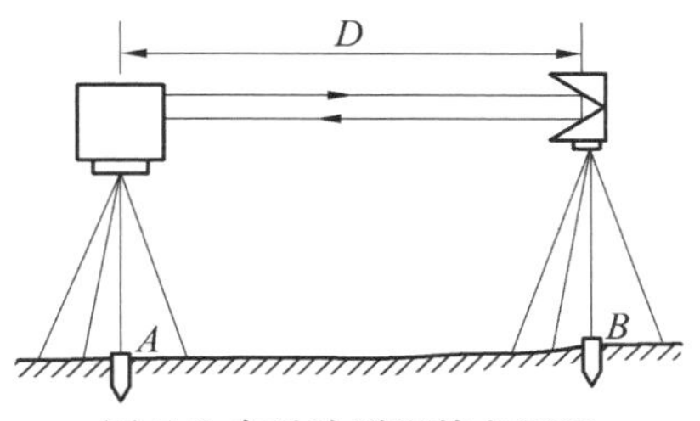

图 5.8 电磁波测距基本原理

测距精度主要取决于测时精度。电磁波测距仪按测定时间 t 的方法不同，分为脉冲式和相位式两种。脉冲式测距的测距精度较低，一般为 0.5 ～ 1 m，常用于激光雷达、微波雷达等远程测距上；相位式测距是将测量时间变成测量光在测线中传播的载波相位差，测距精度较高。精密测距仪均采用相位式。

电磁波测距是利用电磁波作载波，在其上调制测距信号，测量两点间距离的方法。它与钢尺量距和视距测量相比，具有速度快、测程长、精度高、受地形影响小、使用方便等优点。随着微电子技术的高速发展，电磁波测距仪正朝着小型化、智能化、多功能方向发展，因此，被广泛应用于各项测量工作中。

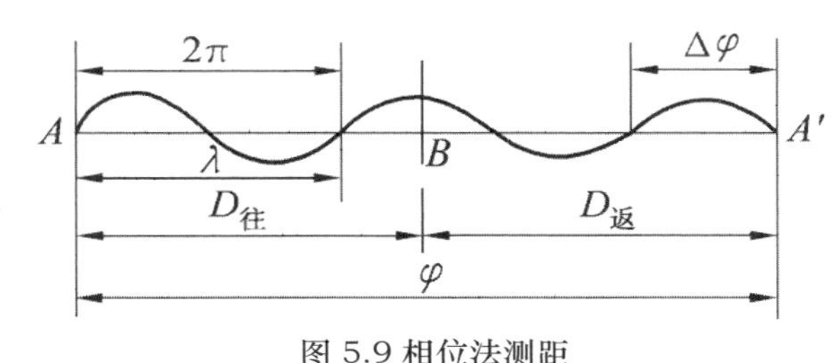

图 5.9 相位法测距

图 5.9 所示为测距仪发出的调制信号往返传播的展开图。调制信号的周期为为 T，一个周期的相位移为 2π，调制信号的频率为 f，角频率为 w，信号往返所产生的相位移为

$$\phi = wt = 2\pi ft\text{，即：} t = \phi/2\pi f \tag{5-10}$$

从图 5.9 可以看出，φ 可表示为 N 个整周期的相位移和不足一个整周期的相位移尾数之和，即：$\phi = 2\pi N + \Delta\phi = 2\pi(N + \Delta\phi/2\pi)$ （5-11）

将式（5-10）、式（5-11）代入式（5-9），整理得

$$D = c/2f\,(N + \Delta\phi/2\pi) \tag{5-12}$$

式（5-12）中，$\lambda = c/f$，设 Δ $\Delta N = \phi/2\pi$，则有

$$D = \lambda/2\left(N + \Delta N\right) \tag{5-13}$$

式（5-13）中，$\lambda/2$ 可以看作一根光尺的长度，则距离 D 就是一个整光尺长度与不足一个整光尺的余长之和。但仪器只能测出尺段尾数 ΔN，而不能测出整周期数 N。因此，当测距大于光尺长度时，仅用一把光尺无法测定距离，解决的方法是采用几个不同频率的光尺测量同一距离。例如，采用 15 MHz 和 150 kHz 两种调制频率的光波，就相当于用 10 m 长和 1000 m 长的两把光尺量距，以短测尺（又称精测尺）保证精度，以长测尺（又称粗测尺）保证测程。若所测距离为 654.738 m，由精测尺测得 4.738 m，粗测尺测得 650 m，

两者经测距仪内部的逻辑电路自动相加并显示为654.738 m。

5.3.2 全站仪测距

全站仪距离测量的基本操作方法与光电测距仪类似。

观测步骤：

（1）仪器参数的设置。设置测距模式（重复精测、单次精测、单次粗测、跟踪测量）、目标类型（棱镜、反射片）、棱镜常数改正值、温度、气压、气象改正值。

（2）照准目标（反射棱镜），在测量模式下按［测距］键开始测量距离。

（3）按［停］键停止距离测量，按［切换］键可显示出斜距“S”、平距“H”和高差“V”。

测量结果根据测量模式设置的不同而改变，当模式设置为单次的时候，测量结果显示为当次测量结果；当模式设置为连续的时候，仪器最后显示为所有测量次数结果的平均值；当模式设置为跟踪的时候，仪器显示的测量结果只精确到小数点后两位（cm）。

5.3.3 光电测距的注意事项

（1）气象条件对光电测距影响较大，应选择大气条件比较稳定的时机。

（2）测线应离开地面障碍物 1.3 m 以上，避免通过发热体和较宽水面的上空。

（3）测线应避开强电磁场干扰的地方，不宜距变压器、高压线太近。

（4）镜站的后面不应有反光镜和其他强光源等背景的干扰。

（5）严防阳光及其他强光直射接收物镜，避免损坏光电器件，阳光下作业应撑伞保护。

5.4 直线定向

测量上的直线是指两点间的连线，直线定向就是确定直线的方向，确定直线的方向是为了确定点的坐标(平面位置)。现实生活中经常碰到通过直线定向来确定点的位置的例子，如在北京（看做一点）描述（确定）石家庄（看做另一点）的位置，往往会说石家庄位于北京的西南方向约 270 km，这样就确定了石家庄（相对于北京）的位置。测量上也是这样，要确定一点的坐标，除了要给出两点的距离外，还必须知道这两点连线的方向。

确定直线与标准方向之间的关系，称之为直线定向。

5.4.1 标准方向的种类

1. 真子午线方向

通过地面上一点并指向地球南北极的方向线，称为该点的真子午线方向。真子午线方向是用天文测量方法或者陀螺经纬仪测定的。指向北极星的方向可近似地作为真子午线的方向。

2. 磁子午线方向

在地球磁场作用下磁针在某点自由静止时其轴线所指的方向（磁南北方向），就是该点的磁子午线方向。磁子午线方向可用罗盘仪测定。

由于地磁两极与地球两极不重合（磁北极约在北纬 74°、西经 110° 附近，磁南极约在南纬 69°、东经 114° 附近），致使磁子午线与真子午线之间形成一个夹角 δ，称为磁偏角。磁子午线北端偏于真子午线以东为东偏，δ为正；以西为西偏，δ为负。

3. 坐标纵轴方向

测量中常以通过测区坐标原点的坐标纵轴为准，测区内通过任一点与坐标纵轴平行的方向线，称为该点的坐标纵轴方向。

真子午线与坐标纵轴间的夹角γ称为子午线收敛角。坐标纵轴北端在真子午线以东为东偏，γ为“+”；以西为西偏，γ为“－”。

图 5.10 为三种标准方向间关系的一种情况。

其中：

δm——为磁针对坐标纵轴的偏角。

δ——称为磁偏角。

δ——称为子午线收敛角。

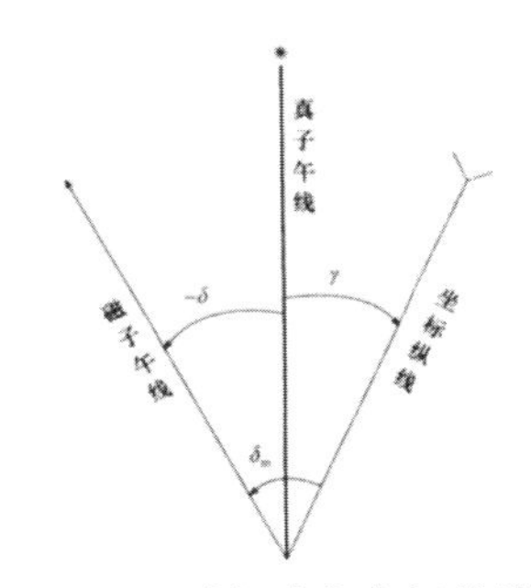

图 5.10 三种标准方向间的关系

5.4.2 直线方位角和象限角

1. 直线的方位角

测量工作中，常用方位角表示直线的方向。由标准方向的北端起，顺时针方向量到某直线的夹角，称为该直线的方位角，角值范围为 0° ～ 360°。由于规定的标准方向不同，直线的方位角有如下三种：

（1）真方位角

从真子午线方向的北端起，顺时针至直线间的夹角，称为该直线的真方位角，用 A 表示。

（2）磁方位角

从磁子午线方向的北端起，顺时针至直线间的夹角，称为磁方位角，用 Am 表示。

（3）坐标方位角

从坐标纵轴方向的北端起，顺时针至直线间的夹角，称为坐标方位角，用 α 表示。如图 5. 11 所示，直线 01 的坐标方位角为 α_{01}。

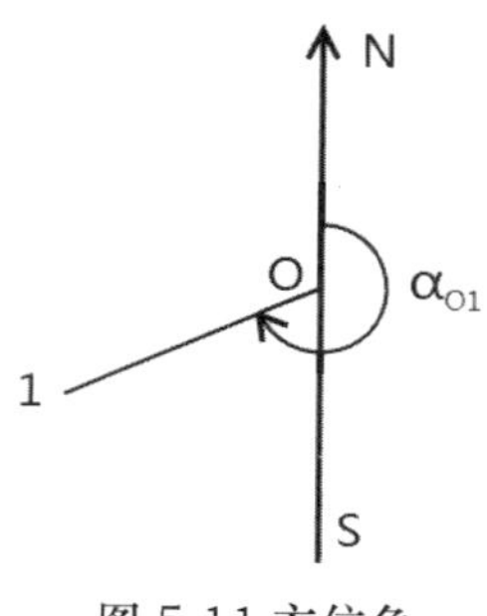

图 5.11 方位角

2. 正反坐标方位角

直线 AB 的坐标方位角为 αAB。直线 BA 的坐标方位角为 αBA，αBA 又称为直线 AB 的反坐标方位角。

由图 5. 12 中可看出正、反坐标方位角的关系为

$$\alpha_{BA} = \alpha_{AB} \pm 180° \tag{5-14}$$

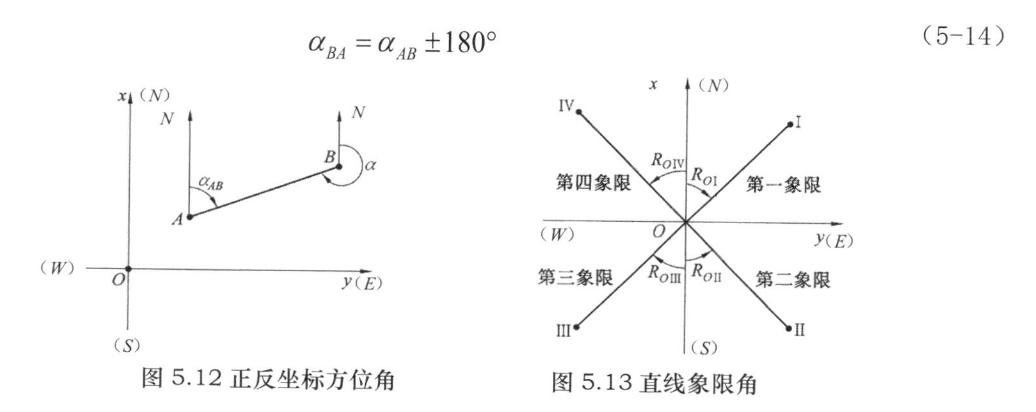

图 5.12 正反坐标方位角

图 5.13 直线象限角

3. 直线的象限角

由坐标纵轴的北端或南端起，顺时针或逆时针至直线间所夹的锐角，并注出象限名称，称为该直线的象限角，以 R 表示，角值范围为 0°～ 90°，如图 5. 13 所示。

图中：直线 OⅠ 象限角 ROⅠ，是从标准方向北端起顺时针量算。

直线 OⅡ 象限角 ROⅡ，是从标准方向南端起逆时针量算。

直线 OⅢ 象限角 ROⅢ，是从标准方向南端起顺时针量算。

直线 OⅣ 象限角 ROⅣ，是从标准方向北端起逆时针量算。

用象限角表示直线方向时，除写象限的角值外，还应注明直线所在的象限名称，例如直线 OⅠ 的象限角 40°，应写成 NE40°。直线 OⅢ 的象限角 50°，应写成 SW50°。

4. 坐标方位角与象限角的换算

坐标方位角与象限角的换算关系如图 5.13 所示，换算公式见表 5.2。

表 5.2 坐标方位角与象限角的换算公式

直线方向	由坐标方位角推算象限角	由象限角推算坐标方位角
第Ⅰ象限	$R=\alpha$	$\alpha=R$
第Ⅱ象限	$R=180°-\alpha$	$\alpha=180°-R$
第Ⅲ象限	$R=\alpha-180°$	$\alpha=180°+R$
第Ⅳ象限	$R=360°-\alpha$	$\alpha=360°-R$

案例实解：

已知直线 AB 的方位角为 $\alpha=135°30'30''$，求直线 BA 的象限角 RBA？

解：根据正反方位角关系，$\alpha_{BA}=\alpha_{AB}\pm180°$

得到 $\alpha_{BA}=\alpha_{AB}+180°=135°30'30''+180°=315°30'30''$

因为 $\alpha_{BA}=315°30'30''\in(270°\sim360°)$，所以，$\alpha_{BA}$ 为第四象限的角；

第四象限中，$R=360°-\alpha$；所以 $R_{AB}=360°-315°30'30''=44°29'30''$

基础同步

一、填空题

1. 距离测量的相对误差的公式为________________。

2. 钢尺根据零点的位置不同分为________________和________________两种。

3. 用目估法或经纬仪法把许多点标定在某一已知直线上的工作称为________________。钢尺量距时，如定线不准，则所量结果偏________________。

4. 视距测量是一种根据几何光学原理，同时测定点位间__________和__________的方法。

5. 视距测量的精度通常为________________。

6. 电磁波测距的基本公式 $D=1/2ct$ 中，c 代表________________。

7. 已知某直线的坐标方位角为 58°15′，则它的反坐标方位角为（　　）。

A、58°15′　　B、121°15′　　C、238°15′　　D、211°15′

8. 第Ⅳ象限直线，象限角 R 和坐标方位角 α 的关系为（　　）。

A. $R=\alpha$　　B. $R=180°-\alpha$　　C $R=\alpha-180°$　　D. $R=360°-\alpha$

二、名次解释

1. 坐标方位角

2. 象限角

三、选择题

1. 距离测量的基本单位是（　）。

A. 米　　B. 分米　　C. 厘米　　D. 毫米

2. 用钢尺丈量两点间的水平距离的公式是（　）。

A. $D=n_1+q$　　B. $D=k_1$　　C. $D=n_1$　　D. $D=1+q$

3. 下列丈量工具中哪一种精度最高（　）。

A. 钢尺　B. 皮尺　C. 百米绳　D. 弹簧秤

4. 钢尺分段丈量前首先要将所有分段点标定在待测直线上，这一工作称为直线定线，常见的直线定线方法有（　）。

A. 粗略定线 精确定线　　B. 经纬仪定线　钢尺定线

C. 目估定线 钢尺定线　　D. 目估定线　经纬仪定线

5. 钢尺量距注意事项中，下列说法正确的是（　）。

A. 量完一段前进时，钢尺应沿地面拉动前进，以防钢尺断裂

B. 丈量时应用力均匀拉紧，尺零点应对准尺段终点位置

C. 测量整尺段数应记清，并与后测手收回的测钎数应符合

D. 量距时如果人手不够，可以一个人慢慢操作

6. 目估定线时，由于已设定标杆对新立标杆的影响，导致定线准确度下降。下列关于走近定线法与走远定线法准确度比较的说法，正确的是（　）。

A. 走近定线法比走远定线法较为准确

B. 走远定线法比走近定线法较为准确

C. 走近定线法与走远定线法准确度相同

D. 走远定线法与走近定线法无可比性

7. 测量工作中，确定一条直线与（　）之间的关系，称为直线定向。

A. 水平方向　　B. 铅垂方向　　C. 标准方向　　D. 假定方向

8. 直线的坐标方位角是按（　）方式量取的。

A. 坐标纵轴北端逆时针

B. 坐标横轴东端逆时针

C. 坐标纵轴北端顺时针

D. 坐标横轴东端顺时针

9. 测量工作中，用以表示直线方向的象限角是由（　）的北端或南端起，顺时针或逆时针至直线间所夹的锐角。

A. 真子午线方向　　B. 磁子午线方向

C. 坐标纵轴方向　　D. 坐标横轴方向

10. 下列关于象限角的说法，正确的是（　）。

A. 象限角的取值范围是 - 90° ~ 90°

B. 象限角是以磁子午线作为标准方向

C. 象限角表示直线方向时必须注象限名称

D. 正西南直线的象限角可表示为WS45°

11. 坐标方位角是以（ ）为标准方向，顺时针转到直线的夹角。

A. 真子午线方向　　B. 磁子午线方向

C. 坐标纵轴方向　　D. 铅垂线方向

12. 确定直线与（ ）之间的夹角关系的工作称为直线定向。

A. 标准方向　　B. 东西方向

C. 水平方向　　D. 基准线方向

13. 确定直线与标准方向之间的夹角关系的工作称为（ ）。

A. 定位测量　　B. 直线定向

C. 象限角测量　　D. 直线定线

14. 第Ⅳ象限直线，象限角 R 和坐标方位角 α 的关系为（ ）。

A. $R=\alpha$　　B. $R=180°-\alpha$

C. $R=\alpha-180°$　　D. $R=360°-\alpha$

15. 象限角的角值为（ ）。

A. 0°～360°　　B. 0°～180°

C. 0°～270°　　D. 0°～90°

16. 坐标方位角为220°的直线，其象限角应为（ ）。

A. 南西40°　　B. 西南50°　　C. 北东40°　　D. 东北50°

17. 某直线的象限角为北西35°，则其反坐标方位角为（ ）。

A. 35°　　B. 145°　　C. 215°　　D. 325°

18. 为方便钢尺量距工作，有时要将直线分成几段进行丈量，这种把多根标杆标定在直线上的工作，称为（ ）。

A. 定向　　B. 定线　　C. 定段　　D. 定标

19. 在测量学中，距离测量的常用方法有钢尺量距、电磁波测距和（ ）测距。

A. 普通视距法　　B. 经纬仪法　　C. 水准仪法　　D. 罗盘仪法

20. 用钢尺进行一般方法量距，其测量精度一般能达到（ ）。

A. 1/10—1/50

B. 1/200—1/300

C. 1/1000—1/3000

D. 1/10000—1/40000

21. 某直线的坐标方位角为121°23′36″，则反坐标方位角为（ ）。

A. 238°36′24″　　B. 301°23′36″

C. 58°36′24″　　D. -58°36′24″

22. 第Ⅰ象限直线，象限角 R 和坐标方位角 α 的关系为（ ）。

A. $R=\alpha$　　B. $R=180°-\alpha$

C. $R=\alpha-180°$　　　　　　　　D. $R=360°-\alpha$

23. 某直线AB的坐标方位角为50°，则其坐标增量的符号为（　）。

A. Δx为正，Δy为正　　　　B. Δx为正，Δy为负

C. Δx为负，Δy为正　　　　D. Δx为负，Δy为负

24. 某直线的方位角为60°，则该直线的象限角为（　）。

A. NE60°　　B. SE30°　　C. SE80°　　D. SW80°

25. 某直线的方位角为100°，则该直线的象限角为（　）。

A. NE60°　　B. SE30°　　C. SE80°　　D. SW80°

26. 一条指向正西方向直线的方位角和象限角分别为（　）度。

A. 90、90　　B. 180、90　　C. 0、90　　D. 270、90

27. 某段距离丈量的平均值为100 m，其往返较差为+4 mm，其相对误差为（　）。

A. 1/25000　　B. 1/25　　C. 1/2500　　D. 1/250

28. 直线的坐标方位角α和象限角R的关系描述不正确的是（　）。

A. 在第Ⅰ象限时$\alpha=R$

B. 在第Ⅱ象限时$R=\alpha+180°$

C. 在第Ⅲ象限时$R=\alpha-180°$

D. 在第Ⅳ象限时$R=360°-\alpha$

29. 某钢尺名义长度为30m，检定时的实际长度为30.012米，用其丈量了一段23.586m的距离，则尺长改正数应为（　）。

A. －0.012 m　　B. +0.012 m　　C. －0.009 m　　D. +0.009 m

30. 往返丈量一段距离，D均等于184.480 m，往返距离之差为±0.04 m，问其精度为（　）。

A. 0.000 22　　B. 4/18 448　　C. 22×10.4　　D. 1/4 612

31. 精密钢尺量距中，所进行的倾斜改正量（　）。

A. 不会出现正值　　　　B. 不会出现负值

C. 不会出现零值　　　　D. 会出现正值负值和零值

32. 确定直线的方向，一般有磁方位角、坐标方位角和（　）。

A. 水平角　　B. 竖直角　　C. 真方位角　　D. 象限角

33. 钢尺量距时，量得倾斜距离为123.456 m，直线两端高差为1.987 m，则倾斜改正数为（　）m。

A. −0.016 m　　B. +0.016 m　　C. −0.032 m　　D. +1.987 m

34. 视距测量的精度通常是（　）。

A. 低于钢尺　　B. 高于钢尺　　C. 1/2000　　D. 1/4000

35. 望远镜视线水平时，读的视距间隔为0.675 m，则仪器至目标的水平距离为（　）。

A. 0.675 m　B. 6.75 m　C. 67.5 m　D. 675 m

36. 罗盘仪用于测定直线的（ ）。

A. 真方位角 B. 磁方位角 C. 坐标方位角 D. 象限角

37. 过地面上某点的真子午线方向与磁子午线方向常不重合，两者之间的夹角称为（ ）。

A. 真磁角 B. 真偏角 C. 磁偏角 D. 收敛角

38. 坐标纵轴方向是指（ ）。

A. 真子午线方向 B. 磁子午线方向

C. 中央子午线方向 D. 铅垂方向

39. 丈量一段距离，往、返测为 126.78 m、126.68 m，则相对误差为（ ）。

A. 1/1267 B. 1/1200 C. 1/1300 D. 1/1167

40. 某段距离的平均值为 100 m，其往返较差为 +20 mm，则相对误差为（ ）。

A. 0.002/100 B. 0.002 C. 1/5000 D. 2/100

41. 当钢尺的实际长度大于名义长度时，其丈量的值比实际值要（ ）。

A. 大 B. 小 C. 相等 D. 不定

42. 下列选项不属于距离丈量的改正要求的是（ ）。

A. 尺长改正 B. 名义长度改正 C. 温度改正 D. 倾斜改正

43. 用钢尺丈量某段距离，往测为 112.314 m，返测为 112.329 m，则相对误差为（ ）。

A. 1/3 286 B. 1/7 488 C. 1/5 268 D. 1/7 288

44. 一钢尺名义长度为 30 m，与标准长度比较得实际长度为 30.015 m，则用其量得两点间的距离为 64.780 m，该距离的实际长度是（ ）。

A. 64.748 m B. 64.812 m C. 64.821 m D. 64.784 m

45. 精密量距时，进行桩顶间高差测量是为（ ）而进行的测量工作。

A. 尺长改正 B. 温度改正 C. 倾斜改正 D. 垂直改正

46. 坐标反算就是（ ）。

A. 根据边长和方位角计算坐标增量，再根据已知点高程计算待定点高程。

B. 根据两点的坐标，计算边长和方位角。

C. 根据水平角计算方位角。

D. 以上都不对。

47. 距离丈量的结果是求得两点间的（ ）。

A. 垂直距离 B. 水平距离 C. 倾斜距离 D. 球面距离

48. 钢尺量距时，若所丈量的距离超过钢尺的本身长度，为量距准确，必须在通过直线两端点的（ ）内定出若干中间点，以便分段丈量，此项工作称直线定线。

A. 竖直面 B. 水平面 C. 水准面 D. 椭球面

49. 某直线的象限角为北西 35°，则其反坐标方位角为（ ）。

A. 35° B. 145° C. 215° D. 325°

50. 水平距离指（ ）。

A. 地面两点的连线长度

B. 地面两点投影在同一水平面上的直线长度

C. 地面两点的投影在竖直面上的直线长度

D. 地面两点投影在任意平面上的直线长度

四、判断题

1. 刻划尺是以尺的前端作为钢尺的端点。（　）

2. 在平坦地区，量距精度要达到 1/1000 以上。（　）

3. 在倾斜地面上，当采用斜量法时无法求出两点间的水平距离。（　）

4. 用视距测量法测得点位间的距离要比用钢尺准。（　）

五、简答题

1. 何为直线定定线？直线定线的方法有哪些？

2. 如何在倾斜地面上量距？

3. 距离测量的误差有哪些？

4. 视距测量的主要事项都有哪些？

5. 电磁波测距的优点？

六、实训提升

1.（1）丈量 AB 线段，往测的结果为 368.876 m，返测的结果为 368.858 m，计算 AB 的长度并评定其精度。

（2）用钢尺往返丈量了一段距离，其平均长度为 145.874 m，现要求往返丈量的相对误差不得大于 1/3000，问往返丈量的较差应不超过多少？

2. 用经纬仪进行视距测量，其记录见表 5.3 所示，试完成表中计算。

表 5.3 视距测量记录计算表

测站：测站点高程：78.56　仪器高：1.47									
照准点号	视距丝读数 /m			中丝读数（　）	竖盘读数 ° ′ ″	视线倾角	水平距离（　）	高差（　）	高程（　）
	下丝	上丝	视距间隔						
1	1.473	0.909		1.190	85 24 18				
2	1.575	0.946		1.263	81 38 54				
3	2.425	1.428		1.927	96 37 36				
4	1.818	1.028		1.425	98 50 30				

项目六　测量误差的基本知识

6.1 测量误差概述

6.1.1 测量误差

在测量时，测量结果与实际值之间的差值叫误差。真实值或称真值是客观存在的，是在一定时间及空间条件下体现事物的真实数值，但很难确切表达。测得值是测量所得的结果。这两者之间总是或多或少存在一定的差异，就是测量误差。

进行测量是想要获得待测量的真值。然而测量要依据一定的理论或方法，使用一定的仪器，在一定的环境中，由具体的人进行。由于实验理论上存在着近似性，方法上难以很完善，实验仪器灵敏度和分辨能力有局限性，周围环境不稳定等因素的影响，待测量的真值是不可能测得的，测量结果和被测量真值之间总会存在或多或少的偏差，这种偏差就叫做测量值的误差。

6.1.2 误差的来源

测量工作是在一定条件下进行的，外界环境、观测者的技术水平和仪器本身构造的不完善等原因，都可能导致测量误差的产生。通常把测量仪器、观测者的技术水平和外界环境三个方面综合起来，称为观测条件。观测条件不理想和不断变化，是产生测量误差的根本原因。

通常把观测条件相同的各次观测，称为等精度观测；观测条件不同的各次观测，称为不等精度观测。

具体来说，测量误差主要来自以下四个方面：

（1）外界条件：主要指观测环境中气温、气压、空气湿度和清晰度、风力以及大气折光等因素的不断变化，导致测量结果中带有误差。

（2）仪器条件：仪器在加工和装配等工艺过程中，不能保证仪器的结构能满足各种几何关系，这样的仪器必然会给测量带来误差。

（3）方法：理论公式的近似限制或测量方法的不完善。

（4）观测者的自身条件：由于观测者感官鉴别能力所限以及技术熟练程度不同，也会在仪器对中、整平和瞄准等方面产生误差。

不管观测条件如何，受上述测量因素的影响，测量中存在误差是不可避免的。应该指出，误差和粗差是不同的，粗差是指观测结果中的错误，如测错、读错、记错等，不允许存在。

6.1.3 测量误差的分类

误差按其性质不同，可分为系统误差和偶然误差。

1. 系统误差

在相同的观测条件下，对某量进行一系列观测，若出现的误差在数值大小或符号上保持不变或按一定的规律变化，这种误差称为系统误差。例如用名义长度为 30 m，而实际长度为 30.004 m 的钢尺量距，每量一尺就有 0.004 m 的系统误差，它就是一个常数。

又如水准测量中，视准轴与水准管轴不能严格平行，存在一个微小夹角，角一定时在尺上的读数随视线长度成比例变化，但大小和符号总是保持一致性。

系统误差具有累计性，对测量结果影响甚大，但它的大小和符号有一定的规律，可通过计算或观测方法加以消除，或者最大限度地减小其影响，如尺长误差可通过尺长改正加以消除，水准测量中的角误差，可以通过前后视线等长，消除其对高差的影响。

2. 偶然误差

在相同的观测条件下，对某量进行一系列观测，如出现的误差在数值大小和符号上均不一致，且从表面看没有任何规律性，这种误差称为偶然误差。

如水准标尺上毫米数的估读，有时偏大，有时偏小。由于大气的能见度和人眼的分辨能力等因素使照准目标有时偏左，有时偏右。

偶然误差亦称随机误差，其符号和大小在表面上无规律可循，找不到予以完全消除的方法，因此须对其进行研究。因为在表面上是偶然性在起作用，实际上却始终是受其内部隐蔽着的规律所支配，问题是如何把这种隐蔽的规律揭示出来。

6.1.4 偶然误差的特性

(1) 有界性。在一定的条件下，偶然误差的绝对值不会超过一定的限度。

(2) 聚中性。绝对值小的误差比绝对值大的误差出现的机会多。

(3) 对称性。绝对值相等的正负误差出现的机会相等。

(4) 抵偿性。偶然误差的算术平均值随着观测次数的增加而趋近于零，即

$$\lim_{N\to\infty}=\frac{\Delta_1+\Delta_2+\cdots\Delta_n}{N}=\lim_{n\to\infty}\frac{[\Delta]}{N}=0$$

算术平均数，又称均值，是统计学中最基本、最常用的一种平均指标，分为简单算术平均数、加权算术平均数。简单算术平均适用：主要用于未分组的原始数据。设一组数据为X_1，X_2，…，X_n，简单的算术平均数的计算公式为：

$$M=\frac{X_1+X_2+\cdots X_n}{n}$$

6.2 衡量精度的标准

测量中常见的精度指标有中误差、相对误差、极限误差。

6.2.1 中误差

中误差是衡量观测精度的一种数字标准，亦称“均方根差”。在相同观测条件下的一组真误差平方平均值的平方根。

中误差不等于真误差，它仅是一组真误差的代表值。中误差的大小反映了该组观测值精度的高低，因此，通常称中误差为观测值的中误差。

设在相同观测条件下，对真值为X的一个未知量l进行n次观测，观测值结果为l_1，l_2，$\cdots l_n$，每个观测值相应的真误差（真值与观测值之差）为Δ1，Δ2，…，Δ n，则以各个真误差之平方和的平均数的平方根作为精度评定的标准，用m表示，称为观测值中误差。

$$M=\sqrt{\frac{[\Delta\Delta]}{n}} \tag{6-1}$$

式中：n—观测次数；

m—称为观测值中误差（又称均方误差）；

Δ—真误差，即真值与观测值之差。

【ΔΔ】—表示各个真误差的平方的总和，【ΔΔ】=Δ1Δ1+Δ2Δ2+…+ $\Delta n\Delta n$。

上式 6-1 表明了中误差与真误差的关系：

①中误差并不等于每个观测值的真误差；

②中误差仅是一组真误差的代表值；

③当一组观测值的测量误差愈大，中误差也就愈大，其精度就愈低；

④测量误差愈小，中误差也就愈小，其精度就愈高。

例：甲、乙两个小组，各自在相同的观测条件下，对某三角形内角和分别进行了 7 次观测，求得每次三角形内角和的真误差分别为

甲组 :+2″、-2″、+3″、+5″、-5″、-8″、+9″。

乙组 :-3″、+4″、0″、-9″、-4″、+1″、+13″。

则甲、乙两组观测值中误差为：

$$M_{甲}=\sqrt{\frac{2^2+(-2)^2+3^2+5^2+(-5)^2+(-8)^2+9^2}{N}}=\pm 5.5''$$

$$M_{乙}=\sqrt{\frac{(-3)^2+4^2+(-9)^2+(-4)^2+1^2+13^2}{N}}=\pm 6.5''$$

由此可知，乙组观测精度低于甲组，这是因为乙组的观测值中有较大误差出现，因中误差能明显反映出较大误差对测量成果可靠程度的影响，所以成为被广泛采用的一种评定精度的标准。

6.2.2 相对误差

测量工作中对于精度的评定，在很多情况下用中误差这个标准是不能完全描述对某量观测的精确度的。例如，用钢卷尺丈量了 100 m 和 1000 m 两段距离，其观测值中误差均为 ±0.1 m，若以中误差来评定精度，显然就要得出错误结论，因为量距误差与其长度有关，为此需要采取另一种评定精度的标准，即相对误差。

相对误差是指绝对误差的绝对值与相应观测值之比，通常以分子为 1，分母为整数形式表示。

$$相对误差=\frac{误差的绝对值}{观测值}=\frac{1}{T}$$

例如，用钢卷尺丈量了 100 m 和 1000 m 两段距离，其观测值中误差均为 ±0.1 m。

前者相对中误差为

$$K=\frac{1}{T}=\frac{0.1}{100}=\frac{1}{1000}$$

后者相对中误差为

$$K=\frac{1}{T}=\frac{0.1}{1000}=\frac{1}{10000}$$

很明显，后者的精度高于前者。

相对误差常用于距离丈量的精度评定，而不能用于角度测量和水准测量的精度评定，这是因为后两者的误差大小与观测量角度、高差的大小无关。

绝对误差指中误差、真误差、容许误差、闭合差和较差（频数分布属性或变量的最小值和最大值之间的差）等，它们具有与观测值相同的单位。

6.2.3 极限误差（容许误差）

由偶然误差第一个特性可知，在一定的观测条件下，偶然误差的绝对值不会超过定的限值。根据误差理论和大量的事实证明，大于两倍中误差的偶然误差，出现的机会仅 5%，大于三倍中误差例然误差的出现机会仅为 3%，即大约在 30 次观测中，才可能出现一个大于三倍中误差的偶然误差，因此在观测次数不多的情况下，可认为大于三倍误差的偶然误差实际上是不可能出现的，故常以三倍中误差作为偶然误差的限值，称为极限误差，用 Δ 限表示。

$$\Delta_{限} = 3\ m$$

在实际工作中，一般常以两倍中误差作为极限值：Δ 限＝ 2 m。

如观测值中出现了超过 2 m 的误差，可以认为该观测值不可靠，应含去不用。

6.3 误差传播定律

误差传播定律就是阐述观测值中误差和其函数值中误差之间的内在联系，并通过具体分析建立两者之间的数学关系，从而求得函数值中误差。

6.3.1 倍数函数的中误差

某一观测值与常数的乘积的中误差，等于观测值的中误差与常数的乘积。

例 1：在比例尺 1:500 的地形图上，量得两点间的距离 d ＝ 38.6 mm，其中误差为 md ＝ ±0.2 mm，求该两点间地面距离 D 及其中误差 mD。

解：

$$D = 500\times d = 500\times 38.6\ \text{mm} = 19.3\ \text{m}$$

$$\text{mD} = \pm 500\times \text{md} = \pm 500\times 0.2\ \text{mm} = \pm 0.1\ \text{m}$$

所以：

$$D = 19.3\text{m}\pm 0.1\text{m}$$

例 2：某圆的半径为 50 m，其中误差为 ±5 mm，求该圆周长的中误差？

因为：

$$S_{周长}=2\pi R$$

所以：

$$m_{周长}=2\pi mR=\pm 2\pi\times 5\ \text{mm}$$

$$=\pm 10\pi\ \text{mm}\approx\pm 31.4\ \text{mm}$$

例 3：已知正方形边长为 a，若用钢尺丈量一条边，其中误差为 ± 3 mm，则正方形周长的中误差为多少？

解：

因为：

$$周长=4a$$

所以：

$$周长中误差=\pm 4\times 3=\pm 12$$

6.3.2 “和”或“差”函数的中误差

如果函数 Z 为 n 个独立观测值的代数和，则函数 Z 的中误差为

$$m_z=\pm\sqrt{m_1^2+m_2^2+\cdots+m_n^2}$$

当 $m_1=m_2=\cdots=m_n$ 时，$m_z=\pm m\sqrt{n}$。

例 4：A、D 两点之间分为三个测段，高差观测值分别为 $h_1=16.345$ m±6 mm，$h_2=8.474$ m±5 mm，$h_3=9.607$ m±4 mm，试求 A 到 D 的高差及其中误差。

解：

A、D 之间的高差为：$h_{AD}=h_1+h_2+h_3=16.345+8.474+9.607=34.426\text{m}$

A、D 高差中误差为：

$$m_{h_{AD}}=\pm\sqrt{m_1^2+m_2^2+m_3^2}=\pm\sqrt{6^2+5^2+4^2}=\pm 8.8\ \text{mm}$$

所以：

$$h_{AD}=34.426\ \text{m}\pm 8.8\ \text{mm}$$

例 5：若丈量正方形的每条边，其中误差均为 ± 3 mm，则正方形周长的中误差为多少？

解：

因为：

$$周长=a_1+a_2+a_3+a_4$$

所以：

$$周长中误差=\pm\sqrt{3^2+3^2+3^2+3^2}=\pm 6\ \text{mm}$$

6.3.3 线性函数中误差

设线性函数为：

$$z=k_1x_1\pm k_2x_2\pm\cdots\pm k_nx_n \tag{6-2}$$

式中 x_1，x_2，…，x_n，为独立的直接观测值，k_1，k_2，…，k_n 为常数，x_1，x_2，…，x_n相应的观测值的中误差为m_1，m_2，…，m_n。

求函数 z 的中误差 m，将式（6-2）全微分，得：

$$\Delta z=k_1\Delta x_1\pm k_2\Delta \tag{6-3}$$

由于式（6-2）与式（6-3）相类似，同理可得：

$$z=\pm\sqrt{k_1^2m_1^2+k_2^2m_2^2+\cdots k_n^2m_n^2}$$

由此可知，线性函数中误差等于各常数与相应观测值中误差乘积平方和的平方根。

例 6：某段距离测量了 n 次，观测值为 l_1、l_2、…、l_n，为相互独立的等精度观测值，观测值中误差为 m，试求其算术平均值 L 的中误差 M。

解：

$$L=\frac{l_1+l_2+l_3+l_4+l_5+l_6}{n}=\frac{1}{n}l_1+\frac{1}{n}l_2+\cdots+\frac{1}{n}l_n$$

上式取全微分，得：

$$dL=\frac{1}{n}dl_1+\frac{1}{n}dl_2+\cdots+\frac{1}{n}dl_n$$

根据误差传播定律有：

$$M^2=\frac{1}{n^2}m^2+\frac{1}{n^2}m^2+\cdots+\frac{1}{n^2}m^2=\frac{m^2}{n}$$

$$M=\frac{m}{\sqrt{n}}$$

由上例可以看出，n 次等精度观测值的算术平均值的中误差为观测值中误差的$\frac{1}{\sqrt{n}}$。

6.3.4 一般函数中误差

设一般函数为：

$$z=f(x)=f(x_1,x_2,\cdots,x_n) \tag{6-4}$$

式中$x_1,x_2,\cdots,x_n$为独立观测值，其中误差分别为$m_1,m_2,\cdots,m_n$，未知量 z 的中误差 m_z则为：

设独立观测值 $x_1,x_2,\cdots,x_n$，其相应的真误差为Δx_i。由于 Δx_i的存在，使函数亦产生相应的真误差Δx。将式（6-4）取全微分，得：

$$\Delta_z=\frac{\theta F}{\theta x_1}\Delta x_1+\frac{\theta F}{\theta x_2}\Delta x_2+\cdots\frac{\theta F}{\theta x_n}\Delta x_n \tag{6-5}$$

进一步得到：

$$m_2^2=f_1^2m_1^2+f_2^2m_2^2+\cdots+f_n^2m_n^2 \tag{6-6}$$

即：

$$m_Z=\pm\sqrt{(\frac{\theta F}{\theta x_1})^2m_1^2+(\frac{\theta F}{\theta x_2})^2m_2^2+\cdots+(\frac{\theta F}{\theta x_n})^2m_n^2} \tag{6-7}$$

上式即为误差传播定律的一般形式。应用上式时，必须注意各观测值x_i必须是相互独立的变量。

例 7：设在三角形ABC中，直接观测∠A和∠B，其中误差分别为$m_A=\pm3''$和$m_B=\pm4''$，试求由∠A，∠B计算∠C时的中误差m_C。

解：

函数关系为：

$\angle C=180^\circ-\angle A-\angle B$

取微分得：

$$DC=-dA-dB$$

由式（6-5）可知，$f_1=\frac{\theta F}{\theta A}=-1,f_2=\frac{\theta F}{\theta B}=-1$，代入式（6-6），得：

$$m_C^2=m_A^2+m_B^2=(\pm3'')^2+(\pm4'')^2$$

$$m_C=\pm5''$$

例 8：已知$y=2x+3zm_x=3$ mm，$m_Z=\pm4$ mm，求m_y？

解：

$$m_y^2=\left(\frac{\theta F}{\theta x}\right)m_x^2+\left(\frac{\theta F}{\theta Z}\right)m_z^2$$

$$m_y^2=(2\times1\times x^{1-1})^2m_x^2+(3\times1\times z^{1-1})^2m_z^2$$

$$=2^2\times3^2+3^2\times4^2$$

$$=4\times9+9\times16=180$$

得：$$m_y=13.42$$

6.4 等精度直接观测平差

6.4.1 求最或是值

1. 算术平均值

在相同的观测条件下，对某一量进行 n 次观测，通常取其算术平均值作为未知量最可靠值。

例如对某段距离丈量了 6 次，观测值分别为 l_1、l_2、l_3、l_4、l_5、l_6，则算术平均值 x 为

$$x=\frac{l_1+l_2+l_3+l_4+l_5+l_6}{6}$$

2. 最或是值

若观测 n 次，则 $x=\frac{[l]}{n}$ 。下面简要论证为什么算术平均值是最可靠值。设某未知量的真值为 ×，观测值为 l_1（i= 1，2，3，…，n)，其真误差为 Δ_i，(设算术平均值为“ x”，真值为“×”）则一组观测值的真误差为：

$\Delta 1 = l_1$ −× ；$\Delta 2 = l_2$ −× ；…；$\Delta n = l$ −× ；

以上各式左右取和，并除 n 得：

$$\frac{[\Delta]}{N}=\frac{[l]}{N}-X$$

因为：

$$x=\frac{[l]}{N}$$

所以：

$$\frac{[\Delta]}{N}=x-X$$

$$x=\frac{[\Delta]}{N}+X$$

式中 $\frac{[\Delta]}{n}$ 为 n 个观测值真误差的平均值。

根据偶然误差的第四特性，当 $n\to\infty$ 时，$\frac{[\Delta]}{n}$ 趋于 0，则 x 无限接近 X。

当观测次数 n 趋于无限多时，观测值的算术平均值就是该未知量的真值。但实际工作中，通常观测次数总是有限的，因而有限次数观测情况下，算术平均值与各个观测值比较，最接近于真值，故称为该量的最可靠值或最或然值。当然，其可靠程度不是绝对的，它随

着观测值的精度和观测次数而变化。

6.4.2 评定精度

1. 观测值的改正数

设某量在相同的观测条件下，观测值为l_1、l_2、…、l_n，观测值的算术平均值为x，则算术平均值与观测值之差称为观测值改正数，用v表示，则

$$v_1 = x - l_1;\quad v_2 = x - l_2;\quad \cdots;\quad v_n = x - l_n;$$

等式两端分别取和得：$[v] = nx - [l]$

将$x = \frac{[\Delta]}{n}$代入上式得：$[v]=0$

上式说明，在相同观测条件下，一组观测值改正数之和恒等于零，此式可以作为计算工作的校核。

2. 用改正数求观测值的中误差

前述中误差的定义式是在已知真误差的条件下，计算观测值的中误差，而实际工作中，观测值的真值往往是不知道的，故真误差也无法求得，例如未知量高差、距离等，因此可用算术平均值代替真值，用观测值的改正数求观测中误差，即

$$m = \sqrt{\frac{[vv]}{n-1}}$$

式中：n—观测次数；

m—称为观测值中误差（又称均方误差）；

v—算术平均值与观测值之差称为观测值改正数；

【vv】—表示各个观测值改正数的平方的总和。

上式就是用改正数求观测值中误差的公式，称为白塞尔公式。

例 9：设用经纬仪测量某个角度 6 个测回，观测值列于表（6.1）中，试求观测值的中误差及算术平均值中误差。

表 6.1 某角度 6 测回观测值

观测次序	观测值	v	vv	计算
1	36°50′30″	−4″	16	
2	26	0	0	
3	28	−2	4	
4	24	+2	4	
5	25	+1	1	
6	23	+3	9	
	L=36°50′26″	【v】=0	【vv】=34	

解：

观测值中误差为：

$$m=\pm\sqrt{\frac{[vv]}{n-1}}=\pm\sqrt{\frac{34}{6-1}}=\pm2.6''$$

算术平均值中误差为：

$$M=\pm\frac{m}{\sqrt{n}}=\pm\sqrt{\frac{[vv]}{n(n-1)}}=\pm\sqrt{\frac{34}{6\times5}}=\pm1.1''$$

最终结果可以写成 L=36° 50′26″±1.1″。

基础同步

一、名词解释

1. 中误差

2. 相对误差

3. 极限误差

二、选择题

1. 测量误差按其性质可分为（　　）和系统误差。

A. 偶然误差　　B. 中误差　　C. 粗差　　D. 平均误差

2. 偶然误差出现在 3 倍中误差以内的概率约为（　　）。

A. 31.7%　　B. 95.4%　　C. 68.3%　　D. 99.7%

3. 同精度观测是指在（　　）相同的观测。

A. 允许误差　　B. 系统误差　　C. 观测条件　　D. 偶然误差

4. 在一定观测条件下偶然误差的绝对值不超过一定限度，这个限度称为（　　）。

A. 允许误差　　B. 相对误差　　C. 绝对误差　　D. 平均中误差

5. 由于钢尺的尺长误差对距离测量所造成的误差是（　　）。

A. 偶然误差

B. 系统误差

C. 可能是偶然误差也可能是系统误差

D. 既不是偶然误差也不是系统误差

6. 一把名义长度为 30 m 的钢卷尺，实际是 30.005 m. 每量一整尺就会有 5 mm 的误差，此误差称为（　　）。

A. 系统误差　　B. 偶然误差　　C. 中误差　　D. 相对误差

7. 普通水准尺的最小分划为 1 cm，估读水准尺 mm 位的误差属于（　　）。

A. 偶然误差

B. 系统误差

C. 可能是偶然误差也可能是系统误差

D. 既不是偶然误差也不是系统误差

8. 对某一角度进行了一组观测，则该角的最或是值为该组观测值的（　）。

A. 算术平均值　　B. 平方和　　C. 中误差　　D. 平方和中误差

9. 某边长丈量若干次，计算得到平均长为 200 m，平均值的中误差为 0.05 m，则该边长的相对误差为（　）。

A. 0.25%　　B. 0.025　　C. 1/8000　　D. 1/4000

10. 在距离丈量中，衡量精度的指标是（　）。

A. 往返较差　　B. 相对误差　　C. 闭合差　　D. 中误差

11. 通常表示为分子为 1 的分数形式，并作为距离丈量衡量指标的是（　）。

A. 相对误差　　B. 极限误差　　C. 真误差　　D. 中误差

12. 通常取（　）倍或 2 倍中误差作为极限误差。

A. 1　　B. 3　　C. 4　　D. 6

13. 用观测值的中误差与观测值之比，称为（　）。

A. 极限误差　　B. 中误差　　C. 相对误差　　D. 允许误差

14. 对某边观测 4 测回，观测中误差为 ±2 cm，则算术平均值的中误差为（　）。

A. ±0.5 cm　　B. ±1 cm　　C. ±4 cm　　D. ±2 cm

15. 仪器、人本身和外界环境这三个方面是引起测量误差的主要因素，统称为（　）。

A. 观测因素　　B. 观测条件　　C. 观测误差　　D. 观测性质

16. 水准测量中（　）的误差属于系统误差。

A. 水准管气泡居中B. 对水准尺读数 C. 水准管轴不平行于视准轴　D. 气候变化

17. 测角时，用望远镜照准目标时，由于望远镜的放大倍数有限和外界的原因，照准目标可能偏左或偏右而引起照准误差。此误差称为（　）。

A. 系统误差　　B. 偶然误差　　C. 中误差　　D. 相对误差

18. 在相同的观测条件下进行一系列的观测，如果误差出现的符号和大小具有确定性的规律，这种误差称为（　）。

A. 偶然误差　　B. 极限误差　　C. 相对误差　　D. 系统误差

19. 相同观测条件下，一组观测值的改正值之和恒（　）

A. 大于零　　B. 等于零　　C. 小于零　　D. 为正数

20. 若对某角观测一个测回的中误差为 ±3″，要使该角的观测精度达到 ±1.4″，需要观测（　）个测回。

A. 2　　B. 3　　C. 4　　D. 5

21. 使用 DJ6 经纬仪，对两个水平角进行观测，测得 ∠A =30°06′06″，∠B =180°00′00″，其测角中误差 A 角为 20″，B 角为 30″，则两个角的精度关系是（　）。

A. A 角精度高　　B. B 角精度高　　C. 两角观测精度一样高D. 无法确定

22. 多数情况下角度的误差是以（　）为单位给出的。

A. 度　　B. 分　　C. 秒　　D. 弧度

22. 属于真误差的是（　）。

A. 闭合导线的角度闭合差　　B. 附合导线的角度闭合差

C. 附合导线的全长闭合差　　D. 闭合导线的全长相对闭合差

23. 下列选项不属于测量误差因素的是（　）。

A. 测量仪器　　B. 观测者的技术水平　　C. 外界环境　　D. 测量方法

24. 引起测量误差的因素有很多，概括起来有以下三个方面（　）。

A. 观测者、观测方法、观测仪器

B. 观测仪器、观测者、外界因素

C. 观测方法、外界因素、观测者

D. 观测仪器、观测方法、外界因素

25. 下列关于系统误差的叙述，错误的是（　）。

A. 系统误差具有积累性，对测量结果影响很大，它们的符号和大小有一定的规律

B. 尺长误差和温度对尺长的影响可以用计算的方法改正并加以消除或减弱

C. 在经纬仪测角中，不能用盘左、盘右观测值取中数的方法来消除视准轴误差

D. 经纬仪照准部水准管轴不垂直于竖轴的误差对水平角的影响，只能采用对仪器进行精确校正的方法来消除或减弱

26. 衡量一组观测值的精度的指标是（　）。

A. 中误差　　B. 允许误差　　C. 算术平均值中误差　　D. 相对误差

27. 等精度观测是指（　）的观测。

A. 允许误差相同　　B. 系统误差相同　C. 观测条件相同　　D. 偶然误差相同

28. 下列误差中，（　）为偶然误差。

A. 照准误差和估读误差

B. 横轴误差和指标差

C. 水准管轴不平行于视准轴的误差

D. 支架差和视准差

29. 经纬仪的对中误差属于（　）。

A. 系统误差　　B. 偶然误差　　C. 中误差　　D. 限差

30. 钢尺的尺长误差对丈量结果的影响属于（　）。

A. 偶然误差　　B. 系统误差　　C. 粗差　　D. 相对误差

31. 某边长丈量若干次，计算得到平均值为 540 m，平均值的中误差为 0.05 m，则该边长的相对误差为（　）。

A. 0.000 0925　　B. 1/10 800　　C. 1/10 000　　D. 1/500

32. 对某角观测 4 测回，每测回的观测中误差为 ±8.5″，则其算术平均值中误差为（　）。

A. ±2.1″　　B. ±1.0″　　C. ±4.2″　　D. ±8.5″

33. 对三角形进行 5 次等精度观测，其真误差（闭合差）为：+4″、-3″、+1″、-2″、+6″，则该组观测值的精度（　）。

A. 不相等　　B. 相等　　C. 最高为 + 1″　　D. 最高为 + 4″

33. 真误差为（　）与真值之差。

A. 改正数　　B. 算术平均数　　C. 中误差　　D. 观测值

34. 容许误差是指在一定观测条件下（　）绝对值不应超过的限值。

A. 中误差　　B. 偶然误差　　C. 相对误差　　D. 观测值

35. 在观测次数相对不多的情况下，可以认为大于（　）倍中误差的偶然误差实际是不可能出现的。

A. 1　　B. 2　　C. 3　　D. 4

36. 算术平均值中误差比单位观测值中误差缩小根号 n 倍，由此得出结论是（　）。

A. 观测次数越多，精度提高越多

B. 观测次数增加可以提高精度，但无限增加效益不高

C. 精度提高与观测次数成正比

D. 无限增加次数来提高精度，会带来好处

37. 测量误差按照其产生的原因和对观测结果影响的不同可以分为偶然误差和（　）。

A. 实际误差　　B. 相对误差　　C. 真误差　　D. 系统误差

38. 测量中最常用的评定精度的指标是（　）。

A. 中误差　　B. 相对误差　　C. 真误差　　D. 容许误差

39. 相对误差越小，精度（　）。

A. 越高　　B. 越低　　C. 相同　　D. 无法判断

40. 在一组等精度观测中，当被观测量的真值无法得知时，（　）就是被观测量真值的最可靠值。

A. 真值　　B. 绝对值　　C. 算术平均值　　D. 最小值

41. 下列关于测量误差的说法中，属于错误说法的是（　）。

A. 测量误差按其性质可以分为系统误差和偶然误差

B. 测量误差可以用绝对误差、相对误差、中误差和容许误差进行表示

C. 测量工作中可以不存在测量误差

D. 测量误差越小，观测成果的精度越高

42. 下列关于偶然误差的说法中，属于错误说法的是（　）。

A. 在一定的观测条件下，偶然误差的绝对值不会超过一定的界限

B. 绝对值大的误差比绝对值小的误差出现的概率要小

C. 绝对值相等的正负误差出现的概率相等

D. 偶然误差具有积累性，对测量结果影响很大，它们的符号和大小有一定的规律

43. 下列选项中，不是作为评定测量精度标准的选项是（　）。

A. 相对误差　　B. 最或是误差　　C. 允许误差　　D. 中误差

44. 在等精度观测的一组误差中，通常以（　）中误差作为限差。

A. 1 倍　　B. 2 倍　　C. 3 倍　　D. 4 倍

45. 经纬仪测角时，采用盘左和盘右两个位置观测取平均值的方法，不能消除的误差为（ ）。

A. 视准轴不垂直于横轴　　B. 横轴不垂直于竖轴

C. 水平度盘偏心差　　D. 水平度盘刻划不均匀误差

46. 若对某角观测一个测回的中误差为 ±6″，要使该角的观测精度达到 ±2.5″，需要观测（　）个测回。

A. 3　　B. 4　　C. 5　　D. 6

47. 产生测量误差的原因不包括（　）。

A. 人的原因　　B. 仪器原因　　C. 外界条件原因　　D. 观测方法

48. 测量工作对精度的要求是（　）。

A. 没有误差最好　　B. 越精确越好

C. 根据需要，精度适当　　D. 仪器能达到什么精度就尽量达到

49. 每个测站水准尺向后方向倾斜对水准测量读数造成的误差是（　）。

A. 偶然误差

B. 系统误差

C. 可能是偶然误差也可能是系统误差

D. 既不是偶然误差也不是系统误差

50. 一组测量值的中误差越小，表明测量精度越（　）。

A. 高　　B. 低　　C. 精度与中误差没有关系　　D. 无法确定

三、问答题

1. 测量误差主要来源有哪些？

2. 系统误差和偶然误差各自有哪些特点？

四、计算题

1. 一圆形建筑物半径为 27.5 m，若测量半径的误差为 ±1 cm，则圆面积的中误差为多少？

2. 丈量两段距离 D_1 =（224.18 ± 0.08）m 和 D_2 =（224.18 ± 0.10）m，问哪一段距离丈量的精度高？两段距离之和的中误差及其相对误差各是多少？

项目七　全站仪测量

7.1 全站仪简介

7.1.1 全站仪的发展简况

全站仪是全站型电子速测仪（Electronic Total Station）的简称，可在一个测站上同时完成测角（水平角、竖直角）、测距（斜距、平距和高差），并能自动计算出待定点的三维坐标（x,y,H）。由于只安置一次仪器就可以完成本站所有的测量工作，故称“全站仪”。

全站仪按数据存储方式分为内存型和电脑型两种。内存型全站仪的所有程序都固化在仪器的存储器中，不能添加或改写，其功能无法扩充；而电脑型全站仪内置操作系统，所有的程序均运行于其上，使用者可根据实际需要添加相应程序来扩充其功能。

全站仪由电源、测角、测距、中央处理器（微型机）、输入输出接口几个部分组成。电源是可充电池，供各部分运转及望远镜十字丝和显示器的照明；测角部分相当于电子经纬仪，用来测水平角、竖直角，设置方位角；测距部分就是测距仪，一般用红外光源测量仪器到反射棱镜间的斜距、平距和高差；中央处理器用于接收指令、分配各种作业、进行测量数据运算，还包括运算功能更完善的各种软件；输入输出部分包括操作键盘、显示屏和通讯接口，键盘可输入操作指令、数据以及设置参数；显示屏可显示当前所处的工作模式、状态、观测数据和运算结果；通讯接口使全站仪与微机交互通信、传输数据。具体工作原理见图 7.1。

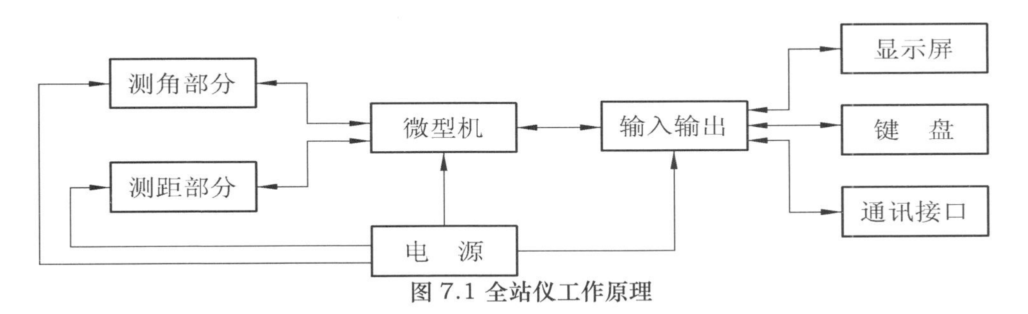

图 7.1 全站仪工作原理

全站仪除具有测角（水平角、竖直角）、测距（斜距、平距和高差）、自动计算出待定点的三维坐标（x, y, H）功能外，还有对边测量、悬高测量、偏心测量、后方交会、放样测量、面积计算、线路计算、地形测图等一些特殊功能。

随着电子科技技术的发展，全站仪仪器本身也发生着重大的变革，图 7.2 是几款常见的全站仪。

徕卡 TPS700 系列

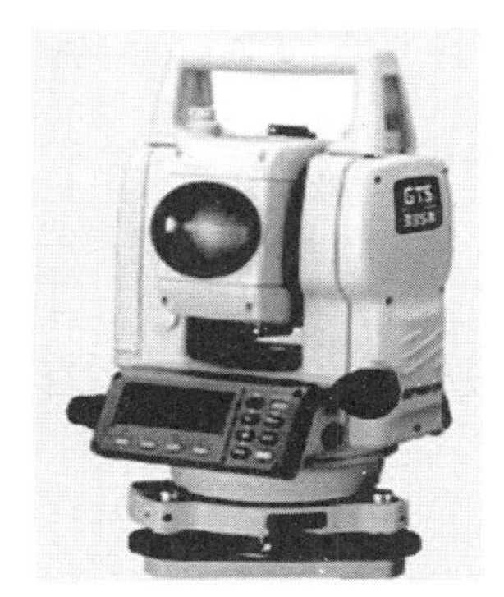
拓普康 GTS332W

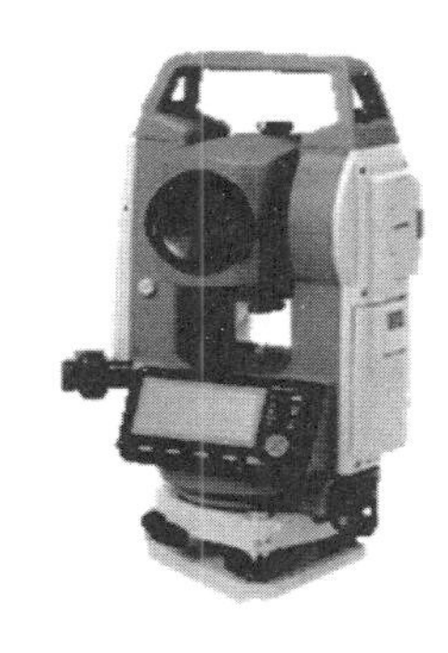
索佳 10 系列

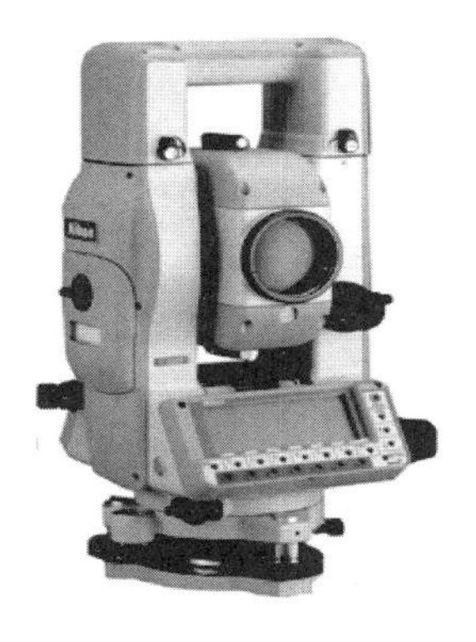
已康 DTM801 系列

宾得全站仪 PTS-V2

南方 NTS202/205

图 7.2 常见全站仪

7.1.2 全站仪的主要性能指标

衡量一台全站仪的主要性能指标有测角精度、测距精度、测程、补偿器范围、测距时间及工作温度等。表 7.1 列出的是三种型号的全站仪的主要性能指标，仅供参考。

表 7.1 三种型号全站仪的主要性能指标

		Ž 索佳 SET210K	拓普康 GTS-311	徕卡 TC1700
望远镜放大倍数		30 ×	30 ×	30 ×
最短视距 /m		1.0	1.3	1.7
角度最小限制		1″	1″	1″
测角精度		± 2"	± 2"	± 1.5"
双轴自动补偿范围		± 3′	± 3′	± 3′
最大测程 /m	单棱镜	2.4	2.7	2.5
	三棱镜	3.1	3.6	3.5
测距精度（精测）/mm		± （2+2 × 10-6D）	± （2+2 × 10-6D）	± （2+2 × 10-6D）
测距视距（精测）/m		2.8	3	4
使用温度 /℃		-20 ～ +50	-20 ～ +50	-20 ～ +50

7.2 全站仪的基本构造与基本功能

7.2.1 全站仪的基本构造

本文以苏 - 光 RTS630 型全站仪为模型，介绍全站仪的构造及使用。

（1）部件名称

苏 - 光 RTS630 型全站仪如图 7.3 所示。

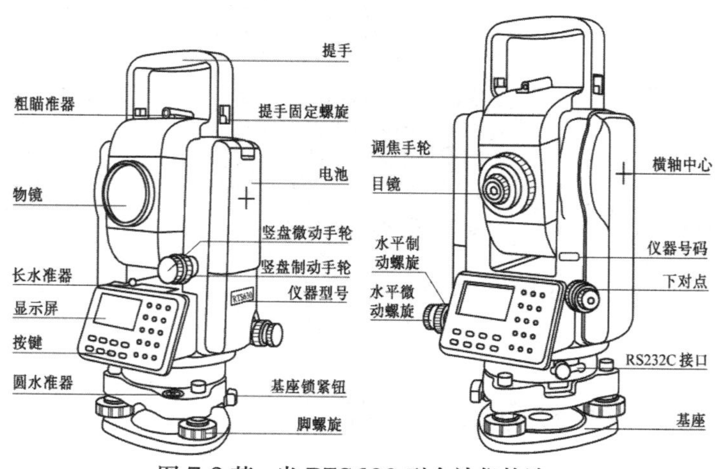

图 7.3 苏 - 光 RTS630 型全站仪构造

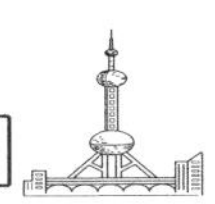

（2）苏－光 RTS630 型全站仪的功能简介

RTS630 系列全站仪测角部分采用光栅增量式数字角度测量系统，测距部分采用相位式距离测量系统；使用微型计算机技术进行测量、计算、显示、存储等多项功能；可同时显示水平角、垂直角、斜距或平距、高差等测量结果，可以进行角度、坡度等多种模式的测量。

RTS630 系列全站仪可广泛应用于国家和城市的三、四等三角控制测量，用于铁路、公路、桥梁、水利、矿山等方面的工程测量，也可用于建筑、大型设备的安装，应用于地籍测量、地形测量和多种工程测量。RTS630H 系列全站仪技术参数见表 7.2。

表 7.2 RTS630H 系列全站仪部分技术指标

<table>
<tr><td colspan="2">仪器型号</td><td>RTS632H</td><td>RTS632HL</td><td>RTS635H</td><td>RTS635HL</td></tr>
<tr><td colspan="6">望远镜</td></tr>
<tr><td colspan="2">物镜有效直径</td><td colspan="4">ø40 mm</td></tr>
<tr><td colspan="2">放大倍率</td><td colspan="4">30×</td></tr>
<tr><td colspan="2">最短视距</td><td colspan="4">1.8 m</td></tr>
<tr><td colspan="6">距离测量（良好天气条件）</td></tr>
<tr><td rowspan="2">测程</td><td>单棱镜</td><td colspan="4">2200 m</td></tr>
<tr><td>三棱镜</td><td colspan="4">2600 m</td></tr>
<tr><td colspan="2">精度</td><td colspan="4">±（2+2×10-6D）mm</td></tr>
<tr><td colspan="2">测量时间</td><td colspan="4">标准 / 跟踪 1.5/0.7 初始：3s</td></tr>
<tr><td rowspan="2">测距最小读数</td><td>精密测量模式</td><td colspan="4">1 mm</td></tr>
<tr><td>跟踪测量模式</td><td colspan="4">10 mm</td></tr>
<tr><td colspan="6">角度测量</td></tr>
<tr><td colspan="2">最小读数</td><td colspan="4">（Degree）1"/5"</td></tr>
<tr><td colspan="2">精度</td><td colspan="2">2"</td><td colspan="2">5"</td></tr>
<tr><td colspan="6">长水准气泡</td></tr>
<tr><td colspan="2">管型气泡精度</td><td colspan="4">30"/2 mm</td></tr>
<tr><td colspan="2">圆型气泡精度</td><td colspan="4">8′/2 mm</td></tr>
<tr><td colspan="6">补偿器</td></tr>
<tr><td colspan="2">范围</td><td colspan="4">±3′</td></tr>
<tr><td colspan="6">光学对点器</td></tr>
<tr><td colspan="2">精度</td><td>1/2000</td><td>---</td><td>1/2000</td><td>---</td></tr>
</table>

（3）苏－光 RTS630 型全站仪使用模式简介

显示屏采用点阵图形式液晶显示（LCD），可显示 4 行汉字，每行 8 个汉字：测量时第一、二、三行显示测量数据，第四行显示对应相应测量模式中的按键功能。苏－光 RTS630 型全站仪界面如图 7.4 所示。

仪器显示分测量模式与菜单模式两种。

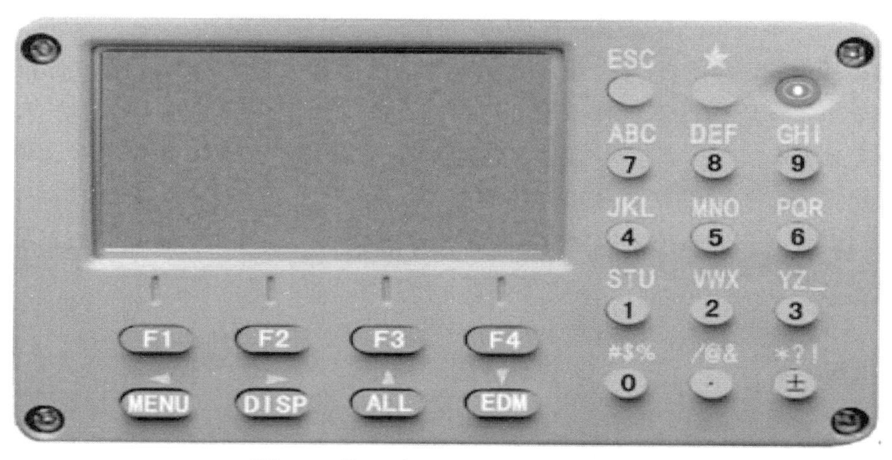

图 7.4 苏 - 光 RTS630 型全站仪界面

①测量模式示例：见图 7.5。

VZ：81° 54′ 21″
HR：157° 33′ 58″
置零 锁定 记录 P1

角度测量模式
天顶距：81° 54′21″
水平角：157° 33′58″

VZ：81° 54′ 21″
HR：167° 33′ 58″
SD： 130.216
置零 锁定 记录 P1

距离测量模式 1
天顶距：81° 54′21″
水平角：167° 33′58″
斜距：130.216

HR：157° 33′ 58″
HD： 128.919
VD： 18.334
置零 锁定 记录 P1

距离测量模式 2
水平角：157° 33′58″
平距：128.919
高差：18.334

N： 5.838 m
E： −3.308 m
Z： 0.226 m
置零 锁定 记录 P1

坐标测量模式
北向坐标：5.838 m
东向坐标：-3.308 m
高程：0.226 m

②菜单模式示例：

主菜单（第 1 页 共 3 页）
按 F1 键进入“放样”
按 F2 键进入“数据采集”
按 F3 键进入“程序”

设置子菜单（第 1 页 共 3 页）
按 F1 键进入“最小读数”
按 F2 键进入“角度单位”
按 F3 键进入“长度单位”

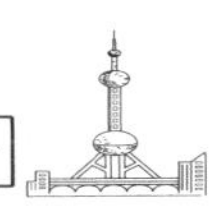

菜单 1/3
F1:放样
F2:数据采集
F3:程序

设置 1/3
F1:最小读数
F2:角度单位
F3:长度单位

图 7.5 测量模式实例

③按键说明，见表 7.3。

表 7.3 全站仪按键表

按键	第一功能	第二功能
F1 ~ F2	对应第四行显示的功能	功能参见所显示的信息
0 ~ 9	输入相应的数字	输入字母以及特殊符号
ESC	退出各种菜单功能	
★	夜照明开 / 关	
i	开 / 关机	
MENU	进入仪器主菜单	字符输入时光标向左移 内存管理中查看数据上一页
DISP	切换角度、斜距、平距和坐标测量模式	字符输入时光标向右移 内存管理中查看数据上一页
ALL	一键启动测量并记录	向前翻页 内存管理中查看上一点数据
EDM	测距条件、模式设置菜单	向后翻页 内存管理中查看下一点数据

软键功能标记在显示屏的第四行。该功能随测量模式的不同而改变，见图 7.6 及表 7.4。

VZ: 90° 16′ 33″
HR: 128.919

置零 锁定 记录 P1

[F1] [F2] [F3] [F4]

软 键

VZ: 90° 16′ 33″
HR: 156° 16′ 18″

置零 锁定 记录 P1

倾斜 坡度 竖角 P2

直角 左右 设角 P3

角度测量

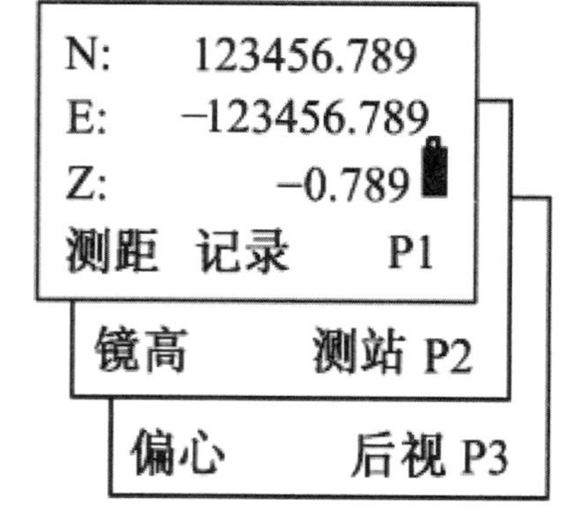

坐标测量

VZ: 90° 16′ 33″
HR: 156° 16′ 18″
SD 0.000 m

测距 记录 P1

偏心 放样 P2

斜距测量

HR: 156° 16′ 18″
HD: 0.000 m
VD: 0.000 m

测距 记录 P1

偏心 放样 P2

平距测量

图 7.6 软件功能

表 7.4 全站仪操作模式功能表

模式	显示	软键	功能
角度测量	置零 锁定 记录	F1 F2 F3	水平角置零 水平角锁定 记录测量数据
	倾斜 坡度 竖角	F1 F2 F3	设置倾斜改正功能开或关 天顶距 / 坡度的变换 天顶距 / 高度角的变换
	直角 左右 设角	F1 F2 F3	直角蜂鸣（接近直角时蜂鸣器响） 水平角顺 / 逆时针增加（默认右） 预置一个水平角
斜距测量	测距 记录	F1 F2	启动测量并显示 记录测量数据
	偏心 放样	F1 F2	偏心测量模式 距离放样模式
平距测量	测距 记录	F1 F2	测量并计算平距、高差 记录当前显示的测量数据
	偏心 放样	F1 F2	偏心测量模式 距离放样模式
坐标测量	测距 记录	F1 F2	测量并计算平距、高差 记录当前显示的测量数据
	镜高 测站	F1 F3	输入棱镜高度 输入测站点坐标
	偏心 后视	F1 F3	偏心测量模式 输入后视点坐标

7.2.2 基本功能使用

全站仪基本操作如下。

1. 测量准备

（1）仪器安放

①安放三脚架。首先将三脚架三个架腿拉伸到合适位置上，紧固锁紧装置。

②把仪器放在三脚架上。小心地把仪器放在三脚架上通过拧紧三脚架上的中心螺旋使仪器与三脚架联结紧固。

（2）仪器整平

全站仪对中整平步骤与经纬仪的使用方法一致，在角度测量中已经介绍过，此处不再介绍，可借鉴前面内容进行操作。

（3）输入数字和字母的方法，字母与数字可由键盘输入，十分简单、快捷。

【示例】在存储管理模式下给文件更名，见表 7.5。

表 7.5 全站仪字母与数字输入实例

操作步骤	按键	显示
①仪器开机过零后，按 [MENU] 键进入主菜单屏幕，按 [4] 键进入第 2 页主菜单屏幕。 ②按 [F1] 键，进入存储管理子菜单屏幕再按 [F2] 键进入文件管理菜单。按 [F3] 键对文件改名进入字母输入模式。 ③输入字母。 输入“S” 移动光标 输入“U” 输入“N” 输入“ ” ④按 [F3] 键，进入数字输入模式。输入“0 1” ⑤按键，确认更名。	[MENU] [EDM] [F1] [F2] [F3] [1] [F3] [1] [1] [1] [5] [5] [3] [3] [3] [F1] [0] [1]	菜单 2/2 F1：存储管理 F2：记录口 F3：设置 >=_ /M0015 字母 删除 清空 确认 >=SUN_ /M0015 字母 删除 清空 确认 F3：设置 >=SUN_01_ /M0015 字母 删除 清空 确认 F3：设置

2. 垂直角倾斜改正开 / 关

当启动倾斜传感器功能时候，将显示由于仪器不严格水平而需对垂直角度添加的改正值。为保证垂直角的精度，必须启动倾斜传感器。倾斜量的显示也可用于仪器精密整平。若显示（TILT OVER），则表示仪器倾斜已超出自动补偿范围，必须人工整平仪器。

若仪器位置不稳定或刮风，则所显示的垂直角也不稳定。此时可关闭垂直角自动倾斜改正的功能，但可能影响垂直角精度。设置倾斜改正，见表 7.6。

表 7.6 设置垂直角倾斜改正

操作步骤	按键	显示
①在角度测量模式显示下，按 [F4] 键进入第 2 页功能键信息显示	[F4]	VZ: 82 ° 21 ′50" HR: 157 ° 33 ′58" 倾斜 | 坡度 | 竖角 | P2 F3: 设置
②按 [F1]（倾斜）键，显示当前补偿值	[F1]	倾斜 [× 开] ×: -0 ° 1′12" × 开 总关 关—
③按 [F3]（关）键，补偿器关闭	[F3]	倾斜 [× 开] × 开 总关 关—
④按 [ESC]（关）键，完成垂直角倾斜设置	[F4]	

3. 全站仪角度测量

水平角（右角）和垂直角测量

确认在角度测量模式下，全站仪角度测量操作步骤见表 7.7。

表 7.7 全战仪角度测量操作步骤

操作步骤	按键	显示
①照准第一个目标（A）	照准 A	VZ: 89 ° 25 ′55" HR: 157 ° 33 ′58" 置零 | 锁定 | 记录 | P1 F3: 设置
②设置目标A的水平角读数为 0°00′00" 按 [F1]（置零）键和 [F3]（是）键	[1] [3]	水平角置零 确认吗? - | - | 是 | 否 F3: 设置
		VZ: 89 ° 25 ′55" HR: 0 ° 00′00" 置零 | 锁定 | 记录 | P1 F3: 设置
③照准第二个目标（B）仪器显示目标A与B的水平夹角和B的垂直角	照准 B	VZ: 89 ° 25 ′55" HR: 168 ° 32 ′18" 置零 | 锁定 | 记录 | P1 F3: 设置

注释：照准目标的方法（供参考）

①将望远镜对准明亮的地方，旋转目镜调焦环使十字丝清晰。

②利用粗瞄准器内的十字标志瞄准目标。 照准时眼睛与瞄准器之间应留有适当距离。

③利用望远镜调焦螺旋使目标成像清晰。

当眼睛在目镜端上下或左右移动有视差时，说明调焦或目镜屈光度未调好，这会影响测量精度，应仔细进行物镜调焦和目镜调焦消除视差。

4. 水平角（右角 / 左角）的切换

确认在角度测量模式下，全站仪角度模式下左 / 右盘转换操作步骤见表 7.8。

表 7.8 全站仪角度模式下左 / 右盘转换操作步骤

操作步骤	按键	显示
①按两次 [F4] 键跳过 P1、P2 进入第 3 页（P3）功能	[F4] [F4]	VZ: 89°25 ′55" HR: 168°32 ′18" 直角 | 左右 | 设角 | P3 F3: 设置
②按 [F 2]（左右）键，水平角测量右角模式转换成左角模式类似右角观测方法进行左角观测	[F2]	VZ: 89°25 ′55" HR: 191° 23′42" 置零 | 锁定 | 记录 | P1 F3: 设置

注释：每按一次［F2］（左右）键，右角 / 左角便依次切换；

右角（HR）：水平角顺时针方向增加；

左角（HL）：水平角逆时针方向增加；

左角与右角的关系是互补关系，即左角 + 右角 =360° ；

出厂默认设置为右角（HR）方式。 在没有完全理解左角与右角对测量工作的作用及影响之前，一般不建议用户使用左角（HL）方式。

（1）水平读盘读数的设置

利用锁定水平角法设置：确认在角度测量模式下，全站仪角度锁定操作步骤见表 7.9。

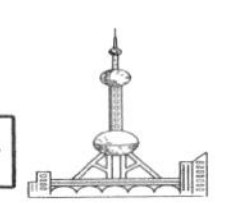

表 7.9 全站仪角度锁定操作步骤

操作步骤	按键	显示
①利用水平微动螺旋设置水平度盘读数为要设置的角度	显示角度	VZ: 89° 25 ′55" HR: 191° 23 ′42" 置零 | 锁定 | 记录 | P1 F3: 设置
②按 [F2]（锁定）键，启动水平度盘锁定功能，照准需要设置读数的方向。	[F2]	水平角锁定 HR: 191° 23′42" 确认吗? — | — | 是 | 否 F3: 设置
③按 [F3]（是）键，将当前方向置为锁定状态时所显示的角度，显示返回到正常的角度测量模式	[F3]	VZ: 89° 25 ′55" HR: 191° 23 ′42" 置零 | 锁定 | 记录 | P1 F3: 设置

（2）利用数字键设置

确认在角度测量模式下，全站仪角度设置操作步骤见表 7.10。

表 7.10 全站仪角度设置操作步骤

操作步骤	按键	显示
①照准定向目标点	显示角度	VZ:89° 25 ′55″ HR:168° 36′18″ 置零 | 锁定 | 记录 | P1
②按两次 [F4]（P1、P2）键，进入第 3 页功能，再按 [F3]（设角）键		VZ:82° 21 ′50″ HR:157° 33 ′58″ 倾斜 | 坡度 | 竖角 | P2 直角 | 左右 | 设角 | P3
③按 [F1]（输入）键输入水平度盘读数，例如：80°30′50″	[F4] [F4] [F3]	水平角设置 HR:80° 30′50″ 确认吗? 数字— — 确认
④按 [F4]（确认）键，再按 [F4]（确认）键，至此水平方向角度被设为输入的值	[F4] [F4]	VZ:89° 25 ′55″ HR:80° 30′50″ 直角 | 左右 | 设角 | P3

注释：

①若输入有误，可按［MENU］（左移）键移动光标，或按［ESC］（退出）键重新输入正确值；②若输入错误数值，则设置失败，须从第③步重新输入。

垂直角、坡度模式

确认在角度测量模式下，全站仪竖直角测量操作步骤见表 7.11。

表 7.11 全站仪竖直角测量操作步骤

操作步骤	按键	显示
①按［F4］（P1）键，进入第 2 页功能.	[F4]	VZ:89°25′55″ HR:168°36′18″ 置零 | 锁定 | 记录 | P1 F3：设置
②按［F2］（坡度）键	[F2]	VZ:82°21′50″ HR:157°33′58″ 倾斜 | 坡度 | 竖角 | P2 F3：设置
		V：0.99% HR:168 °36′18″ 置零 | 锁定 | 记录 | P1

5. 天顶距高度角模式

确认在角度测量模式下，全站仪天顶距测量操作步骤见表 7.12。

表 7.12 全站仪天顶距测量操作步骤

操作步骤	按键	显示
①按［F4］（P1）键，进入第 2 页功能.	[F4]	VZ:89 °25′55″ HR:168 °36′18″ 置零 | 锁定 | 记录 | P1
②按［F3］（竖角）键	[F3]	VZ:82 °21′50″ HR:157 °33′58″ 倾斜 | 坡度 | 竖角 | P2
		VZ：0 °34′55″ HR:168 °36′18″ 置零 | 锁定 | 记录 | P1

6. 水平角直角蜂鸣的设置

直角蜂鸣打开时，水平角落在 0°、90°、180° 或 270° 的 ±1° 范围以内，蜂鸣声响起，直到水平角调节到 0° 00′ 00″（±1″）、90° 00′ 00″（±1″）、180° 00′ 00″（±1″）或 270° 00′ 00″（±1″）时，蜂鸣声才会停止，全站仪蜂鸣设置操作步骤见表 7.13。

表 7.13 全站仪蜂鸣设置操作步骤

操作步骤	按键	显示
①按两次 [F4]（P1、P2）键，进入第 3 页功能	[F4] [F4]	VZ: 89°25 ′55" HR: 168°36′18" 置零 | 锁定 | 记录 | P1 VZ: 82°21 ′50" HR: 157°33 ′58" 倾斜 | 坡度 | 竖角 | P2 直角 | 左右 | 设角 | P3
②按 [F1]（直角）键，显示上次设置状态	[F1]	直角蜂鸣 [关] 开 | 关 | — | —
③按 [F1]（开）键或 [F2]（关）键选择蜂鸣器的开关	[F1] 或 [F2]	直角蜂鸣 [开] 开 | 关 | — | —
④按 [ESC] 键（退出）键	[ESC]	VZ: 89°25 ′55" HR: 168°36′18" 直角 | 左右 | 设角 | P3 F3: 设置

7.2.3 全站仪距离测量

全站仪距离测量的基本操作方法与光电测距仪类似。

观测步骤：

仪器参数的设置。

设置测距模式（重复精测、单次精测、跟踪测量等）、目标类型（棱镜、反射片）、棱镜常数改正值、温度、气压、气象改正值。

照准目标（反射棱镜），在测量模式下按［测距］键开始测量距离。

按［停］键停止距离测量，按［切换］键可显示出斜距“S”、平距“H”和高差“V”。

测量结果根据测量模式设置的不同而改变，当模式设置为单次的时候，测量结果显示为当次测量结果；当模式设置为连续的时候，仪器最后显示为所有测量次数结果的平均值；当模式设置为跟踪的时候，仪器显示的测量结果只精确到小数点后面两位（即 cm）。

7.2.4 全站仪坐标测量

利用全站仪进行坐标测量在测站及其后视方位角设置完成后便可测定目标点的三维坐标。坐标测量前应首先进行电子测距的有关设置（参照全站仪距离测量仪器参数设置）。

1. 输入测站数据

①先量取仪器高和目标高。

②进入测量模式选取［坐标］键进入坐标测量屏幕。

③选取［测站］键进入［测站定向］。

④选取［测站坐标］，输入测站坐标、点名、仪器高和代码数据；输入用户名并选择天气和风的设置；输入当前的温度和气压。

⑤ OK 确认并“记录”存储输入的坐标值。

2. 后视方位角设置

后视坐标方位角可以通过测站点坐标和后视点坐标反算得到。亦可通过设角，输入已知方向进行设置。具体操作步骤：

①在坐标测量屏幕下选取［测站］键然后选取［后视定向］。

②按［坐标］键，输入后视点的点名和坐标。

③ OK 确认输入的后视点数据。

④照准后视点按［YES］键设置并记录后视方位角。

3. 三维坐标测量

①照准目标点上安置的棱镜。

②进入［坐标测量］界面。

③选取［测距］开始坐标测量，在屏幕上显示出所测目标点的坐标值。在测得距离有效值后，记录测量数据。

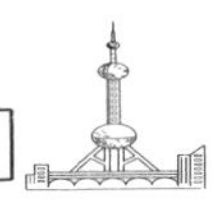

准下一目标点用同样的方法对所有目标点进行测量。

7.2.5 全站仪坐标放样

坐标放样测量用于在实地上测定出其坐标值为已知的点。在输入待放样点的坐标后，仪器计算出所需水平角值和平距值并存储于内部存储器中，借助于角度放样和距离放样功能，便可设定待放样点的位置。

地面控制点 A 、B 两点的坐标和 A 点的高程 HA 已知，C 点为待测设点，其设计坐标已知。用全站仪确定地面 C 点的步骤如下：

（1）全站仪安置在点 B 上，该点称为测站点，A 点称为后视点。全站仪对中、整平后，进行气象等相关设置。

（2）输入测站点的坐标（x_B，y_B，H_B）（或调用预先输入的文件中测站坐标和高程），量取全站仪的高度 i 并设置，输入后视点 A 的坐标（×A，yA，HA），转动照准部精确瞄准后视点 B 完成定向。

（3）进入坐标放样，输入反射棱镜高度及待测点 C 坐标（x_C，y_C，H_C）并确认，仪器自动计算测设数据 β 和 D。

全站仪操作过程中，必须严格对中，照准目标的根部，注意棱镜常数设置。

（4）转动照准部，使显示窗上 $\Delta\beta$=0°0′00″，水平制动。

（5）指挥反射棱镜移动至视准轴所在方向线上，按测距键，指挥棱镜前后移动使测出的 ΔD=0.000 m，棱镜所在位置就是放样点 C 的位置。

（6）对于不同的设计坐标值的坐标放样，只要重复（2）～（4）步骤即可。

全站仪的种类很多，各种仪器的使用方式由自身的程序设计而定。不同型号的全站仪使用方法大体相同，但也有一些区别。学习使用全站仪，需认真阅读使用说明书，熟悉键盘及操作指令。

7.3　全站仪的特殊测量功能

7.3.1 对边测量功能

对边测量是在不搬动仪器的情况下，直接测量多个目标点与某一起点间的斜距、平距和高差。如下图 7.7 所示。

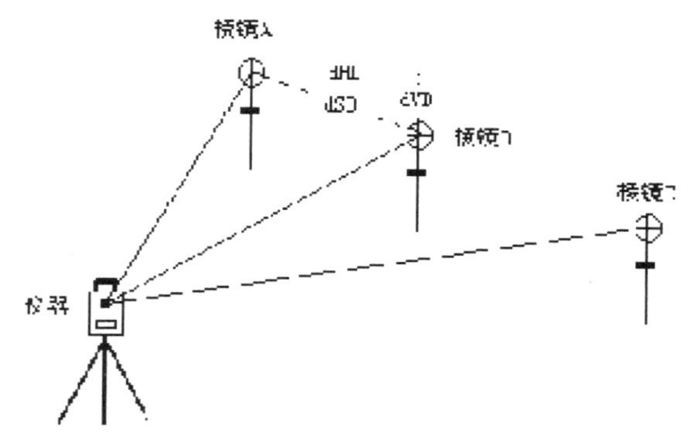

图 7.7 对边测量

对边测量模式有两个功能。即射线对边（$A-B$，$A-C$）和折线对边（$A-B$，$B-C$）两种对边测量方式可供选择。

1. MLM-1（$A-B$，$A-C$）：测量 $A-B$，$A-C$，$A-D$……

2. MLM-2（$A-B$，$B-C$）：测量 $A-B$，$B-C$，$C-D$……

以任务为例介绍对边测量的方法步骤

1. 具体任务

（1）在地面上任意选取一个地面点作为测站点，再另外选取三点 A、B、C 作为进行对边观测的三点。

（2）在测站点上安置全站仪，进入对边测量程序。

（3）通过观测 A、B、C 三点，分别计算出 AB 和 AC 的斜距（dSD）、平距（dHD）和高差（dVD）。

2. 方法步骤

（1）在测站点安置仪器。

（2）在程序菜单中按数字键 [2]（对边测量）。

1. 悬高测量
2. 对边测量
3. Z 坐标测量
4. 面积
5. 点到直线测量
6. 道路

（3）按 [ENT] 或 [ESC] 键，选择是否使用坐标文件。[例：按 [ESC] 键，不使用文件数据]

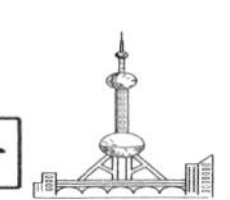

选择坐标数据文件			
文件名：SOUTH			
回退	调用	数字	确认

(4)按数字键 [1] 或 [2],选择是否使用坐标格网因子。[例 : 按 [2], 不使用格网因子]

格网因子
1. 使用格网因子
2. 不使用格网因子

(5) 按数字键 [1]，选择 A-B，A-C 的对边测量功能

对边测量
1. 对边-1(A-B A-C)
2. 对边-2(A-B B-C)

(6) 照准棱镜 A，按 [F1]（测量）键。

对边-1(A-B A-C)		
〈第一步〉		
V : 106° 13′ 57″		
HR : 96° 40′ 24″		
平距：		
测量	标高	坐标

(7) 测量结束，显示仪器至棱镜 A 之间的平距（HD）。

对边-1 (A-B A-C)		
〈第一步〉		
V : 106° 13′ 57″		
HR : 96° 40′ 24″		
平距： 287.882 m		
测量	标高	坐标

（8）照准棱镜 B，按 [F1]（测量）键。

对边-1 (A-B A-C)
<第二步>
V : 106° 13′ 57″
HR : 85° 01′ 24″
平距:
测量 标高 坐标

（9）测量结束，显示仪器到棱镜 B 的平距（HD）。

对边-1 (A-B A-C)
<第二步>
V : 106° 13′ 57″
HR : 85° 01′ 24″
平距: 223.846 m
测量 标高 坐标

（10）系统根据 A、B 点的位置计算出棱镜 A 与 B 之间的斜距（dSD）、平距（dHD）和高差（dVD）。

对边-1(A-B A-C)
dSD: 263.376 m
dHD: 21.416 m
dVD: 1. 256 m
HR : 10° 09′ 30″
下点

（11）测量 A-C 之间的距离，按 [F1]（下点）。

对边-1 (A-B A-C)
<第二步>
V : 106° 13′ 57″
HR : 85° 01′ 24″
平距:
测量 标高 坐标

（12）照准棱镜 C，按 [F1]（测量）键。测量结束，显示仪器到棱镜 C 的平距（HD）。

对边-1 (A-B A-C)
〈第二步〉
V : 106° 13′ 57″
HR : 85° 01′ 24″
平距*[单次] -<m
测量 标高 坐标

（13）系统根据 A、C 点的位置，计算出棱镜 A 与 C 之间的斜距（dSD）、平距（dHD）和高差（dVD）。

（14）测量 A-D 之间的距离，重复操作步骤 12-13。

对边-1 (A-B A-C)
dSD: 0.774 m
dHD: 3.846 m
dVD: 12. 256 m
HR : 86° 25′ 24″
下点

7.3.2 悬高测量功能

悬高测量用于对不能设置棱镜的目标（如高压输电线、桥架等）高度的测量。

所谓悬高测量，就是测定空中某点距地面的高度。全站仪进行悬高测量的工作原理如图 7.8 所示。首先把反射棱镜设立在欲测目标点 K 的天底 G 点（即过目标点 K 的铅垂线与地面的交点），输入反射棱镜高 VD；然后照准反射棱镜进行距离测量，再转动望远镜照准目标点 K，便能实时显示出目标点 K 至地面的高度 H。

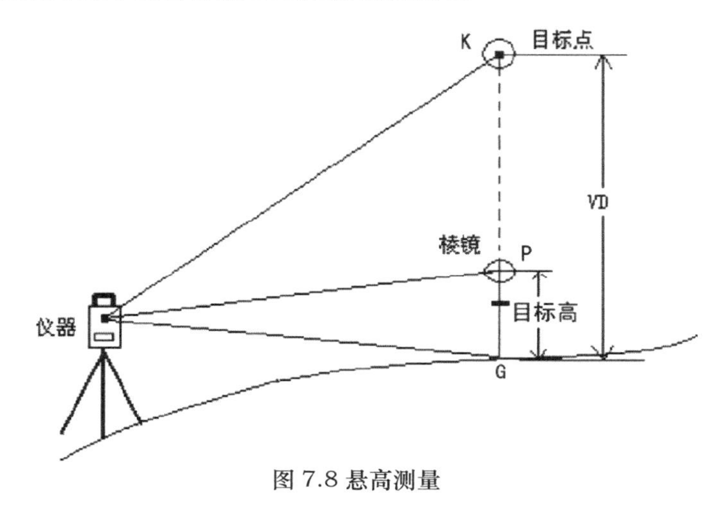

图 7.8 悬高测量

以任务为例介绍悬高测量的方法步骤：

1. 具体任务

（1）选定学校教学楼、图书馆或办公楼任一楼角作为悬高观测目标 K。要求：选定的点位所在铅垂线上的地面点 G 可以安置棱镜。

（2）在适当位置安置全站仪，选择悬高测量模式。

（3）在选定点位所在铅垂线上的地面点上安置棱镜。

（4）利用全站仪观测棱镜 P 后，再观测目标点位 K，计算出目标高度。

2. 方法步骤

有目标高（h）输入的情形（例：h =1.3 m）：

（1）在测站点安置全站仪。

（2）按 [MENU] 键，进入菜单，再按数字键 [4] 键，进入应用程序功能。

```
菜单                1/2
 1. 数据采集
 2. 放样
 3. 存储管理
 4. 程序
 5. 参数设置        P1↓
```

（3）按数字键 [1]（悬高测量）。

```
1. 悬高测量
2. 对边测量
3. Z坐标测量
4. 面积
5. 点到直线测量
6. 道路
```

（4）按数字键 [1]，选择需要输入目标高的悬高测量模式。

```
悬高测量
 1. 输入目标高
 2. 无需目标高
```

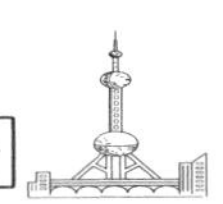

（5）输入目标高，并按［F4］（确认）键。

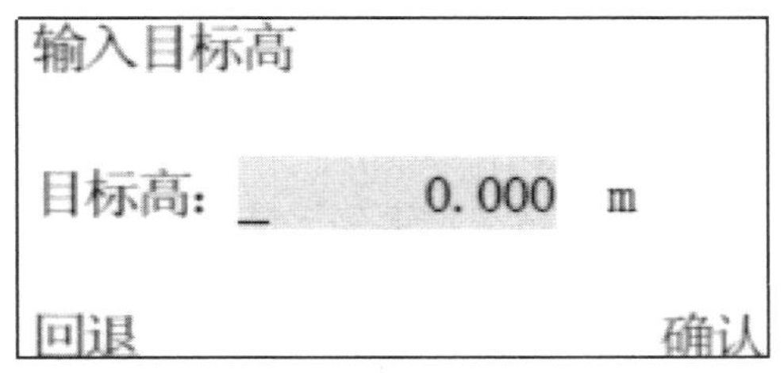

（6）照准棱镜，按［F1］（测量）键，开始测量。

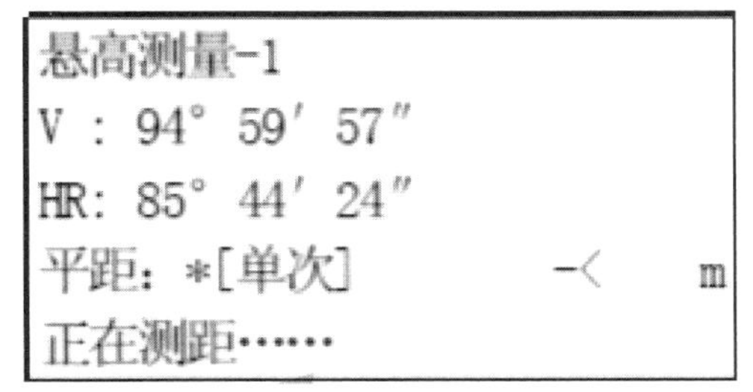

悬高测量-1
V ：94° 59′ 57″
HR：85° 44′ 24″
平距：*[单次] -< m
正在测距……

（7）棱镜的位置被确定，如右图所示。

悬高测量-1
V ： 94° 59′ 57″
HR ：85° 44′ 24″
高差* 1.650 m
标高　平距

（8）照准目标 K，显示棱镜中心到目标点的垂直距离（VD）。

悬高测量-1
V ： 120° 59′ 57″
HR ： 85° 44′ 24″
高差 ： 24.287 m
标高　平距

7.3.3 后方交会功能

后方交会通过对多个已知点的测量定出测站点的坐标。架设仪器点的坐标未知，但远处与其通视的几个点坐标已知，可以在几个已知点上架设棱镜，通过后方交会计算出测站点坐标。观测的已知点越多，计算所得的测站点坐标精度也越高。

全站仪使用后方交会的步骤如下。

（1）先给一个点号用于保存交会出来的点坐标。

（2）然后分别选取两个已知点并测量距离。

（3）仪器经过交会计算出新点坐标及残差显示出来，看残差值在能够接受的范围点击确定键，保存该点。即可进行下一步数据采集碎步点或坐标放样。

以任务为例介绍后方交会的方法步骤：

1. 具体任务

（1）在地面上找三个地面点 A、B、C，三点坐标值为（100，100）、（100，90）、（90，90）。注意：三点点位要用距离放样的方法准确放样。

（2）另外选取一点作为交汇所定新点 O，新点距离三个地面点之间的距离要大于 10m。

（3）在新点 O 上安置全站仪，选择后方交汇程序，观测 A、B、C 三点以计算 O 点坐标值。

2. 方法步骤

（1）在新点即测站 0 点安置仪器。

（2）进入放样菜单第二页，按 [F4]（$P\downarrow$）键，进入放样菜单 2/2，按数字键 [2]（后方交会法）。

放样　　1 / 2
1.　设置测站点
2.　设置后视点
3.　设置放样点
P↓

放样　　2 / 2
1.　极坐标法
2.　后方交会法
3.　格网因子
P↓

新点
点名→3
编码:
仪器高　1.2000　m
输入　调用　跳过　确认

（3）按 [F1]（输入）键。

（4）输入新点点名、编码和仪器高，按 [F4]（确认）键。

新点
点名:　3
编码:　SOUTH
仪器高　1.2000　m
回退　确认

（5）系统提示输入目标点名，按 [F1]（输入）。

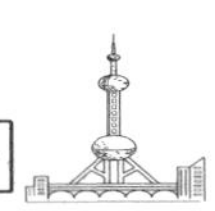

后方交会法
第1点
点 名 ：3
输入 调用 坐标 确认

（6）输入已知点A的点号，并按[F4]（确认）键。

后方交会法
第1点
点名：3
回退 调用 字母 确认

（7）屏幕显示该点坐标值，确认按[F4]（是）键。

后方交会法
第1点
N: 9.169 m
E: 7.851 m
Z: 12.312 m
>确定吗? [否] [是]

（8）屏幕提示输入目标目标高，输入完毕，按[F4]（确认）键。

输入目标高
目标高：_ 0.000 m
回退 确认

（9）照准已知点A，按[F3]（角度）或[F4]（距离）键。如按下[F4]（距离）键。

第1点
V ： 2° 09′ 30″
HR： 102° 00′ 30″
斜距：
目标高： 1.000 m
>照准 ? 角度 距离

（10）启动测量功能。

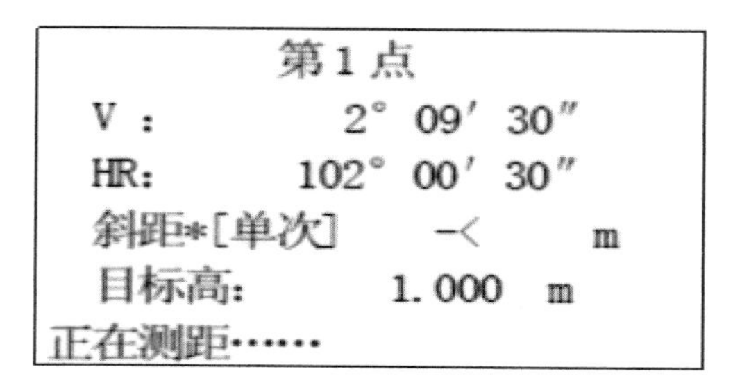

（11）进入已知点 B 输入显示屏。

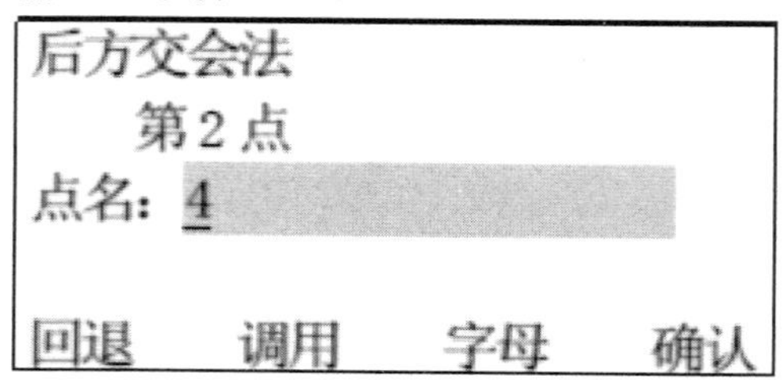

（12）按照 7-12 步骤对已知点 B 进行测量，当用“距离”测量两个已知点后残差即被计算。

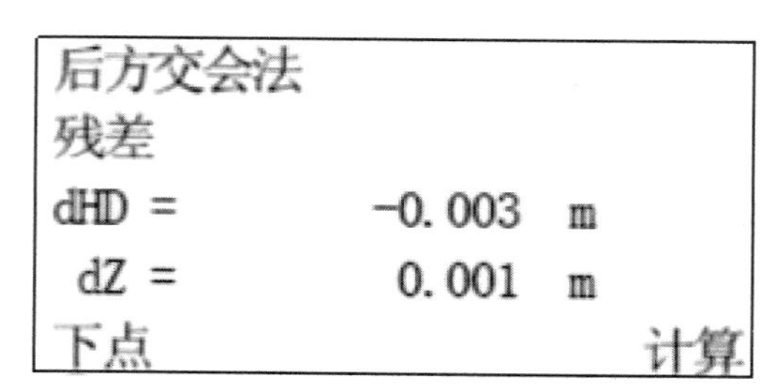

（13）按［F1］（下点）键，可对其他已知点进行测量，最多可达到 7 个点。

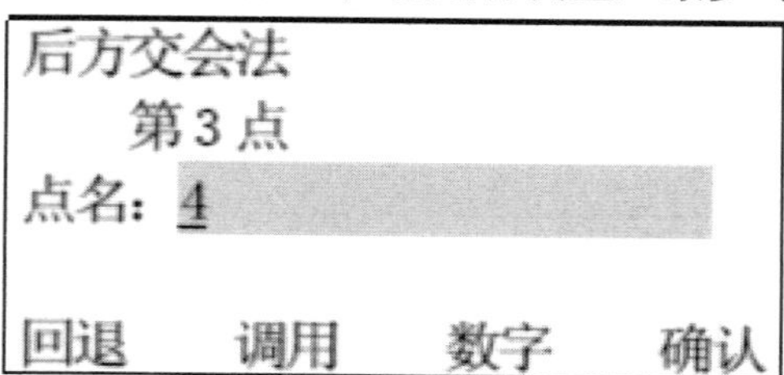

（14）按 7 ～ 12 步骤对已知点 *C* 进行测量。按［F4］（计算）键查看后方交会的结果。

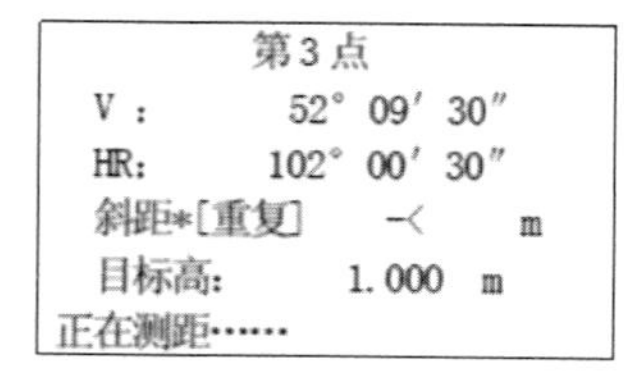

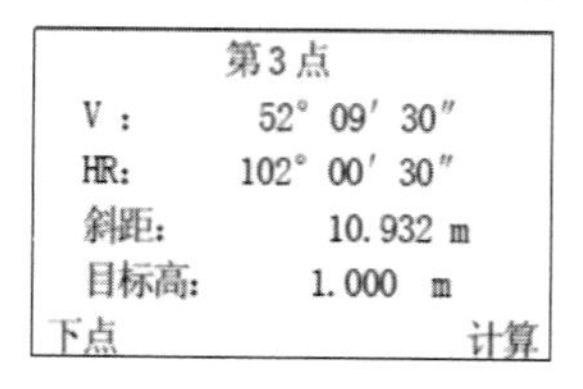

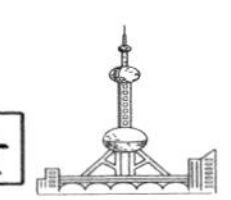

（15）显示坐标值标准偏差。单位：（mm）

SD(n) = 4 mm
SD(e) = -6 mm
SD(z) = 1 mm
坐标

（16）[F4]（坐标）键，可显示新点的坐标。按 [F4]（是）键可记录该数据。

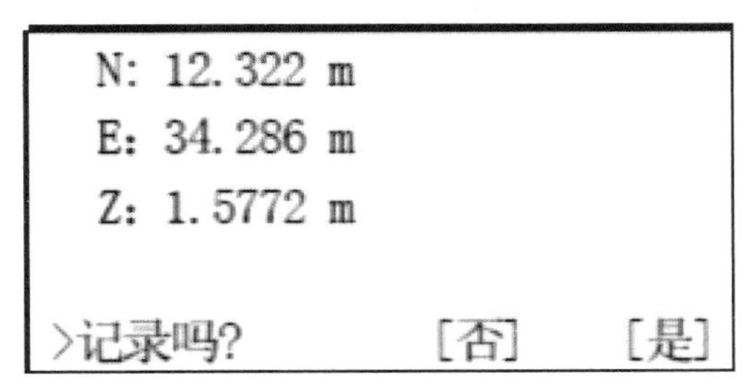

（17）新点坐标被存入坐标数据文件并将所计算的新点坐标作为测站点坐标。系统返回新点菜单。

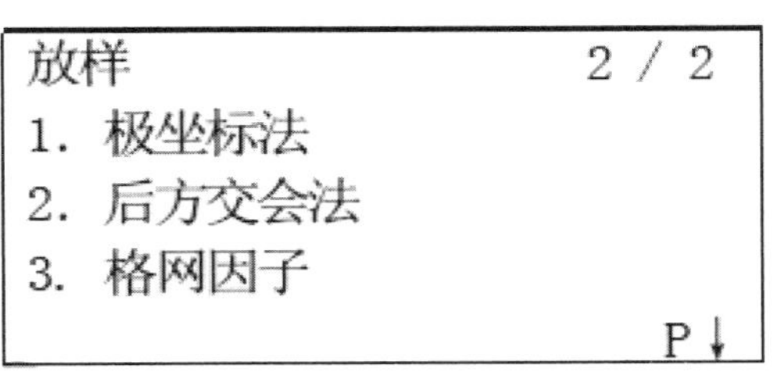

放样
2 / 2
1. 极坐标法
2. 后方交会法
3. 格网因子
P↓

7.3.4 面积计算功能

面积计算程序可以实时测算目标点之间连线所包围的多边形的面积，参与计算的点可以实时测量所得，或从内存中调取，也可以直接键盘输入。在给出构成图形的点号时必须按顺时针或逆时针顺序给出，否则计算结果不正确。

以任务为例介绍面积计算的方法步骤。

1. 具体任务

（1）在地面上寻找一点作为测站点，另外选取至少三个地面点位作为面积测量的观测点。注：观测点数要≥ 3 个，至少三点才能构成闭合区域。

（2）在测站点安置全站仪，选择面积测量程序。

（3）依次观测目标点，计算目标点所围区域面积和周长。

2. 方法步骤

（1）在测站点安置全站仪。

（2）按［MENU］键，显示主菜单 1/2。按数字键［4］，进入程序。

菜单	1/2
1. 数据采集	
2. 放样	
3. 存储管理	
4. 程序	
5. 参数设置	P1

（3）按数字键［4］（面积）。

```
1. 悬高测量
2. 对边测量
3. Z 坐标测量
4. 面积
5. 点到直线测量
6. 道路
```

（4）按［ENT］或［ESC］键，选择是否使用坐标文件。

［例：不使用文件数据］，即按［ESC］键。

```
选择坐标数据文件
文件名：SOUTH

回退    调用    数字    确认
```

（5）按数字键［1］或［2］，选择是否使用坐标格网因子。［例：按［2］键，不使用格网因子］

```
面积
1. 使用格网因子
2. 不使用格网因子
```

（6）在初始面积计算屏照准棱镜，按［F1］（测量）键，进行测量系统。

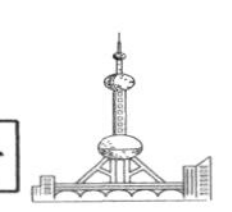

参与计算点数:			0000
面积			
:			m^2
周长:			
下点名：DATA-01			
测量	点名	单位	下点

（7）启动测量功能。

（8）照准下一个点，按［F1］（测量）键，测三个点以后显示出面积

参与计算点数:		0000
HR：45° 00′ 00″		
N* ［3 次］	-<	m
E :		
Z :		
正在测距……		设置

基础同步

一、单项选择题

1. 全站仪有三种常规测量模式，下列选项不属于全站仪的常规测量模式的是（　）。

A. 角度测量模式　　B. 方位测量模式

C. 距离测量模式　　D. 坐标测量模式

2. 全站仪在测站上的操作步骤主要包括：安置仪器、开机自检、（　）、选定模式、后视已知点、观测前视欲求点位及应用程序测量。

A. 输入风速　B. 输入参数　C. 输入距离　D. 输入仪器名称

3. 若用（　）根据极坐标法测设点的平面位置，则不需预先计算放样数据。

A. 全站仪　B. 水准仪　C. 经纬仪　D. 测距仪

4. 下列哪项不是全站仪能够直接显示的数值（　）。

A. 斜距　B. 天顶距　C. 水平角度　D. 坐标

5. 用全站仪进行距离前，不仅要设置正确的大气改正数，还要设置（　）。

A. 乘常数　B. 湿度　C. 棱镜常数　D. 仪器高

6. 下列选项中不属于全站仪测距模式的是（　）。

A. 精测　B. 快测　C. 跟踪测量　D. 复测

7. 全站仪代替水准仪进行高程测量中，下列选项中说法错误的是（　）。

A. 全站仪的设站次数为偶数，否则不能把转点棱镜高抵消

B. 起始点和终点的棱镜高应该保持一致

C. 转点上的棱镜高在仪器搬站时，可以变换高度

D. 仪器在一个测站的的观测过程中保持不变

8. 下列关于全站仪使用时注意事项的说法中，属于错误说法的是（　）。

A. 禁止在高粉尘、无通风等环境下使用仪器

B. 禁止坐在仪器箱上或者使用锁扣、背带和手提柄损坏的仪器箱

C. 严禁用望远镜观测太阳，以免造成电路板烧坏或眼睛失明

D. 在观测过程中，仪器连接在三脚架上时，观测者可以离开仪器

9. 下列关于全站仪使用时注意事项的说法中，属于错误说法的是（　）。

A. 自行拆卸和重装仪器

B. 禁止将三脚架的脚尖对准别人

C. 禁止用湿手拔插电源插头

D. 禁止使用电压不符的电源或受损的电线插座

10. 下列选项中，不包括在全站仪的测距类型当中的是（　）。

A. 倾斜距离　　B. 平面距离　　C. 高差　　D. 高程

11. 全站仪的主要技术指标有最大测程、测角精度、放大倍率和（　）。

A. 最小测程　　B. 自动化和信息化程度 C. 测距精度　　D. 缩小倍率

12. 全站仪分为基本测量功能和程序测量功能，下列属于基本测量功能的是（　）。

A. 坐标测量　　B. 距离测量　　C. 角度测量和距离测量　　D. 面积测量

13. 使用全站仪进行坐标测量或者放样前，应先进行测站设置，其设置内容包括（　）。

A. 测站坐标与仪器高　　B. 后视点与棱镜高

C. 测站坐标与仪器高、后视点方向与棱镜高 D. 后视方位角与棱镜高

14. 全站仪的竖轴补偿器是双轴补偿，可以补偿竖轴倾斜对（　）带来的影响。

A. 水平方向　　B. 竖直角　　C. 视准轴　　D. 水平方向和竖直角

15. 全站仪由光电测距仪、电子经纬仪和（　）组成。

A. 电子水准仪　　B. 坐标测量仪　　C. 读数感应仪　　D. 数据处理系统

16. 全站仪由（　）、电子经纬仪和数据处理系统组成。

A. 电子水准仪　　B. 坐标测量仪　　C. 读数感应仪　　D. 光电测距仪

17. 全站仪显示屏显示“HR”代表（　）。

A. 盘右水平角读数　　B. 盘左水平角读数

C. 水平角（右角）　　D. 水平角（左角）

18. 使用全站仪进行坐标放样时，屏幕显示的水平距离差为（　）。

A. 设计平距减实测平距　　B. 实测平距减设计平距

C. 设计平距减实测斜距　　D. 实测斜距减设计平距

19. 全站仪可以同时测出水平角、斜距和（　），并通过仪器内部的微机计算出有关的结果。

A. Δy、Δx　　B. 竖直角　　C. 高程　　D. 方位角

20. 在全站仪观测前，应进行仪器参数设置，一般应输入 3 个参数——棱镜常数、(　　) 及气压，以使仪器对测距数进行自动改正。

A. 仪器高　　B. 温度　　C. 前视读数　　D. 风速

21. 下列关于全站仪角度测量功能说明错误的是 (　　)。

A. 全站仪只能测量水平角

B. 全站仪测角方法与经纬仪相同

C. 当测量精度要求不高时，只需半测回

D. 当精度要求高时可用测回法

22. 下列关于全站仪的应用说法错误的是 (　　)。

A. 在地形测量过程中，可以将图根控制测量和地形测量同时进行

B. 在施工放样测量中，可以将设计好的管道、道路、工程建筑的位置测设到地面上

C. 在变形观测中，可以对建筑的变形、地质灾害进行实时动态监测

D. 在同一测站点不能同时完成角度、距离、高差测量

23. 全站仪显示屏显示 “HD” 代表 (　　)。

A. 斜距　　B. 水平距离　　C. 水平角 (右角)　　D. 水平角 (左角)

24. 全站仪显示屏显示 “VD” 代表 (　　)。

A. 斜距　　B. 水平距离　　C. 高程　　D. 垂直距离

25. 全站仪不可以测量 (　　)。

A. 磁方位角　　B. 水平角　　C. 水平方向值　　D. 竖直角

二、多项选择题

1. (多选) 用全站仪进行距离或坐标测量前，需要设置 (　　)。

A. 乘常数　　B. 湿度　　C. 棱镜常数

D. 风速　　E. 大气改正值

2. (多选) 全站仪主要由以下 (　　) 部分组成。

A. 测量部分　　B. 中央处理单元 C. 输入　　D. 输出以及电源　　E. 激光发射

3. (多选) 全站仪在测量中有广泛应用，主要有 (　　)。

A. 坐标测量　　B. 导线测量　　C. 数字测图　　D. 放样测量　　E. 海洋测量

4. (多选) 全站仪的主要技术指标有 (　　)。

A. 测程　　B. 标称测距精度 C. 测角精度　　D. 放大倍率　　E. 信息化程度

5. (多选) 全站仪由 (　　) 组成。

A. 电子测距仪　　B. 光学经纬仪 C. 电子经纬仪　　D. 电子记录装置 E. 水准器

6. (多选) 全站仪可以测量 (　　)。

A. 磁方位角　　B. 水平角　　C. 水平方向值　D. 竖直角　　E. 距离

7. (多选) 全站仪的常规测量模式一般有 (　　)。

A. 角度测量模式　B. 距离测量模式 C. 高程测量模式　D. 坐标测量模式

E. 方位测量模式

8.（多选）全站仪除能自动测距、测角外，还能快速完成一个测站所需完成的工作，包括（ ）。

A. 计算平距、高差　　B. 计算三维坐标
C. 按水平角和距离进行放样测量　　D. 将任一方向的水平方向值置为 0°
E. 按方位角进行放样

9.（多选）全站仪除能自动测距、测角外，还能快速完成一个测站所需完成的工作，包括（ ）。

A. 计算平距、高差　　B. 计算三维坐标
C. 按水平角和距离进行放样测量　　D. 按坐标进行放样
E. 方位角测量

10.（多选）全站仪能同时显示和记录（　）。

A. 水平角、垂直角　B. 水平距离、斜距　C. 高差　D. 点的坐标数值　E. 方位角

11.（多选）全站仪除能自动测距、测角外，还能快速完成一个测站所需完成的工作，包括（　）。

A. 计算平距、高差　　B. 计算磁方位角
C. 按水平角和距离进行放样测量　　D. 按坐标进行放样
E. 将任一方向的方向值置为 0°　00′　00″

12.（多选）全站仪在现代工程测量中得到了广泛的应用，借助于机内固化的软件，可以组成多种测量功能有（　）。

A. 计算并显示平距B. 进行偏心测量 C. 进行对边测量
D. 进行面积计算　E. 自动绘图

13.（多选）全站仪可以实现的功能有（　）。

A. 测角度　B. 测距离　C. 测坐标
D. 测方位角　E. 放样

14.（多选）全站仪由（　）四大部分组成。

A. 电子经纬仪　B. 电子测距仪　C. 电子补偿器
D. 电源部分　E. 数据处理部分

15.（多选）全站仪角度测量，由于仪器原因引起的误差主要有（　）。

A. 视准轴误差　B. 横轴误差　C. 竖轴误差
D. 对中误差　E. 目标偏心误差

16.（多选）用全站仪进行坐标测量时，要先设置（　），然后便可在坐标测量模式下通过已知站点测量出未知点的平面坐标。

A. 测站点坐标　B. 测站仪器高　C. 棱镜高　D. 前视方位角　E. 后视方位角

17.（多选）全站仪的主要技术指标有（　）。

A. 最大测程　　B. 自动化和信息化程度
C. 测距标称精度　　D. 放大倍率

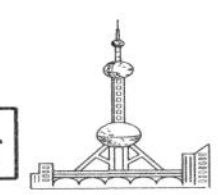

E. 测角精度

18.（多选）全站仪在测量工作中的应用有（　）。

A. 控制测量　　B. 倾斜测距　　C. 地形测量　D. 工程放样　　E. 变形观测

19.（多选）全站仪除能自动测距、测角外，还能快速完成一个测站所需完成的工作，包括（　）。

A. 计算平距、高差　　　　　　B. 计算三维坐标

C. 按水平角和距离进行放样测量　D. 将任一方向的水平方向值置为 0°

E. 内控法高层建筑物轴线的竖向投测

20.（多选）全站仪可以测量（　）。

A. 磁方位角　　B. 水平角　　C. 水平方向值　D. 竖直角　　E. 坐标方位角

21.（多选）下列关于全站仪的说法，正确的有（　）。

A. 全站仪可以直接得到水平距离

B. 全站仪采用方位角定向，应设置测站至后视点方位角

C. 全站仪可以用来测量高差

D. 全站仪可以进行极坐标放样

E. 全站仪可以直接测得方位角

22.（多选）下列关于 GPS 测量说法，正确的有（　）。

A. GPS 指的是全球定位系统

B. GPS 分为空间部分、地面部分和用户终端部分

C. GPS 测量不受外界环境影响

D. GPS 可用于平面控制测量

E. GPS 分为静态测量和动态测量

23.（多选）用全站仪进行坐标测量时，要先设置（　），然后便可在坐标测量模式下通过已知站点测量出未知点的三维坐标。

A. 测站点坐标　　B. 测站仪器高　C. 棱镜高 D. 前视点方位角　　E. 后视点方位角

三、实训提升

请根据下列已知条件，利用全站仪进行导线测量。并填入导线坐标计算表格中。

（1）起始已知方位角（起始点至定向点方向）

$a_{1AB}=211^{\circ}19'26''$。

（2）起始已知点坐标

$X_{1A}=5744.370$ m $Y_{1A}=2933.458$ m；

（3）待放样点坐标为

$X_{3A}=5784.542$ m $Y_{3A}=2589.028$ m；

（4）导线示意图：

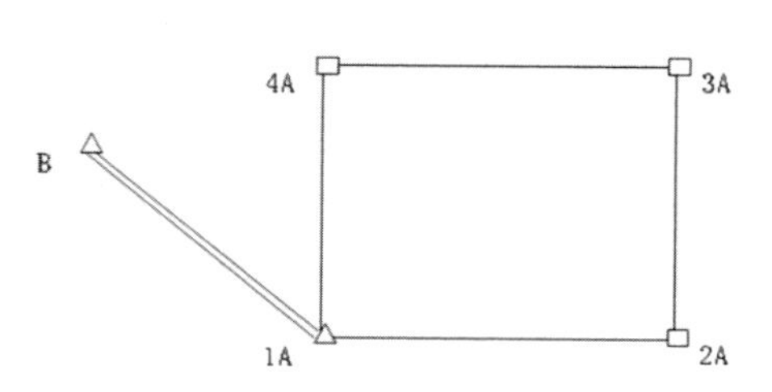

表 7.14 导线坐标计算表

点号	观测角（。，，，）	角度改正数，，	改正后角度值（。，，，）	坐标方位角（。，，，）	距离（m）	坐标增量△x			坐标增量△y			纵坐标×（m）	横坐标Y(m)
						计算值/m	改正值/mm	改正后的值/mm	计算值/m	改正值/mm	改正后的值		
总和辅助计算													

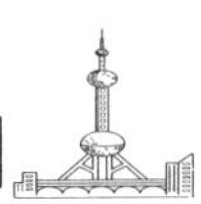

项目八　小地区控制测量

8.1 控制测量概述

在第二章中已经指出，测量工作必须遵循“从整体到局部，先控制后碎部”的原则，先建立控制网，然后根据控制网进行碎部测量和测设。

控制测量是指在测区内，按测量任务所要求的精度，测定一系列控制点的平面位置和高程，建立起测量控制网，作为各种测量的基础。控制网分为平面控制网和高程控制网，前者是测定控制点的平面直角坐标，后者是测定控制点的高程。控制网具有控制全局，限制测量误差累积的作用，是各项测量工作的依据。对于地形测图，等级控制是扩展图根控制的基础，以保证所测地形图能互相拼接成为一个整体。对于工程测量，常需布设专用控制网，作为施工放样和变形观测的依据。

测定控制点平面位置（x，y）的工作，称为平面控制测量。测定控制点高程（H）的工作，称为高程控制测量。

8.1.1 平面控制测量

平面控制测量有三角测量和导线测量两种方法。

三角测量是在地面上选择一系列具有控制作用的点，组成互相连接的三角形且扩展成网状，称为三角网。在全国范围内建立的三角网，称为国家平面控制网。按控制次序和施测精度分为四个等级，即一、二、三、四等。布设原则是低级点受高级点逐级控制，如图 8.1 所示。用三角测量方法确定的平面控制点，称为三角点。在控制点上，用精密仪器将三角形的三个内角测定出来，并测定其中一条边长，然后根据三角公式解算出各点的坐标。

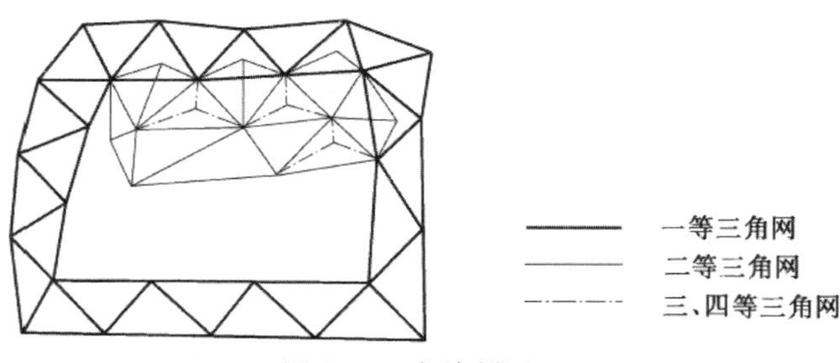

图 8.1 三角控制网

导线测量是在地面上选择一系列控制点，将相邻点连成直线而构成折线形，称为导线网，如图 8.2 所示。导线测量分为四个等级，即一、二、三、四等。用导线测量方法确定的平面控制点，称为导线点。在控制点上，用精密仪器依次测定所有折线的边长和转折角，根据解析几何的知识解算出各点的坐标。

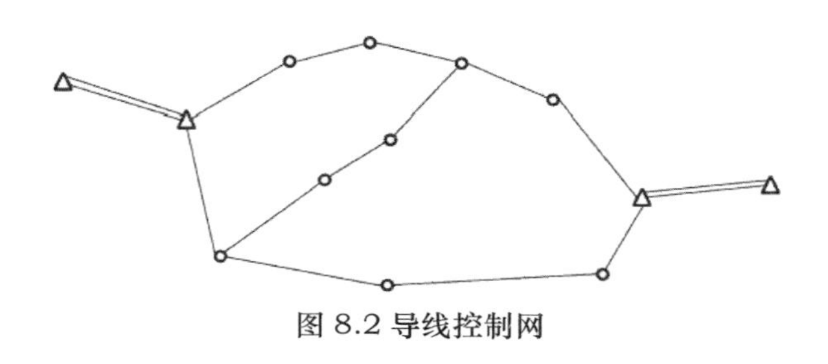

图 8.2 导线控制网

8.1.2 高程控制测量

国家高程控制网的建立主要采用水准测量的方法，按其精度分为一、二、三、四、五等。如图 8.3 所示是国家水准网布设示意图。一等水准网是国家最高级的高程控制网，它除用作扩展低等级高程控制的基础之外，还为科学研究提供依据；二等水准网为一等水准网的加密，是国家高程控制的全面基础；三、四等水准网是在二等水准网的基础上的进一步加密，直接为各种测区提供必要的高程控制；五等水准点又可视为图根水准点，它直接用于工程测量中，其精度要求最低。

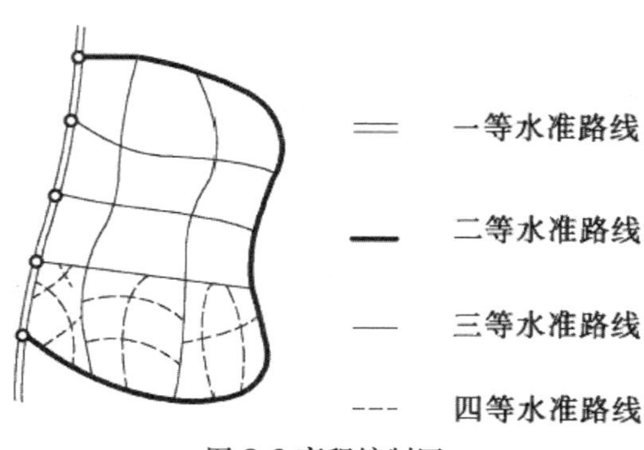

图 8.3 高程控制网

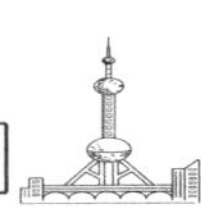

8.1.3 小区域控制测量

小区域控制测量是在面积为 15 km^2 以内的小地区范围内，为大比例尺测图建立测图控制网和为工程建设建立工程控制网以测定控制点的工作。建立小地区控制网时，应尽量与国家（或城市）已建立的高级控制网连测，将高级控制点的坐标和高程，作为小地区控制网的起算和校核数据。如果周围没有国家（或城市）控制点，或附近有国家控制点而不便连测时，可以建立独立控制网。

直接供地形测图使用的控制点，称为图根控制点，简称图根点。测定图根点位置的工作，称为图根控制测量。图根控制点的密度（包括高级控制点），取决于测图比例尺和地形的复杂程度。平坦开阔地区图根点的密度一般不低于表 8.1 的规定；地形复杂地区、城市建筑密集区和山区，可适当加大图根点的密度。

表 8.1 图根点的密度

测图比例尺	1:500	1:1000	1:2000	1:5000
图根点密度 /（点． km^{-2} ）	150	50	15	5

以下重点介绍导线平面控制测量与三、四等高程控制测量。

8.2 导线测量

导线测量是建立小区域平面控制网的一种常用方法，它适用于地物分布较复杂的建筑区和视线障碍较多的隐蔽区和带状区。将测区内相邻控制点连成直线而构成的折线，称为导线。这些控制点，称为导线点。导线测量就是依次测定各导线边的长度和各转折

角值；根据起算数据，推算各边的坐标方位角，从而求出各导线点的坐标。

8.2.1 导线测量布设形式

根据测区的地形条件和已知高级控制点的分布情况，导线可布设成以下 3 种形式。

1. 闭合导线

闭合导线是从一已知点出发，经若干个待定点后回到原点的导线。如图 8.4 所示，导线从一高级点 B 和已知方向 BA 出发，经过导线点 1、2、3、4，最后回到起点 B，形成一闭合多边形。

2. 附合导线

附合导线是从一已知点和已知方向出发，经若干个待定点后到达另一已知点的导线。如图 8.5 所示，导线从一高级控制点 B 和已知方各 BA 出发，经过导线点 1、2、3，附合到另一高级控制点 CD 和已知方向 C 上。

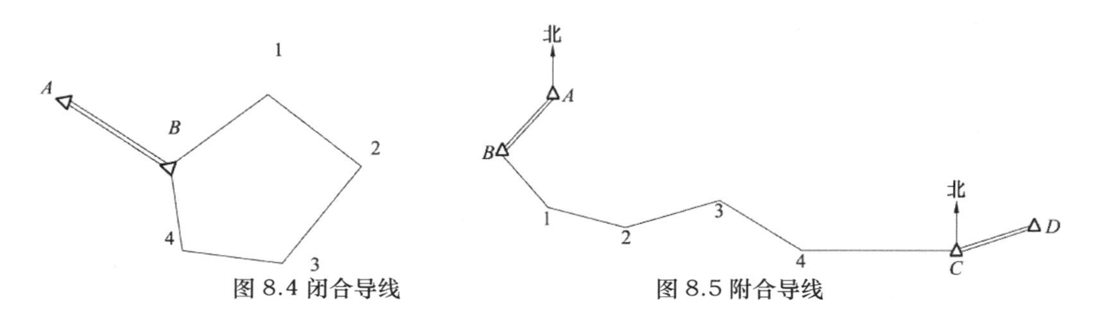

图 8.4 闭合导线　　　　图 8.5 附合导线

3. 支导线

支导线是从一已知点和一已知方向出发，经若干个待定点后，既不回到原出发点，又不附合到另一已知点上的导线。如图 8.6 所示，导线从一高级控制和已知方向 BA 出发，经过导线点 1、2、3。

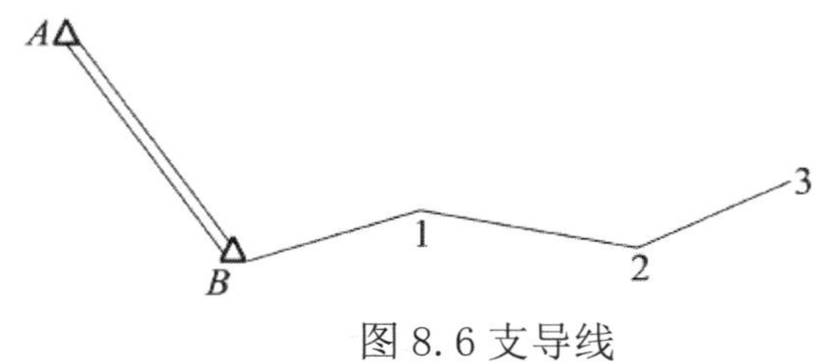

图 8.6 支导线

8.2.2 导线测量外业工作

各等级导线测量的主要技术要求，应符合表 8.2 的规定。

表 8.2 导线测量的主要技术参数

等级	导线长度/km	平均边长/km	测角中误差/(")	测距中误差/mm	测距相对中误差	测回数			方位角闭合差/(")	导线全长相对闭合差
						1"级仪器	2"级仪器	6"级仪器		
三等	14	3	1.8	20	1/150000	6	10	-	$3.6\sqrt{n}$	≤ 1/55000
四等	9	1.5	2.5	18	1/80000	4	6	-	$5\sqrt{n}$	≤ 1/35000
一级	4	0.5	5	15	1/30000	-	2	4	$10\sqrt{n}$	≤ 1/15000
二级	2.4	0.25	8	15	1/14000	-	1	3	$16\sqrt{n}$	≤ 1/10000
三级	1.2	0.1	12	15	1/7000	-	1	2	$24\sqrt{n}$	≤ 1/5000

注：①表中 n 为测站数；

②当测区测图的最大比例尺为 1 ： 1000 时，一、二、三级导线的平均边长及总长可

适当放长，但最大长度不应大于表中规定长度的 2 倍；

③测角的 1″、2″、6″级仪器分别包括全站仪、电子经纬仪和光学经纬仪，在本规范的后续引用中均采用此形式。

1. 踏勘选点及建立标志

选点前，应收集测区已有的地形图和高一级控制点的成果资料，然后到野外去踏勘，实地核对、修改、落实点位和建立标志。实地选点时，控制点位选定应符合下列要求：

①相邻点之间应通视良好，其视线距障碍物的距离，宜保证便于观测；

②点位应选在土质坚实，视野开阔处，以便于保存点的标志和安置仪器，同时也便于碎部测量和施工放样；

③导线各边的长度应大致相等，其平均边长符合技术规定；

④导线点应有足够的密度，分布均匀，便于控制整个测区。

导线点选定后，要在每一点位上打一木桩，其周围浇灌一圈混凝土，桩顶钉一小钉，作为临时性标志（图 8.7）；若导线点需要保存的时间较长，就要埋设混凝土桩或石桩，作为永久性标志（图 8.8）。为了便于寻找，应量出导线点与附近固定而明显的地物点的距离，绘一草图，注明尺寸，称为点之记，如图 8.9 所示。

图 8.7 临时性标志　　图 8.8 永久性标志　　图 8.9 点之记

2. 导线转折角测量

通常采用测回法观测导线之间的转折角，若转折角位于导线前进方向的左侧则称为左角；位于导线前进方向的右侧则称为右角。一般在附合导线中，测量导线左角，在闭合导线中均测内角。

3. 导线边长测量

导线边长可用光电测距仪测定，其主要技术要求见规范；若用钢尺丈量，其主要技术要求见规范。

4. 导线与高级控制点连测

导线与高级控制点连接，必须观测连接角，如图 8.10 中 β，如果附近无高级控制点，则应用罗盘仪施测导线起始边的磁方位角，并假定起始点的坐标作为起算数据。

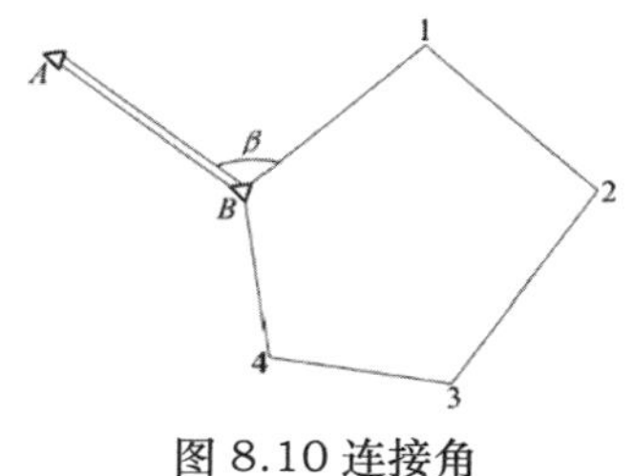

图 8.10 连接角

8.2.3 导线测量内业工作

1. 直角坐标系

（1）平面直角坐标系

①数学平面直角坐标系。它由一平面内两条互相垂直的横坐标轴 x 和纵坐标轴 y 以及它们的交点（原点）o，加上规定的正方向和选定的单位长度构成，如图 8. 11 所示。

在图 8. 11 中，o × oy 为正方向，反之为负方向；ox 逆时针转向 oy 为正方向；象限划分从 O 起按逆时针方向编号。

②测量平面直角坐标系。它与数学平面直角坐标系不同处在于：x 轴为纵轴，正方向指北，负方向指南。y 轴为横轴，正方向指东，负方向指西。象限划分从 ox 起按顺时针方向编号，如图 8. 12 所示。

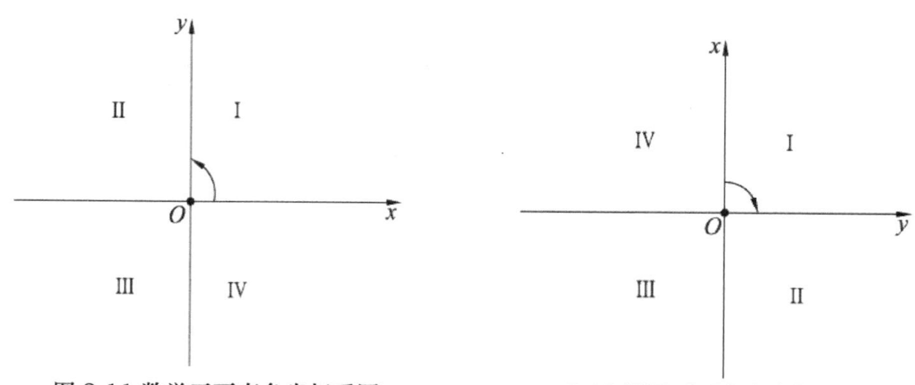

图 8.11 数学平面直角坐标系图　　8.12 测量平面直角坐标系

③建筑平面直角坐标系。它是建筑场地经常采用的假定的独立坐标系，其纵轴为 A 轴，横轴为 B 轴，交点（原点）为 o。A 轴方向自定（往往平行于建筑物主轴线），B 轴与 A 轴垂直。任意一点 M 的坐标 $A=L_1$、$B=L_2$，如图 8. 13 所示。

（2）极坐标系

在平面上任取一点 o（极点），并作射线 ox，如图 8. 14 所示，在平面上任意一点 M 的位置可由两个数来确定：

①表示线段 OM 的长度 D；

②表示$\angle X_{om}$大小的角a。

长度D和角a称为M点的极坐标。

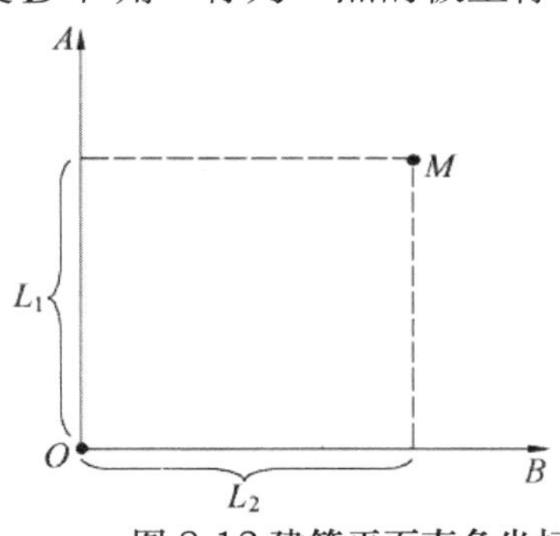

图 8.13 建筑平面直角坐标系

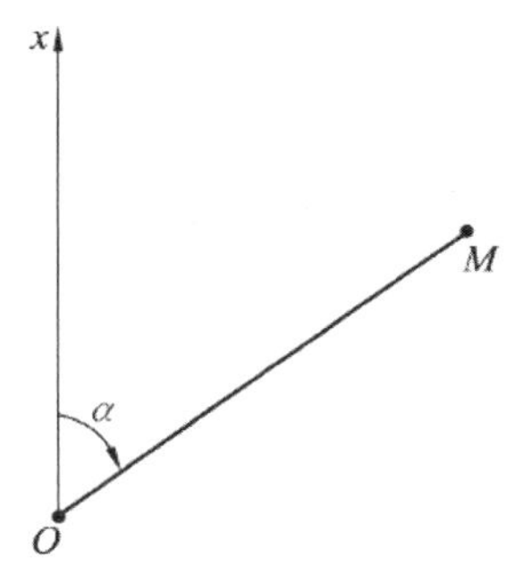

图 8.14 极坐标系

二、坐标正算与反算

1. 坐标增量（Δ x、Δ y）

AB直线的终点B（X_B，Y_B）对起点A（X_A，Y_A）的坐标增量（ΔX_{AB}，ΔY_{AB}）如图 8.15 所示。

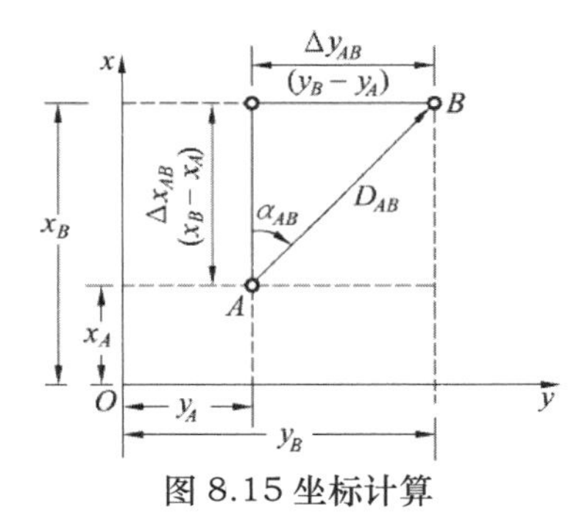

图 8.15 坐标计算

2. 坐标正算

已知直线的坐标方位角和直线上某两点间的距离及其中一个已知点的坐标，进行另一未知点坐标的计算，称为坐标正算。

（1）坐标正算的已知条件。已知A点的坐标X_A、Y_A和AB的边长DAB及其坐标方位角aAB，如图 8.16 所示，求B点的坐标。

（2）坐标正算公式。未知点 B 的坐标为$x_B = x_A + \Delta x_{AB}$

$$y_B = y_A + \Delta y_{AB}$$

（3）已知AB边长DAB、方位角aAB，求其坐标增量。

$$\Delta x_{AB} = x_B - x_A = D_{AB}\cos\alpha_{AB}$$

$$\Delta y_{AB} = y_B - y_A = D_{AB}\sin\alpha_{AB}$$

案例实解：

已知 A（8735.249，,610.338），DAB =50.100 m，aAB =115046′，求 B 点的坐标。

解：1. 求坐标增量 Δx_{AB}、Δy_{AB}

$$\Delta x_{AB} = D_{AB}\cos a_{AB} = 50.100\times\cos 115°46' = -21.779 \text{ m}$$

$$\Delta y_{AB} = D_{AB}\sin a_{AB} = 50.100\times\sin 115°46' = +45.119 \text{ m}$$

2．求 B 点坐标（x_B，y_B）

$$x_B = x_A + \Delta x_{AB} = 8735.249 + (-21.779) = 8713.470 \text{ m}$$

$$y_B = y_A + \Delta y_{AB} = 6910.338 + 45.119 = 6955.457 \text{ m}$$

故，B 点的坐标为（8713.470,6955.457）

3．坐标反算

根据两个已知点的坐标求两点间的距离及其方位角，称为坐标的反算

1）求两点的水平距离。

$$D_{AB} = \sqrt{(x_B - x_A)^2 + (y_B - y_A)^2}$$

2）求直线的方位角

步骤：（1）先求象限角

$$R_{AB} = \arctan\left|\frac{\Delta y_{AB}}{\Delta x_{AB}}\right| = \arctan\left|\frac{y_B - y_A}{x_B - x_A}\right|$$

坐标增量的正负	象限
$\Delta x > 0$，$\Delta y > 0$	第 I 象限
$\Delta x < 0$，$\Delta y > 0$	第 II 象限
$\Delta x < 0$，$\Delta y < 0$	第 III 象限
$\Delta x > 0$，$\Delta y < 0$	第 IV 象限

（2）根据坐标增量判断直线的象限，如图 8.1，汇总结果见下表：

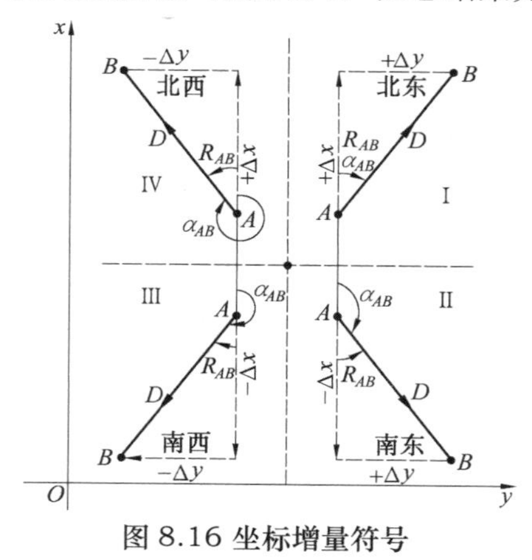

图 8.16 坐标增量符号

（3）根据象限角和坐标方位角的关系，见表 8.3，确定直线方位角的大小

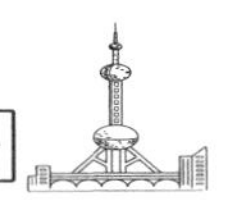

表 8.3 坐标方位角与象限角的换算公式

直线方向	由坐标方位角推算象限角	由象限角推算坐标方位角
第Ⅰ象限	R=α	α=R
第Ⅱ象限	R=180° −α	α=180° −R
第Ⅲ象限	R=α−180°	α=180° +R
第Ⅳ象限	R=360° −α	α=360° −R

三、坐标方位角的推算

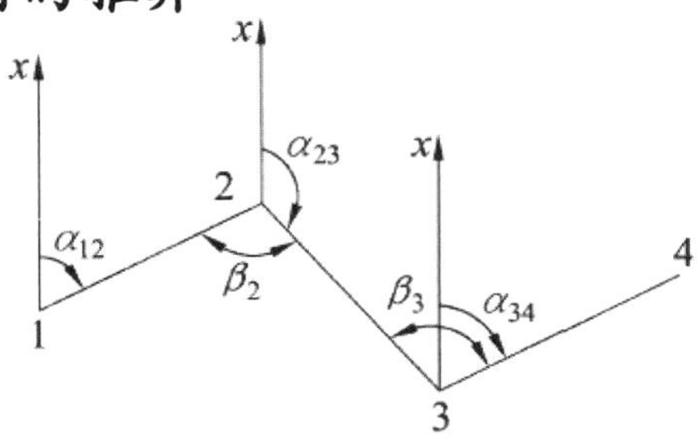

图 8.17　方位角推算

在实际测量工作中并不需要直接测定每条直线的坐标方位角，而是通过与已知坐标方位角的直线连测后，推算出各条直线的坐标方位角。如图 8. 17 所示，已知α_{12}，观测了水平角β_2和β_3，要求推算直线 23 和直线 34 的坐标方位角，从图中分析可有

$\alpha_{23}=\alpha_{21}-\beta_2=\alpha_{12}+180^\circ-\beta_2$

$\alpha_{34}=\alpha_{32}-\beta_3=\alpha_{23}+180^\circ+\beta_3$

因β_2在推算路线前进方向的右侧，称为右折角；β_3在左侧，称为左折角。由此可归纳出坐标方位角推算的一般公式：

$$a_{前}=a_{后}+180^\circ+\beta_{左}$$

$$a_{前}=a_{后}+180^\circ-\beta_{右}$$

方位角推算时："左角加右角减"，若计算出的方位角大于 360° 减去 360° ，出现负值加 360° 。

四、导线测量内业计算

导线测量的内业工作目的就是根据已知的起始数据和外业的观测成果计算出导线点的坐标。计算之前，应检查导线测量外业记录，数据是否齐全，有无记错、算错，成果是否符合精度要求，起算数据是否准确。然后绘制导线略图，把各项数据注于图上相应位置。

案例实解：

1. 闭合导线坐标计算

如图 8. 18 所示，A、B 为控制点，已知坐标值为 $x_A=0.000$ m，$y_A=0.000$ m，$\alpha_{AB}=354^\circ13'51''$，计算导线点 1、2、3、4 的坐标。

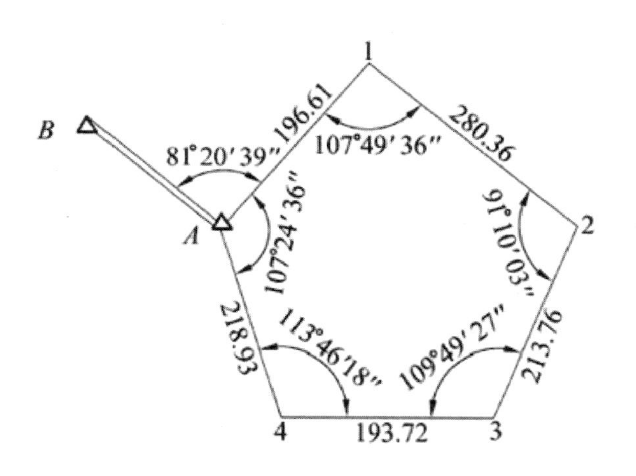

图 8.18 闭合导线

（1）准备工作

将校核过的外业测量数据按规定填入导线内业计算表相应栏中，见表 8.4。

（2）角度闭合差的计算与调整

角度闭合差为观测角度值的和与理论值之差，用 f_β 表示。

$$f_\beta = \sum\beta_{测} - \sum\beta_{理} = \sum\beta - (n-2)\times 180^\circ \tag{8-1}$$

角度容许闭合差 $f_{\beta容}$，根据图根导线技术指标要求为 $f_{\beta容}=\pm 60''\sqrt{n}$ 。

如果 $|f_h|<|f_{h容}|$，精度符合要求，就可以进行角度闭合差的调整，角度闭合差的调整原则是：将 f_β 反符号平均分配到各观测角中，如果不能均分，则将余数分配给短边的夹角。

$$v_i = -\frac{f_\beta}{n} \tag{8-2}$$

计算改正后角值

$$\beta_{改}=\beta_{测}+v_i=\beta-\frac{f_\beta}{n} \tag{8-3}$$

计算检核 $\sum v=-f_\beta$ ，调整后的内角和应等于理论值。

（3）各边坐标方位角的推算

根据起始边的已知坐标方位角及调整后的各内角值，按公式计算各边坐标方位角。计算检核，推算出的已知边的坐标方位角应与已知给定的方位角数值相等。

（4）坐标增量的计算与调整

坐标增量为

$$\left.\begin{aligned}\Delta x = D\cos\alpha\\ \Delta y = D\sin\alpha\end{aligned}\right\} \tag{8-4}$$

表 8.4 闭合导线坐标计算表

点号	观测角	改正角	坐标方位角	距离/m	增量计算值		改正后增量		坐标	
A									0.000	0.000
			75° 34′ 30″	196.61	+0.01 48.99	+0.00 190.41	49.00	190.41		
1	+12″ 107° 49′ 36″	107° 49′ 48″							49.00	190.41
			147° 44′ 42″	280.36	+0.01 -237.10	+0.01 149.62	-237.09	149.63		
2	+12″ 91° 10′ 03″	91° 10′ 15″							-188.09	340.04
			236° 34′ 27″	213.76	+0.01 -117.75	+0.00 -178.40	-117.74	-178.40		
3	+12″ 119° 49′ 27″	119° 49′ 39″							-305.83	161.64
			296° 44′ 48″	193.72	+0.00 87.18	+0.00 -172.99	87.18	-172.99		
4	+12″ 113° 46′ 18″	113° 46′ 30″							-218.65	-11.35
			2° 58′ 18″	218.93	+0.01 218.64	+0.00 11.35	218.65	11.35		
A	+12″ 107° 23′ 36″	107° 23′ 48″							0.000	0.000
			75° 34′ 30″							
1										
	539° 59′ 00″	540° 00′ 00″		1103.58	-0.04	-0.01				
辅助计算	$f_\beta=\sum\beta_{测}-\sum\beta_{理}$=539°59'00"−540°=-0°01'00"									
	$f_{\beta容}=\pm60''\sqrt{n}=\pm2'14''$									
	$f_x=\sum\Delta x_{测}-\sum\Delta x_{理}$=-0.04m, $f_y=\sum\Delta y_{测}-\sum\Delta y_{理}$=-0.01m									
	$f_D=\sqrt{f_x^2+f_y^2}=0.04, K_D=f_D/\sum D=1/27590$									

坐标增量闭合差

$$\left.\begin{aligned} f_x &= \sum \Delta x \\ f_y &= \sum \Delta y \end{aligned}\right\} \tag{8.5}$$

导线全长闭合差

$$f_D=\sqrt{f_x^2+f_y^2} \tag{8.6}$$

相对误差

$$K=\frac{f_D}{\sum D}=\frac{1}{\sum D/f_D} \tag{8.7}$$

根据图根导线技术指标要求若精度符合要求，可以调整坐标增量闭合差，调整的原则为反其符号按边长成正比分配到各边的纵、横坐标增量中去。

$$\left.\begin{aligned} v_{xi} &= -\frac{f_x}{\sum D}\times D_i \\ v_{yi} &= -\frac{f_x}{\sum D}\times D_i \end{aligned}\right\} \tag{8.8}$$

计算检核：

$$\left.\begin{aligned} \sum v_x &= -f_x \\ \sum v_y &= -f_y \end{aligned}\right\} \tag{8.9}$$

改正后坐标增量计算

$$\left.\begin{aligned}\Delta x_{i改} &= \Delta x_i + v_{xi} \\ \Delta y_{i改} &= \Delta y + v_{yi}\end{aligned}\right\} \tag{8.10}$$

（5）计算各导线点的坐标根据导线起点的坐标及改正后的坐标增量，依次推算出导线各点坐标

$$\left.\begin{aligned}\Delta x_i &= x_{i-1} + \Delta x_{i-1,i改} \\ \Delta y_i &= y_{i-1} + \Delta y_{i-1,i改}\end{aligned}\right\} \tag{8.11}$$

计算检核，推算得到的已知点坐标，其值应与原有数值相等。

8.3 高程控制测量

小地区高程控制测量包括三、四等水准测量和三角高程测量。

8.3.1 三、四等水准测量

1. 三、四等水准测量的技术要求

表 8.5 三、四等水准测量技术指标

等级	水准仪型号	视线长度 /m	前后视距差 /m	前后视距累积差 /m	视线高地面最低高度 /m	基本分划、辅助分划（黑红面）读数差 /mm	基本分划、辅助分划（黑红面）高差之差 /mm
三	DS_1	100	3	6	0.3	1.0	1.5
	DS_2	75				2.0	3.0
四	DS_3	100	5	10	0.2	3.0	5.0

表 8.6 三、四等水准测量技术指标

等级	水准仪型号	水准尺	线路长度 /km	观测次数		每千米高差中误差 / mm	往返较差、附合或环线闭合差	
				与已知点连测	附合或环线		平地 / mm	山地 / mm
三	DS_1	因瓦	≤ 50	往返各一次	往一次	6	$12\sqrt{L}$	$4\sqrt{n}$
	DS_2	双面						
四	DS_3	双面	≤ 16	往返各一次	往返各一次	10	$20\sqrt{L}$	$6\sqrt{n}$

注：L 为往返测段、附合或环线的水准路线长度（单位为 km）；n 为测站数。

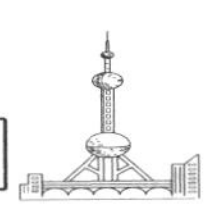

2. 三、四等水准测量的施测方法

依据使用的水准仪型号及水准尺类型方法有所不同。双面尺法在一个测站上的观测步骤：

①视黑面尺：精平，读取下、上丝和中丝读数，记入表 8.7 中（1）、（2）、（3）。

②前视黑面尺：精平，读取下、上丝和中丝读数，记入表 5.10 中（4）、（5）、（6）。

③前视红面尺：精平，读取中丝读数，记入表 8.7 中（7）。

④后视红面尺：精平，读取中丝读数，记入表 8.7 中（8）。

一个测站上的这种观测顺序简称为“后－前－前－后”（或称黑、黑、红、红）。四等水准测量也可采用“后－后－前－前”（黑、红、黑、红）的顺序。一个测站全部记录、计算与校核完成并合格后方可搬站，否则必须重测。

在每一测站，应进行以下计算与校核工作：

视距计算。视距等于下丝读数与上丝读数的差乘以 100。

表 8.7 三、四等水准测量手簿

测站	点号	后尺 下丝	前尺 下丝	方向及尺号	水准尺读数		K+红-黑	平均高差/m	备注
		后尺 上丝	前尺 上丝						
		后视距	前视距						
		视距差d	$\sum d$		黑面	红面			
		(1)	(4)	后	(3)	(8)	(14)		
		(2)	(5)	前	(6)	(7)	(13)		
		(9)	(10)	后-前	(15)	(16)	(17)	(18)	
		(11)	(12)						
1	BM15-TP1	2.026	2.217	后105	1.824	6.512	-1		
		1.623	1.799	前106	2.009	6.798	-2		
		40.3	41.8	后-前	-0.185	-0.286	+1	-0.1855	
		-1.5	-1.5						
2	TP1-TP2	1.806	1.900	后106	1.533	6.321	-1		
		1.260	1.364	前105	1.632	6.317	+2		
		54.6	53.6	后-前	-0.099	+0.004	-3	-0.0975	$K_{105}=4.687$
		+1.0	-0.5						$K_{106}=4.787$
3	TP2-TP3	1.965	2.141	后105	1.832	6.519	0		
		1.700	1.874	前106	2.007	6.793	+1		
		26.5	26.7	后-前	-0.175	-0.274	-1	-0.1745	
		-0.2	-0.7						
4	TP3-TP4	1.571	0.739	后106	1.384	6.171	0		
		1.197	0.363	前105	0.551	5.239	-1		
		37.4	37.6	后-前	+0.833	+0.932	+1	+0.8325	
		-0.2	-0.9						
5	TP4-BM28	2.752	0.428	后105	2.654	7.341	0		
		2.556	0.239	前106	0.339	5.127	-1		
		19.6	18.9	后-前	+2.315	+2.214	+1	+2.3145	
		+0.7	-0.2						

后视视距（9）=［（1）－（2）］×100

前视视距（10）=［（4）－（5）］×100

视距差等于后视视距与前视视距之差，即（11）=（9）－（10）。

①视距差累积为各测站视距差的代数和，即（12）= 上站（12）+ 本站（11）。

②水准尺读数检核。同一水准尺的红、黑面中丝读数之差应等于红、黑面零点差K（即4687 mm或4787 mm）。检核算式为：（13）=（6）+K前-（7）；（14）=（3）+K后-（8）。

表中（13）、（14）对于三等水准测量不得大于2 mm，对于四等水准测量不得大于3 mm。③高差计算与校核。

黑面高差　　　　（15）=（3）-（6）

红面高差　　　　（16）=（8）-（7）

黑、红面高差之差　　　　（17）=（15）-[（16）±0.1 m]

其不符值（17）对于三等水准测量不得超过3 mm，对于四等水准测量不得超过5mm。计算校核（17）=（14）-（13）

测站平均高差（18）=1/2 [（15）+（16）±0.1 m]

④每页测量记录的计算检核。为了检核计算的正确性，需要对每页记录进行以下计算检核：

视距部分 Σ(9)-Σ(10)=本页末站（12）-前页末站（12）

高差部分 Σ(15)=Σ(3)-Σ(6);Σ(16)=Σ(8)-Σ(7)

测站数为偶数 $\Sigma(18=1/2)\left[\sum(15)+\sum(16)\right]$

测站数为奇数 $\Sigma(18\pm0.1\text{m})=1/2\left[\sum(15)+\sum(16)\right]$

3. 成果计算

三、四等水准测量的观测成果的计算与前面等外水准测量介绍的方法相同。

8.3.2 三角高程测量

在山地测定控制点的高程，若采用水准测量速度慢而且困难大，故可采用三角高程测量的方法。常见的三角高程测量的方法有：电磁波测距三角高程测量和视距三角高程测量。电磁波测距三角高程测量适用于三、四等和图根高程网。视距高程三角测量一般适用于图根高程网。

1. 三角高程测量的主要技术要求

表8.8 电磁波测距三角高程测量的主要

等级	每千米高差全中误差 /mm	边长 /km	观测次数	对向观测高差较差 /mm	附和或环形闭合差 /mm
四等	10	≤1	对向观测	$40\sqrt{D}$	$20\sqrt{\sum D}$
五等	15	≤1	对向观测	$60\sqrt{D}$	$30\sqrt{\sum D}$

注：①D为电磁波测距边长度（km）；

②起讫点的精度等级，四等应起讫于不低于三等水准的高程点上，五等应起讫于不低

于四等的高程点上；

③线路长度不应超过相应等级水准路线的总长度。

2. 三角高程测量的原理

三角高程测量是根据两点间的水平距离和竖直角计算两点的高差。如图 8.19 所示，已知 A 点高程 HA，欲测定 B 点高程 HB，可在 A 点安置经纬仪，在 B 点竖立标杆，用望远镜中丝瞄准标杆的顶点 M，测得竖直角 a，量出标杆高 v 及仪器高 i，再根据 AB 之平距 D，则可算出 AB 之高差为

$$h_{AB} = D_{AB} \tan\alpha + i - v \tag{8.12}$$

B 点的高程为

$$H_B = H_A + h_{AB} = H_A + D\tan\alpha + i - v \tag{8.13}$$

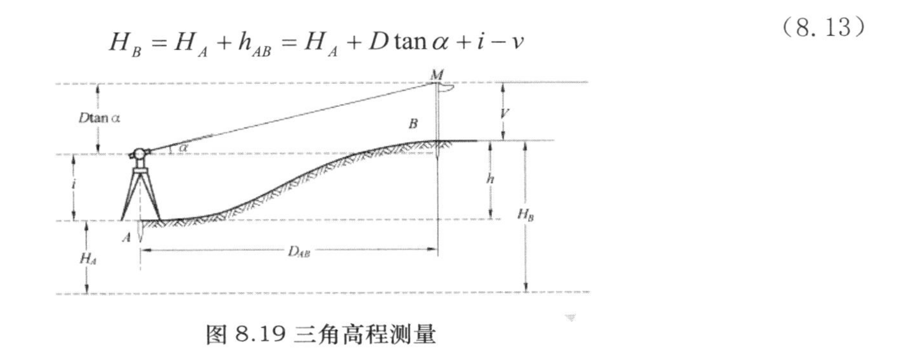

图 8.19 三角高程测量

3. 三角高程测量外业工作

①安置仪器于测站，量仪器高 i 和标杆（觇牌）高 v。注意仪器高和标杆高都要丈量两次，读至 5 mm，两次较差不大于 1 cm，取平均值。

②用经纬仪中横丝瞄准目标，将竖盘水准管气泡居中，读取竖盘读数，盘左、盘右观测为一测回。

③距离测量。光电测距三角高程测量应满足平面控制测量中对光电测距要求。视距三角高程测量一般只用于图根高程控制网上的图解支点，故其往返距离较差要求小于 1/200。三角高程测量，一般应进行往返观测，即由 A 点向 B 点观测（称为直觇），又由 B 向 A 观测（称为反觇），这样的观测，称为对向观测或称双向观测。

4. 三角高程测量内业工作

高差闭合差的计算方法与水准测量方法相同。若闭合差在允许范围内，按与边长成正比的原则，将闭合差反符号分配于各高差之中，然后用改正后的高差计算各点的高程。

附：GPS 控制测量简介

即全球卫星定位系统，是美国国防部于 1973 年 12 月正式批准陆、海、空三军共同研制的第二代卫星导航定位系统。该系统可提供一天 24 小时全球定位服务，能为用户提供高精度的七维信息（三维位置、三维速度、一维时间）。GPS 的建成是导航与定位史上的一

项重大成就，是继美国“阿波罗”登月飞船、航天飞机后的第三大航天工程。目前，GPS被广泛应用于地球动力学的研究、测绘、导航、军事、天气预报等领域。

全球卫星定位系统（GPS）是由空间星座部分、地面监控部分和用户设备部分等三大部分组成。三者都有各自独立的功能和作用，但却又是一个有机结合的整体系统。

1. 空间星座部分

全球卫星定位系统的空间星座部分由 24 颗卫星组成，其中包括 21 颗工作卫星和 3 颗在轨备用卫星。卫星分布在 6 个近圆形轨道面内，每个轨道面上有 4 颗卫星。卫星轨道相对地球赤道面的倾角为 55°，各轨道平面交点的赤经相差 60°。同一轨道上两卫星之间的升交角距相差 90°。轨道平均高度为 20 200 km，卫星运行周期 11 小时 58 分。卫星的这种布设方式，保证同时在地平线以上的卫星数目最少为 4 颗，最多达 11 颗，加之卫星信号的传播和接受不受天气的影响，因此 GPS 是一种全天候、全球性的连续实时定位系统。

在全球定位系统中，GPS 卫星的主要功能是：接受、存储和处理地面监控系统发来的导航信息及其他在轨卫星的概略位置；接受并执行地面监控系统发送的控制指令，如调整卫星姿态和启用备用时钟，备用卫星等。

2. 地面监控部分

GPS 的地面监控系统主要由分布在全球的五个地面站组成，按其功能分为主控站（MCS）、注入站（GA）和检测站（MS）。

主控站一个，设在美国科罗拉多的联合空间执行中心（CSOS）。主要负责协调和管理所有地面监控系统的工作，具体任务有：根据所有地面监测站的资料推算编制各卫星的星历，卫星钟差和大气层的修正参数等，并把这些数据和导航电文传到注入站；提供全球定位系统的时间基准；调整卫星状态和启用备用卫星等。

注入站又称地面天线站，其主要任务是通过一台直径为 3.6 m 的天线，将来自主控制站的卫星星历、钟差、导航电文和其他控制指令注入相应卫星的存储系统，并检测注入信息的正确性。注入站现有 3 个，分别设在印度洋、南太平洋和南大西洋的美军基地上。

上述 4 个地面站均具有监测站功能，除此之外还在夏威夷设有一个监测站，所以监测站共有 5 个。监测站的主要任务是连续观测和接受所有 GPS 卫星发出的信号并监测卫星的工作状态，将采集到的数据连同当地的气象观测资料和时间信息经初步处理后传送到主控站。

整个系统除主控站外均由计算机自动控制，不需人工操作。各地面站间由现代化通讯系统联系，实现了高度的自动化和标准化。

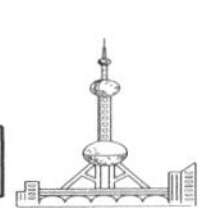

图 8.20 地面控制站

3. 用户设备部分

全球定位系统的用户设备部分包括 GPS 接收机硬件、数据接收软件和微处理机及其终端设备等。

GPS 信号接收机是用户设备部分的核心，一般由主机、天线和电源三部分组成，其主要功能是跟踪接收 GPS 卫星发射的信号，并进行变换、放大处理，以便测量出 GPS 信号从卫星到接收机天线的传播时间；解译导航电文，实时地计算出测站的三维位置，甚至三维速度和时间。

GPS 接收机根据用途可分为导航型、大地型和授时型三类。根据接收的卫星信号频率，又分为单频（L1）和双频（L1、L2）接收机。在精密定位测量中，一般采用大地型单频或双频接收机。单频接收机适用于 10 km 以内的定位工作，其相对定位精度能达到 5 mm+10-6× D（D 为基线长度）。双频接收机可以同时接收到卫星发送的两种频率的载波信号，可以进行大尺度的定位工作，其相对定位精度优于单频机，但内部构造复杂，价格较昂贵。

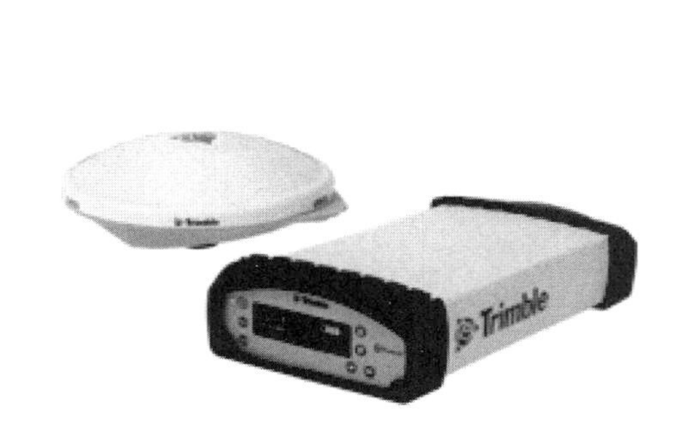

图 8.21 接收机

不论哪一种 GPS 定位，其观测数据必须进行后期处理，因此供应商都开发了功能完善的专用后期处理软件，用来解算测站点的三维坐标。

基础同步

一、填空题

1. 导线的布设形式有（　　）。

A. 一级导线、二级导线、图根导线

B. 单向导线、往返导线、多边形导线

C. 闭合导线、附合导线、支导线

D. 单向导线、附合导线、图根导线

2. 导线测量的外业工作不包括（　　）。

A. 选点　　B. 测角　　C. 量边　　D. 闭合差调整

3. 闭合导线观测转折角一般是观测（　）。

A. 左角　　B. 右角　　C. 外角　　D. 内角

4. 五边形闭合导线，其内角和理论值应为（　　）。

A. 360°　　B. 540°　　C. 720°　　D. 900°

5. 实测四边形内角和为 359° 59′ 24″，则角度闭合差及每个角的改正数为（　）。

A. + 36″、－ 9″　　B. － 36″、＋ 9″

C. + 36″、＋ 9″　　D. － 36″、－ 9″

二、选择题

1. 闭合导线点位布置，通过观测左夹角来完成导线测量，导线点的点号编号应（　）。

A. 顺时针进行　　B. 逆时针进行　　C. 交替进行　　D. 与编号顺序无关

2. 闭合导线水平角观测，一般应观测（　）。

A. 内角　　B. 外角　　C. 左角　　D. 右角

3. 关于导线测量精度，说法正确的是（　）。

A. 闭合导线精度优于附合导线精度

B. 角度闭合差小，导线精度高

C. 导线全长闭合差小，导线精度高

D. 导线全长相对闭合差小，导线精度高

4. 闭合导线坐标增量调整后，坐标增量之和应等于（　）。

A. 0

B. 坐标增量闭合差

C. 坐标增量闭合差的相反数

D. 导线全长闭合差

5. 导线全长闭合差指的是（　）。

A. 导线从起点根据观测值推算至终点坐标，其值与终点理论值之差

B. 导线从起点根据观测值推算至终点坐标，终点理论值与推算值之差

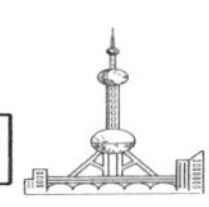

C. 导线从起点根据观测值推算至终点坐标，推算坐标点与终点之距离

D. 导线从起点根据观测值推算至终点坐标，其值与起点之距离

6. 不属于导线布设形式的是（　）。

A. 闭合导线　　B. 附合导线　　C. 图根导线　　D. 支导线

7. 已知一导线 fx =+0.06 m，fy =-0.08 m，导线全长为 392.90 m，其中一条边 AB 距离为 80m，则坐标增量改正数分别为（　）。

A. -1 cm，-2 cm　　B. +1 cm，+2 cm

C. -1 cm，+2 cm　　D. +1 cm，-2 cm

8. 为了增加支导线检核条件，常采用（　）。

A. 左、右角观测　　B. 边长往返测量

C. 增加角度观测测回数　　D. 两人独立计算检核

9. 导线从一已知边和已知点出发，经过若干待定点，到达另一已知点和已知边的导线是（　）。

A. 附合导线　　B. 闭合导线　　C. 支导线　　D. 导线网

10. 闭合导线角度闭合差指的是（　）。

A. 多边形内角观测值之和与理论值之差

B. 多边形内角和理论值与观测值和之差

C. 多边形内角观测值与理论值之差

D. 多边形内角理论值与观测值之差

11. 导线内业计算时，发现角度闭合差附合要求，而坐标增量闭合差复算后仍然远远超限，则说明（　）有误。

A. 边长测量　　B. 角度测算　　C. 连接测量　　D. 坐标计算

12. 附合导线的转折角，一般用（　）进行观测。

A. 测回法　　B. 方向观测法　C. 三角高程法　D. 二次仪器高法

13. 在新布设的平面控制网中，至少应已知（　）才可确定控制网的方向。

A. 一条边的坐标方位角　　B. 两条边的夹角

C. 一条边的距离　　D. 一个点的平面坐标

14. 五边形闭合导线，其内角和理论值应为（　）。

A. 360°　　B. 540°　　C. 720°　　D. 900°

15. 实测四边形内角和为 359° 59′ 24″，则角度闭合差及每个角的改正数为（　）。

A. + 36″ 、 - 9″　B. - 36″ 、 + 9″　C. + 36″ 、 + 9″　D. - 36″ 、 - 9″

16. 国家标准《工程测量规范》（GB50026-2007）规定，图根导线宜采用 6″ 级经纬仪（ ）测回测定水平角

A. 半个　　B. 1 个　　C. 2 个　　D. 4 个

17. 导线测量的左、右角之和为（　）度。

A. 180　　B. 90　　C. 0　　D. 360

18. 衡量导线测量精度标准是（　）。

A. 角度闭合差

B. 坐标增量闭合差

C. 导线全长闭合差

D. 导线全长相对闭合差

19. 经纬仪导线指的是经纬仪测角，（　）导线。

A. 测距仪测距　B. 钢尺量距　C. 视距法测距　D. 皮尺量距

20. 下列测量工作，（　）不属于导线测量的内容。

A. 选点埋石　B. 水平角测量　C. 水平距离测量　D. 垂直角测量

21. 导线测量的外业工作有（　）。

A. 选点埋石、水平角测量、水平距离测量

B. 埋石、造标、绘草图

C. 距离测量、水准测量、角度测量

D. 角度测量、距离测量、高差测量

22. 导线测量起算条件至少需要（　）。

A. 一个已知点和一个已知方向　B. 两个已知方向

C. 两个已知点和两个已知方向　D. 一个已知点

23. 在测区内布置一条从一已知点出发，经过若干点后终止于另一已知点，并且两端与已知方向连接的导线是（　）。

A. 闭合导线　B. 附合导线　C. 支导线　D. 导线网

24. 为了保证导线点精度和正确性，（　）导线应进行左、右角观测。

A. 闭合　B. 附合　C. 支　D. 一级

25. 附合导线水平角观测，一般应观测（　）。

A. 内角　B. 外角　C. 左角　D. 右角

26. 六边形闭合导线，其内角和理论值应为（　）。

A. 360°　B. 540°　C. 720°　D. 900°

27. 坐标反算是根据直线的起、终点平面坐标，计算直线的（　）。

A. 斜距与水平角　B. 水平距离与方位角

C. 斜距与方位角　D. 水平距离与水平角

28. 直线方位角与该直线的反方位角相差（　）。

A. 180°　B. 360°　C. 90°　D. 270°

29. 直线 AB 的坐标方位角为 190°18′52″，用经纬仪测右角 $\angle ABC$ 的值为 308°07′44″，则 BC 的坐标方位角为（　）。

A. 62°11′08″　B. −117°48′52″

C. 242°11′08″　D. −297°11′08″

30. 某直线的坐标方位角为 163° 50′ 36″，则其反坐标方位角为（　）。

A. 253° 50′ 36″　　B. 196° 09′ 24″

C. -16° 09′ 24″　　D. 343° 50′ 36″

31. 设 AB 距离为 200.23 m，方位角为 121° 23′ 36″，则 AB 的 x 坐标增量为（　）m。

A. -170.919　B. +170.919　C. +104.302　D. -104.302

32. 测定点平面坐标的主要工作是（　）。

A. 测量水平距离　B. 测量水平角　C. 测量水平距离和水平角　D. 测量竖直角

33. 导线测量角度闭合差的调整方法是反号按（　）分配。

A. 角度个数平均　B. 角度大小比例 C. 边数平均　D. 边长比例

34. 附合导线与闭合导线坐标计算的主要差异是（　）的计算。

A. 坐标增量与坐标增量闭合差

B. 坐标方位角与角度闭合差

C. 坐标方位角与坐标增量

D. 角度闭合差与坐标增量闭合差

35. 导线转折角一般采用（　）观测。

A. 测回法　B. 复测法　C. 方向法　D. 全圆方向法

36. 导线从已知点出发，经过若干待定点，又回到起始已知点的导线是（　）。

A. 附合导线　B. 闭合导线　C. 支导线　D. 导线网

37. 闭合导线内角的观测值分别为 138°23′45″，113°19′32″，93°56′21″，144°08′12″，50° 11′ 38″，则该导线的角度闭合差为（　）。

A. +32″　B. -32″　C. +28″　D. -28″

三、计算题

1. 已知某附合导线坐标增量闭合差为 fx =0.08 m，fy =0.05 m，导线全长为 5 km，求导线全长闭合差及全长相对误差，该导线是否符合图根导线技术要求？

2. 某闭合导线，其横坐标增量总和为 -0.35 m，纵坐标增量总和为 +0.46 m，如果导线总长度为 1216.38 m，试计算导线全长相对闭合差和边长每 100 m 的纵、横坐标增量改正数？

四、实训提升

整理下表中的四等水准测量观测数据。

表 8.9 四等水准测量记录整理

测站编号	后尺 下丝 上丝	前尺 下丝 上丝	方向及尺号	标尺读数		K+黑减红	高差中数	备考
	后距	前距		后视	前视			
	视距差 d	Σ d		黑面	红面			
1	1979	0738	后	1718	6405	0		K1=4.687 K2=4.787
	1457	0214	前	0476	5265	−2		
	52.2	52.4	后－前	+1.242	+1.140	+2	1.241	
	−0.2	−0.2						
2	2739	0965	后	2461	7247			
	2183	0401	前	0683	5370			
			后－前					
3	1918	1870	后	1604	6291			
	1290	1226	前	1548	6336			
			后－前					
4	1088	2388	后	0742	5528			
	0396	1708	前	2048	6736			
			后－前					
检查计算								

项目九 地形图的基本知识

9.1 概述

人类使用地图已经有了很悠久的历史。但是直到近代，地图才作为文档印刷出来。地图通过在在纸或羊皮上等其他材料上绘制道路、居民点和自然要素等——如此，便得到了用以描述真实世界的平面图。随着地图学实践的发展，人类学会了使用种类繁多并且富有创造性地使用多个图层来表达现实世界。地图学也积累了其中有很多描述要素的方法，用以要素分类、标识识别、地球表面的形状以或者资源与商品的流动。现代地图中仍然沿用了许多古代地图的表达方法，如，用双线表示道路、用文字作注记、用蓝色表示水体等。随着计算机的普及和地理信息系统（GIS）技术的发展，地图已成为人们非常熟悉的印刷品，并且地图也能在计算机上交互地可视化显示。

地形图是普通地图的一种，它是较全面地、客观地反映地面情况的可靠资料。从图上我们可以了解到一个地区的高低起伏、坡度变化、建筑物的相关位置、道路交通、农田水利及森林牧场等状况，并可在图上量算距离、面积、土方及坡度等。因此，地形图在经济建设、国防建设和日常生活中得到了广泛的应用。

图 9.1 地形图

地形图（图 9.1）是通过实地测量，将地面上各种地物和地貌的平面位置和高程沿垂直方向投影在水平面上，并按一定的比例尺，用《地形图图式》统一规定的符号和注记，将其缩绘在图纸上的平面图形，这种表示地物的平面位置和地貌起伏情况的图，称为地形图。它既表示出地物的平面位置，又表示出地貌形态的情况。在图上主要表示地物平面位置的地形图，称为平面图。由于地形图能客观地反映地面的实际情况，特别是大比例尺（即 1 ∶ 500、1 ∶ 1000、1 ∶ 2000、1 ∶ 5000 等）地形图，所以各项经济建设和国防工程建设都在地形图上进行规划和设计。

9.2 地形图比例尺

地形图上任一线段的长度与地面上相应线段的实际水平长度之比，称为地形图的比例尺。对于地图来说，比例尺是其重要的数学法则，决定着地图的图形大小，测制精度和内容的详细程度。

比例尺 = 图上距离 / 实际距离

比例尺分为数字比例尺和图示比例尺、复式比例尺三类。

9.2.1 数字比例尺

数字比例尺数字比例尺一般用分子为 1 的分数形式表示。设图上某一线段的长度为 d，地面上相应线段的水平长度为 D，则图的比例尺为

$$\frac{d}{D}=\frac{1}{\frac{D}{d}}=\frac{1}{M} \tag{9-1}$$

比例尺的大小是以比例尺的比值来衡量的，分数值越大（分母 M 越小），比例尺越大。

9.2.1 图示比例尺

图示比例尺为了用图方便，以及减弱由于图纸伸缩而引起的误差，在绘制地形图时，常在图上绘制图示比例尺，如图 9.2 所示。

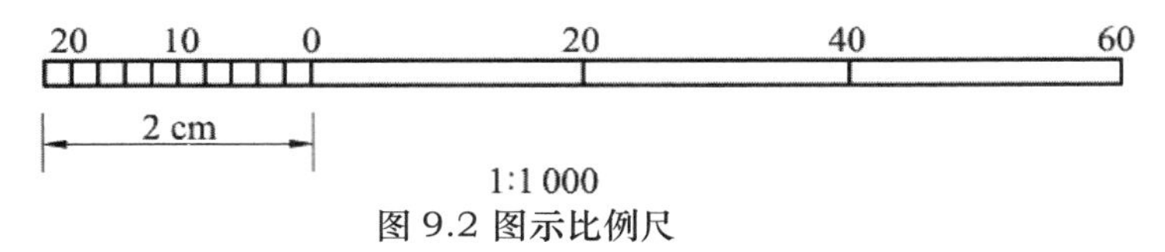

图 9.2 图示比例尺

使用时，用分规的两脚尖对准衡量距离的两点，然后将分规移至图示比例尺上，使一个脚尖对准“0”分划右侧的整分划线上，而使另一个脚尖落在“0”分划线左端的小分划段中，则所量的距离就是两个脚尖读数的总和，不足一小分划的零数可用目估。

9.2.3 复式比例尺

绘制地图必须用地图投影来建立数学基础，但每种投影都存在着变形，在大于 1:100 万的地形图上，投影变形非常微小，故可用同一个比例尺——主比例尺表示或进行量测；但在广大地区更小比例尺地图上，不同的部位则有明显的变形，因而不能用同一比例尺表示和量测。故根据投影变形和地图主比例尺绘制成复式比例尺，才能进行合理的量算。

复式比例尺系由主比例尺与局部比例尺组合成的比例尺，故又称投影比例尺，图图 9.3 所示。复式比例尺由主比例尺的尺线与若干条局部比例尺构成，分有经线比例尺和纬线比例尺两种。

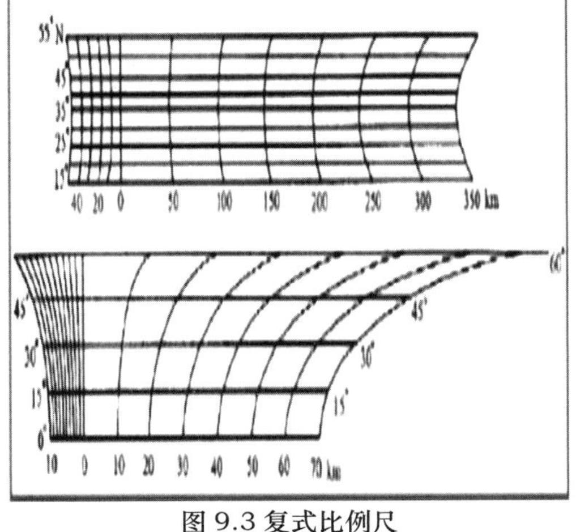

图 9.3 复式比例尺

9.2.4 比例尺精度

一般认为，人的肉眼能分辨的图上最小距离是 0.1 mm，因此通常把图上 0.1 mm 所表示的实地水平长度，称为比例尺精度。

根据比例尺精度，可以确定在测图时量距应准确到什么程度：

例如，测绘 1:1000 比例尺的地形图时，其比例尺精度为 0.1 m，因此量距的精度只需到 0.1 m，小于 0.1 m 在图上显示不出来。

当设计规定需要在图上能量出的实地最短长度时，根据比例尺精度，可以确定测图比例尺：

例如，欲使图上能量出的实地最短线段长度为 0.5 m，则采用的比例尺不得小于 0.1 mm/0.5 m=1/5000。

但是必须指出，采用哪一种比例尺测图，应从工程规划、施工实际需要的精度出发。

9.3 地物符号与地貌符号

地形图是通过实地测量，将地面上各种地物和地貌的平面位置和高程沿垂直方向投影在水平面上，并按一定的比例尺，用《地形图图式》统一规定的符号和注记，将其缩绘在图纸上的平面图形，它既表示出地物的平面位置，又表示出地貌形态的情况。国家测绘总局颁发的《地形图图式》统一了地形图的规格要求、地物、地貌符号和注记，供测图和识图时使用。

9.3.1 地物符号

①比例符号。对于轮廓较大的地物，按比例尺将其形状、大小和位置缩绘在图上以表达轮廓性的符号。一般是用实线或点线表示，如房屋、湖泊、森林等。

②非比例符号。对于轮廓较小且具有特殊意义的地物，不能按比例尺缩绘在图上时，采用规定的符号来表示，如三角点、水准点、烟囱等。

③半比例符号。一些呈线状延伸的地物，其长度能按比例缩绘，而宽度不能按比例缩绘的符号，如铁路、公路、围墙、通讯线等。其中心线一般表示实地地物的中心位置。

④地物注记。对一些地物的性质、名称等加以注记和说明的文字、数字或特定的符号，如房屋的层数、河流的名称、流向；村庄的名称；控制点的点号、高程；地面的植被种类等。

9.3.2 地貌符号

在图上表示地貌的方法很多，而测量工作中通常用等高线表示，因为用等高线表示地貌，不仅能表示地面的起伏形态，而且还能表示出地面的坡度和地面点的高程。

1. 等高线

等高线是地面上高程相同的点所连接而成的连续闭合曲线，如图 9.4 所示。

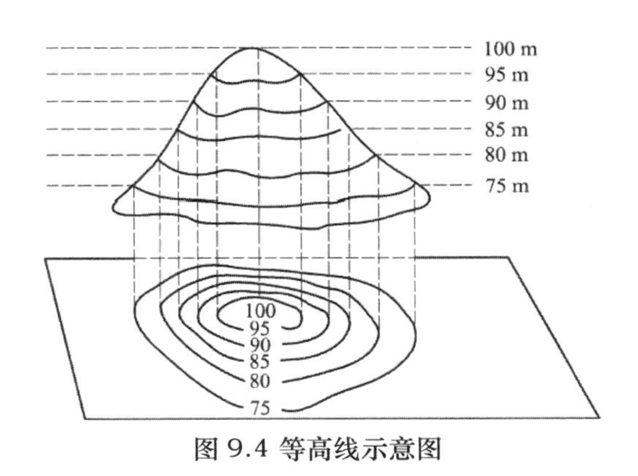

图 9.4 等高线示意图

2. 等高距和等高线平距

相邻等高线之间的高差称为等高距，常以 h 表示。图 9.4 中的等高距为 5　m。在同一幅地形图上，等高距是相同的。

相邻等高线之间的水平距离称为等高线平距，常以 d 表示。等高线平距 d 的大小直接与地面坡度有关。等高线平距越小，地面坡度就越大；等高线平距越大，则坡度越小。同时还可以看出：等高距越小，显示地貌就越详细；等高距越大，显示地貌就越简略。但是，当等高距过小时，图上的等高线密集，将会影响图面的清晰。因此，在测绘地形图时，等高距的大小是根据测图比例尺与测区地形情况来确定的（参见表 9.1）。

地貌形态的类别划分根据地面坡度大小确定：平坦地:20 以下；丘陵地:20 ～ 60 ；山地:60-250 ；高山地：250 以上。

表 9.1 大比例尺地形图基本等高距（m）

地貌类型	比例尺			
	1:500	1:1000	1:1000	1:5000
平坦地	0.5	0.5	1	2
丘陵地	0.5	1	2	5
山地	1	1	2	5
高山地	1	2	2	5

3. 几种典型地貌的表示方法

了解和熟悉典型地貌的等高线特征，对于提高识读、应用和测绘地形图的能力很有帮助。

（1）山丘和洼地

山丘的等高线特征如图 9.5（a）所示，洼地的等高线特征如图 9.5（b）所示。山丘与洼地的等高线都是一组闭合曲线，但它们的高程注记不同。内圈等高线的高程注记大于外圈者为山丘；反之，小于外圈者为洼地。也可以用示坡线表示山丘或洼地。示坡线是垂直于等高线的短线，用以指示坡度下降的方向。

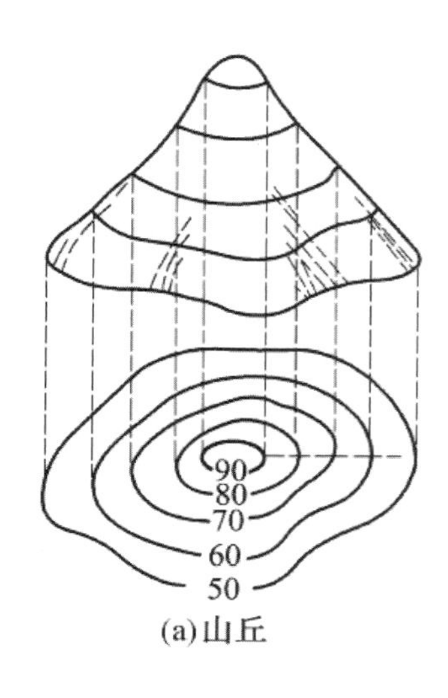

(a)山丘

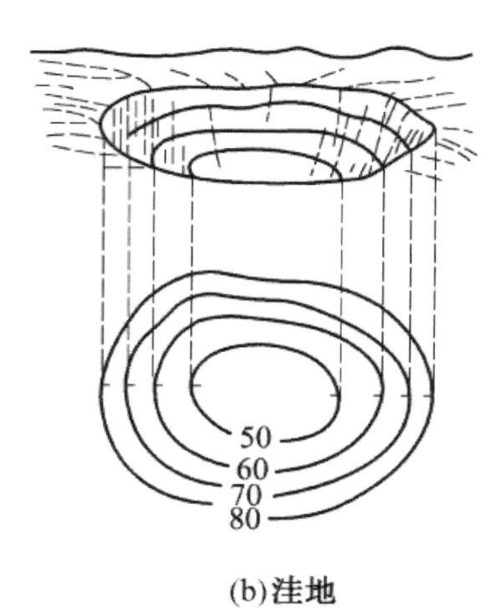

(b)洼地

图 9.5 山丘和洼地

（2）山脊和山谷

从山顶向某个方向延伸的高地为山脊，山脊的最高点连线称为山脊线。其等高线特征表现为一组凸向低处的曲线，如图 9.6 所示。

相邻山脊之间的凹部为山谷，山谷中最低点的连线称为山谷线。其等高线特征表现为一组凸向高处的曲线，如图 9.7 所示。

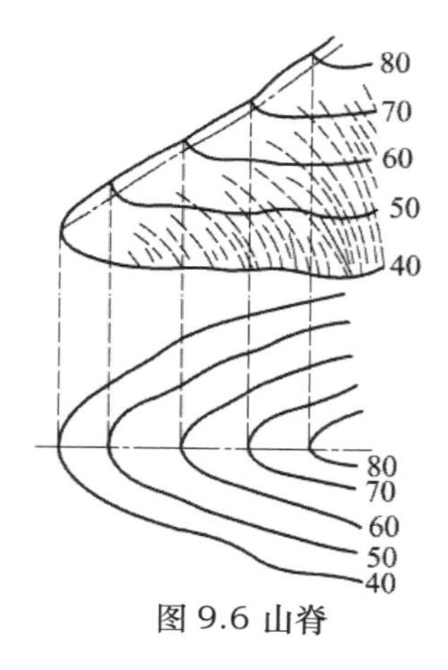

图 9.6 山脊

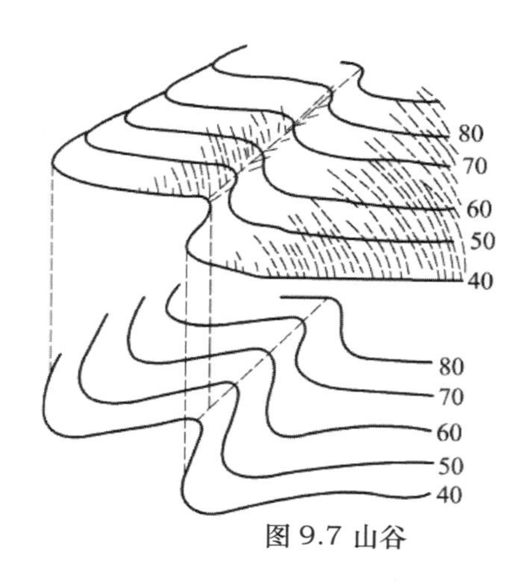

图 9.7 山谷

（3）鞍部

鞍部是相邻两山头之间呈马鞍形的低凹部位。其等高线特征是在一圈大的闭合曲线内，套有两组小的闭合曲线，如图 9.8 中的 S。

（4）陡崖和悬崖

坡度在 70° 以上或为 90° 的陡峭崖壁，采用陡崖符号来表示，如图 9.9（a）、图 9.9（b）所示。

悬崖是上部突出，下部凹进的陡崖。上部的等高线投影到水平面时，与下部的等高线

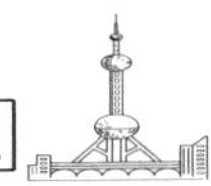

相交，下部凹进的等高线用虚线表示，如图 9.9（c）所示。

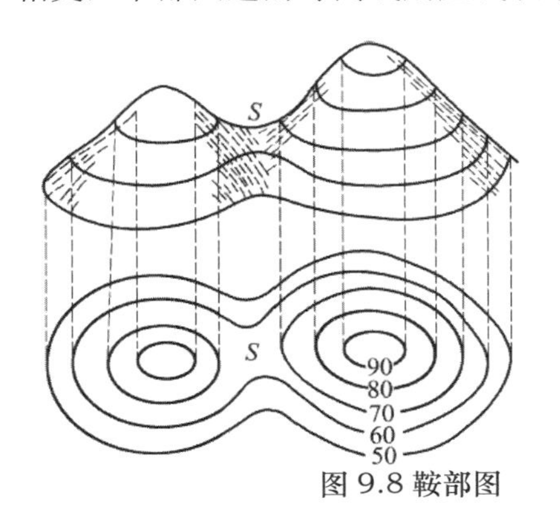

图 9.8 鞍部图

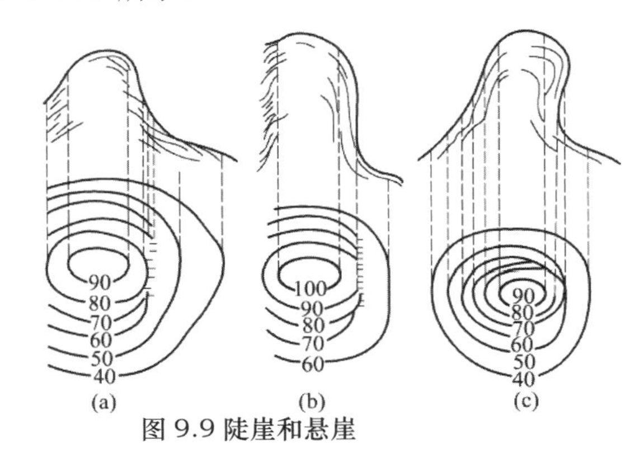

图 9.9 陡崖和悬崖

4. 等高线的分类

①首曲线：在同一幅地形图上，按基本等高距描绘的等高线。用 0.15 mm 的细实线绘出，如图 9.10 中 98 m、102 m、104 m、106 m、108 m 的等高线。

②计曲线：为了计算和用图的方便，每隔四条基本等高线加粗描绘的等高线。用 0.3 mm 的粗实线绘出，如图 9.10 中 100 m 等高线。

③间曲线：为了显示首曲线不便于表示的地貌，按 1/2 基本等高距描绘的等高线。用 0.15 mm 的细长虚线表示，描绘时可不闭合，如图 9.10 中高程为 101 m、107 m 的等高线。

④助曲线：有时为了显示局部地貌的变化，按 1/4 基本等高距描绘的等高线。用 0.15 mm 的细短虚线表示，描绘时可不闭合。

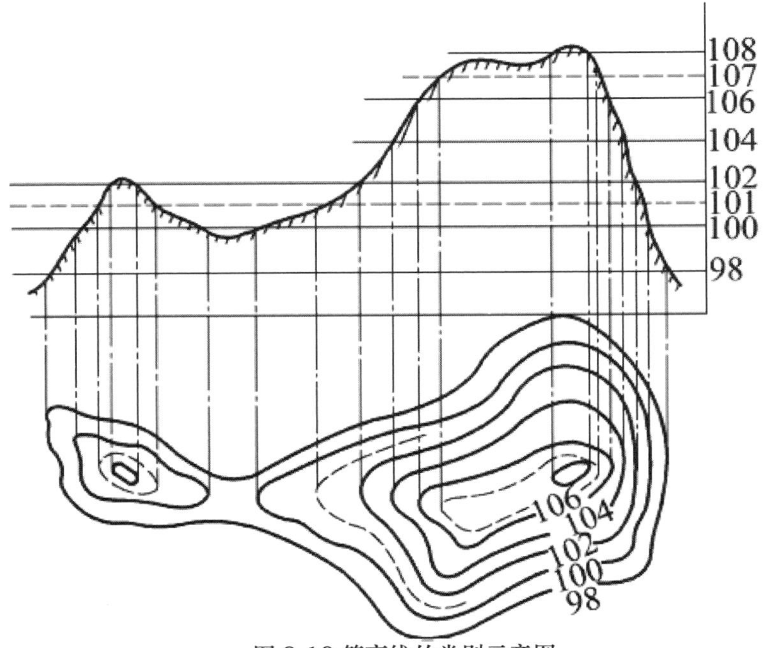

图 9.10 等高线的类别示意图

5. 等高线的特性

①同一条等高线上各点的高程相等。

②等高线是闭合曲线，不能中断，如果不在同一幅图内闭合，则必定在相邻的其他图幅内闭合。

③等高线只有在绝壁或悬崖处才会重合或相交。

④等高线经过山脊或山谷时改变方向，因此山脊线与山谷线应和改变方向处的等高线的切线垂直相交。

9.4 地形图图外注记

9.4.1 地形图的内容

可归纳为四类：数学要素、地形要素、整饰要素、注记要素。

①数学要素：指构成地图的数学基础。例如地图投影、比例尺、控制点、坐标网、高程系、地图分幅等。这些内容是决定地图图幅范围、位置，以及控制其他内容的基础。

②地形要素：是指地图上表示的具体地理位置、分布特点的自然现象和社会现象。因此，又可分为自然要素（如水文、地貌、土质、植被）和社会经济要素（如居民地、交通线、行政境界等）。

③整饰要素、注记要素：主要指便于读图和用图的某些内容。例如：图名、图号、图例和地图资料说明，以及图内各种文字、数字注记等。

9.4.2 地形图图外注记

为了图纸管理和使用的方便，在地形图的图框外有许多注记，如图名、图号、接图表、图廓、坐标格网、南北方向线和坡度尺等。

图名就是本幅图的名称，常用本图幅内最主要的地名来命名。图号即图的编号。图名和图号标在本图廓上方的中央。

接合图表说明本图幅与相邻图幅的关系，供索取相邻图幅时使用。图廓是图幅四周的范围线。矩形图幅有内图廓和外图廓之分。内图廓是地形图分幅时的坐标格网线，也是图幅的边界线。外图廓是距内图廓以外一定距离绘制的加粗平行线，仅起装饰作用。在内图廓外四角处注有坐标值，并在内图廓线内侧，每隔 10 cm 绘有 5 mm 的短线，表示坐标格网线位置。在图幅内每隔 10 cm 绘有坐标格网交叉点。

另外，在地形图的左下方还应标明地形图所采用的坐标系统、高程系统、测绘时间等。

9.5 地形图的应用

9.5.1 大比例尺地形图的基本应用

1. 点位平面坐标的量测

如图 9.11 所示，欲求图上 A 点的坐标，首先根据图上坐标注记和 A 点的图上位置，绘出坐标方格 $abcd$，其西南角 a 点的坐标为(x_a, y_a)，过 A 点作坐标方格的平行线，再量出 ag 和 ae 的长度，则 A 点的坐标为

$$\begin{cases} x_A = x_a + ag \times M \\ y_A = y_a + ae \times M \end{cases} \tag{9-2}$$

式中 M——地形图比例尺分母。

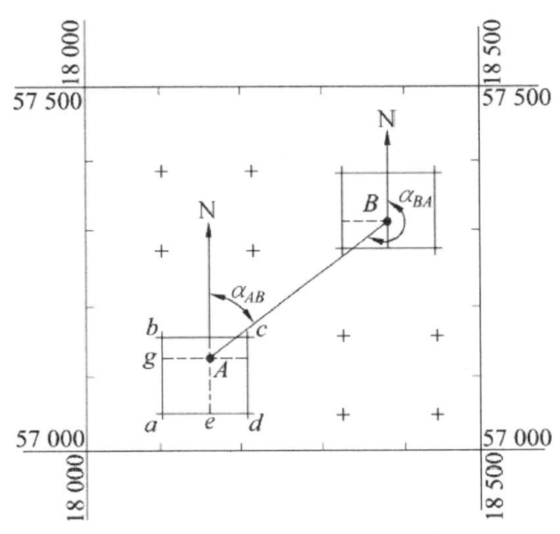

图 9.11 地形图应用的基本内容示意图

2. 两点间水平距离的量测

①图解法

如图 9.11 所示，欲求 A 、 B 两点间的距离，可以直接用直尺量取 A 、 B 两点间的图上长度 d_{AB} ，再根据比例尺计算两点间的距离 D_{AB} 。即

$$D_{AB} = d_{AB} \times M \tag{9-3}$$

也可以用卡规在图上直接卡出线段长度，再与图示比例尺比量，得出图上两点间的水

平距离。

②解析法

如图 9.11 所示，先按式（9-1）求出 A 、 B 两点的坐标值，然后按下式计算出两点间的距离

$$D_{AB}=\sqrt{(x_B-x_A)^2+(y_B-y_A)^2}=\sqrt{\Delta x_{AB}{}^2+\Delta y_{AB}{}^2} \tag{9-4}$$

一般来说，解析法求距离的精度高于图解法的精度，但图解法方便、直接，若地形图上绘有图示比例尺时，用图解法量取两点间的距离，既方便，又能保证精度。

3. 直线坐标方位角的量测

①图解法

如图 9.11 所示，过 A 、 B 两点分别作坐标纵轴的平行线，然后用测量专用量角器量出 α_{AB} 和 α_{BA} ，取其平均值作为最后结果，即

$$\overline{\alpha}_{AB}=\frac{1}{2}\left[\alpha_{AB}+(\alpha_{BA}\pm180^\circ\right] \tag{9-5}$$

这种方法受量角器最小分划的限制，精度不高，但比较方便。

②解析法

如图 9.11 所示，先求出 A 、 B 两点的坐标值，然后按下式计算 AB 直线的方位角 α_{AB}

$$\alpha_{AB}=\arctan\frac{\Delta y_{AB}}{\Delta x_{AB}}=\arctan\frac{y_B-y_A}{x_B-x_A} \tag{9-6}$$

由于坐标量算的精度比角度量测的精度高，因此解析法获得的方位角比图解法的精度高。

4. 点位高程的确定

如图 9.12 所示，如果某点 A 正好处在等高线上，则 A 点高程与该等高线的高程相同，即 HA =38 m。若某点 B 不在等高线上，而位于 42 m 和 44 m 两根等高线之间，则应根据比例内插法确定该点的高程，这时可通过 B 点作一条大致垂直于相邻两等高线的线段 mn，量取 mn 和 nB 的长度，按下式计算 B 点的高程

$$H_B=H_n+\frac{nB}{mn}\times h \tag{9-7}$$

式中， h ——等高距（单位为 m）；

H_n —— n 点的高程。

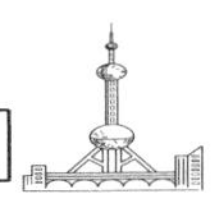

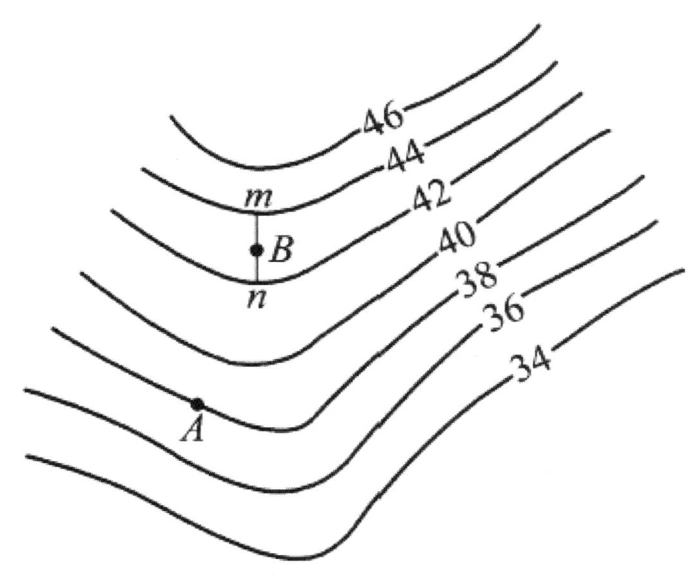

图 9.12 地形图上点位高程的确定

5. 直线坡度的确定

如图 9.12 所示，若求 A、B 两点间的坡度，必须先用式（9-7）求出两点的高程，则 AB 直线的平均坡度为

$$i=\frac{h_{AB}}{D_{AB}}=\frac{H_B-H_A}{D_{AB}} \tag{9-8}$$

式中 h_{AB}——A、B 两点间的高差；

D_{AB}——A、B 两点间的实际水平距离。

坡度 i 通常用百分率（%）或千分率（‰）表示。

9.5.2 工程建设中的地形图应用

1. 按一定方向绘制纵断面图

在道路、管道等工程设计中，为进行填挖土（石）方量的概算或合理地确定线路的纵坡等，均需较详细地了解沿线方向上的地面起伏情况，为此常根据大比例尺地形图的等高线绘制沿线方向的断面图。

如图 9.13（a）所示，若要绘制 MN 方向的断面图，具体步骤如下：

①在图纸上绘制一直角坐标，横轴表示水平距离，纵轴表示高程。水平距离的比例尺与地形图的比例尺一致。为了明显地反映地面的起伏情况，高程比例尺一般为水平距离比例尺的 10 ～ 20 倍，如图 9.13（b）所示。

②在纵轴上标注高程，在横轴上适当位置标出 M 点。将直线 MN 与各等高线的交点 a，b，…，p 以及 N 点，按其与 M 点之间的距离转绘在横轴上。

③根据横轴上各点相应的地面高程，在坐标系中标出相应的点位。

④把相邻的点用光滑的曲线连接起来，便得到地面直线MN的断面图，如图9.13(b)所示。

2. 按限制坡度选择最短线路

在道路、管线等工程规划设计中，均有指定的坡度要求。

在地形图上选线时，先按规定坡度找出一条最短路线，然后综合考虑其他因素，获得最佳设计路线。

如图9.14所示，欲在A和B两点间选定一条坡度不超过i的线路，设图上等高距为h，地形图的比例尺为1 ：M，由下式可得线路通过相邻两条等高线的最短距离为

$$d=\frac{h}{i\times M} \tag{9-9}$$

在图上选线时，以A点为圆心，以d为半径画弧，交84 m等高线于1点，再以1点为圆心，以d为半径画弧，交86m等高线于2点，依次画弧直至B点。将这些相邻的交点依次连接起来，便可获得同坡度线A，1，2，…，B。为进行方案比较，在图上尚可沿另一方向定出第二条路线A，1′，2′，…，B。最后通过实地调查比较，综合考虑各种因素对工程的影响，如少占耕地，避开不良地质，土石方工程量小，工程费用最少等进行修改，从而选定一条最合理的路线。

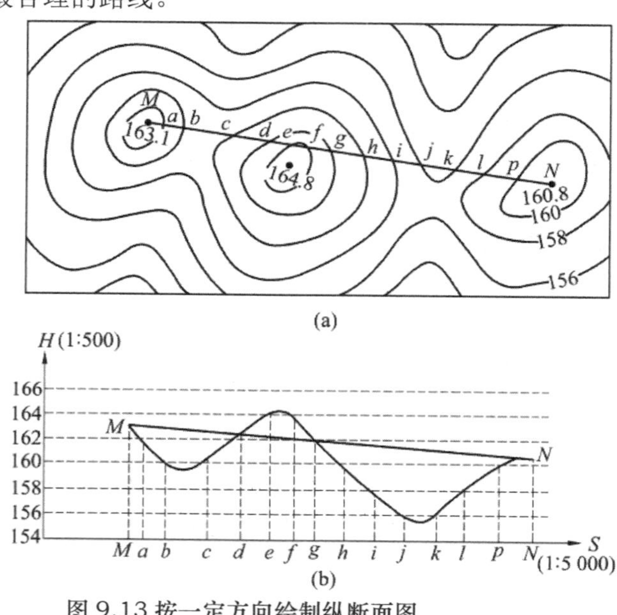

图9.13 按一定方向绘制纵断面图

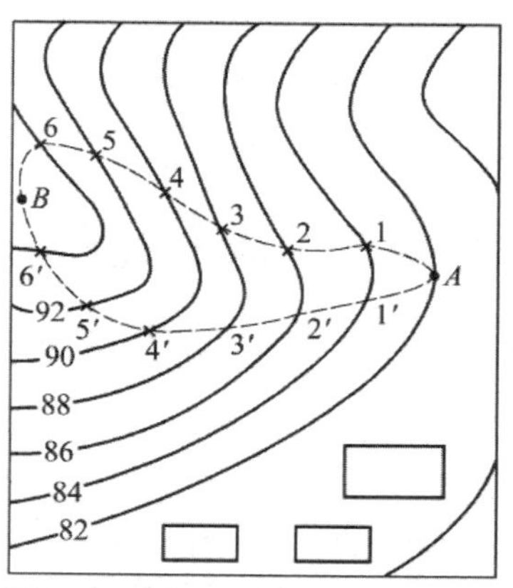

图9.14 按限定坡度选择最短路线

3. 确定汇水范围

在设计桥梁、涵洞和排水管道等工程时，需要知道有多大面积的雨水汇聚到这里，这个面积叫汇水面积。确定汇水面积首先要确定汇水面积的边界线，即汇水范围。汇水范围的确定，是在地形图上自选定的断面起，沿山脊线或其他分水线而求得。如图9.15所示，

线路在 m 处要修建桥梁或涵洞，其孔径大小应根据流经该处的水量决定，而水量与山谷的汇水面积有关。由图 9.15 看出，公路 ab 断面与该山谷相邻的山脊线 bc、cd、de、ef、fg、ga 所围成的面积，就是该山谷的汇水面积，由山脊线 $bcdefga$ 所围成的闭合图形就是汇水范围的边界线。

4. 估算土石方量

在工程中，通常要对拟建地区的原地形作必要的改造，使改造后的地形适于布置和修建各类建筑物，并便于排泄地面水，满足交通运输和敷设地下管道的要求。为了使土（石）方工程合理，常要利用地形图来确定填、挖边界线和进行填、挖土（石）方量的概算。

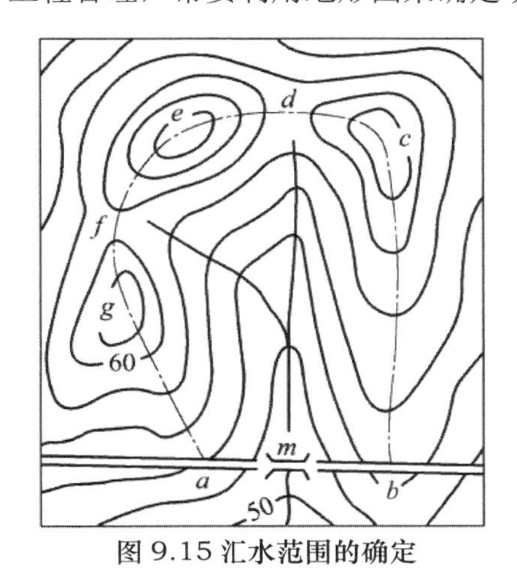

图 9.15 汇水范围的确定

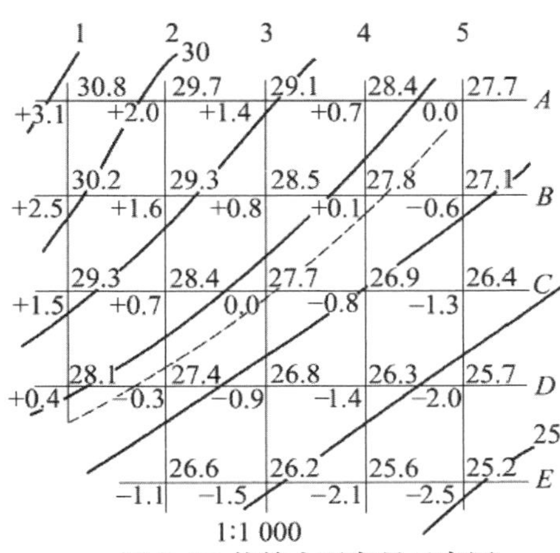

图 9.16 估算土石方量示意图

图 9.16 为 1 ∶ 1000 地形图，拟在图上将原地面平整成某一高程的水平面，使填、挖土（石）方量基本平衡。其步骤如下。

①绘制方格网

在地形图上拟建场地内绘制方格网，方格的大小根据地形复杂程度、地形图比例尺，以及要求的精度而选定。方格的方向尽量与边界方向、主要建筑物方向或施工坐标方向一致。一般取方格的实地边长为 10 m 或 20 m。各方格顶点按行（$A,B,C,\cdots$）列（1,2,3,…）编号。

②求各方格网点地面高

根据等高线高程，用目估内插法求出各方格点的地面高程，并注于方格点的右上方。

③计算设计高程

先将每一方格顶点的高程加起来除以 4，得到各方格的平均高程，再把每个方格的平均高程相加除以方格总数，就得到设计高程 H 设。

从图 9.16 可以看出：方格网的角点 A_1、A_5、E_5、E_2、D_1 的高程只用了一次，边点 A_2、A_3、A_4、B_1、C_1 等的高程用了两次，拐点 D_2 的高程用了三次，中点 B_2、B_3、B_4、C_2 等的高程用了四次，因此，设计高程的计算公式为

$$H_{设}=\frac{\sum H_{角}+2\sum H_{边}+3\sum H_{拐}+4\sum H_{中}}{4n} \tag{9-10}$$

④确定填挖边界线

在地形图上根据等高线，用目估内插法定出设计高程的高程点，即填挖边界点，叫零点。连接相邻零点的曲线（图 9.16 中虚线）即为填挖边界线。零点和填挖边界线是计算土方量和施工的依据。

⑤计算方格点填、挖高度

各方格点地面高程与设计高程之差，即为该点填、挖高度。

$$填、挖高度=地面高程-设计高程 \tag{9-11}$$

并注于相应方格点的左上角，“+”为挖深，“-”为填高。

⑥计算填、挖土石方量填、挖土（石）方量可按角点、边点、拐点和中点分别按下式计算：

角点：$$填（挖）高度\times\frac{1}{4}方格面积$$

边点：$$填（挖）高度\times\frac{2}{4}方格面积$$

拐点：$$填（挖）高度\times\frac{3}{4}方格面积$$

中点：$$填（挖）高度\times\frac{4}{4}方格面积$$

将填方和挖方分别求和，即得总填方和总挖方。

基础同步

一、填空题

1. 地形图的比例尺是 1:500，则地形图上 1 mm 表示地面的实际的距离为____________。
2. 比例尺为 1:2000 的地形图的比例尺精度是_______________。
3. 等高距是两相邻等高线之间的_______________。
4. 一组闭合的等高线是山丘还是盆地，可根据_______________来判断。

二、选择题

1. 地形是（　　）与地貌的统称。

A. 地表　　B. 地物　　C. 地理　　D. 地信

2. 地表面固定性的人为的或天然的物体称为（　　）。

A. 地表　　B. 地物　　C. 地理　　D. 地标

3. 地表面高低起伏的形态称为（　　）。

A. 地表　　B. 地物　　C. 地貌　　D. 地理

4. 下列地形图上表示的要素中，属于地物的是（　　）。

A. 平原　　B. 丘陵　　C. 山地　　D. 河流

5. 下列关于地形图的地貌，说法错误的是（　）。

A. 地貌是地表面高低起伏的形态

B. 地貌可以用等高线和必要的高程注记表示

C. 地貌有人为的也有天然的

D. 平面图上也要表示地貌

6. 倾斜 45° 以上 70° 以下的山坡是（　）。

A. 陡崖　B. 陡坡　C. 陡坎　D. 坡地

7. 四周高而中间低洼，形如盆状的地貌叫盆地，小范围的盆地是（　）。

A. 坑洼　B. 坑塘　C. 凹地　D. 池塘

8. 两谷坡相交部分叫谷底，谷底最低点连线称为（　）。

A. 等深线　B. 山脊线　C. 山谷线　D. 地性线

9. 坡度为 2 %，说明水平距离每延长 100 m，升高（　）。

A. 2 mm　B. 2 cm　C. 2 dm　D. 2 m

10. 地形图是按一定的比例尺，用规定的符号表示地物、地貌的（　）的正射投影图。

A. 形状和大小　B. 范围和数量　C. 平面位置和高程　D. 范围和属性

11. 地形图的内容可归纳为四类，除了地形要素、注记要素、整饰要素还包括（　）。

A. 地貌要素　B. 数字要素　C. 地物要素　D. 数学要素

12. 在大比例尺地形图上，坐标格网的方格大小是（　）。

A. 50 cm × 50 cm　B. 40 cm × 40 cm　C. 30cm × 30 cm　D. 10cm × 10 cm

13. 下列各种比例尺的地形图中，按照梯形分幅的是（　）比例尺的地形图。

A. 1:5000　B. 1:2000　C. 1:1000　D. 1:500

14. 同样大小图幅的 1:500 与 1:2000 两张地形图，其表示的实地面积之比是（　）。

A. 1:4　B. 1:16　C. 4:1　D. 16:1

15. 下列关于地物测绘的精度，说法错误的是（　）。

A. 地物测绘精度主要取决于特征点的测定精度

B. 在平地、丘陵地，图上的地物点相对附近图根点的平面位置中误差不大于图上 0.6mm

C. 在特殊困难地区，图上的地物点相对附近图根点的平面位置中误差可相应放宽 50%

D. 在城市建筑区，图上的地物点相对附近图根点的平面位置中误差不大于图上 0.8mm

16. 地形图上 0.1 mm 所代表的实地水平距离，称为（　）。

A. 测量精度　B. 比例尺精　C. 控制精度　D. 地形图精度

17. 比例尺为 1:2000 的地形图的比例尺精度是（　）。

A. 2 m　B. 0.2 m　C. 0.02 m　D. 0.002 m

18. 比例尺为 1:10000 的地形图的比例尺精度是（　）。

A. 10 m　B. 1 m　C. 0.1 m　D. 0.01 m

19. 下列关于地形图的比例尺，说法正确的是（　　）。

A. 分母大，比例尺小，表示地形详细

B. 分母小，比例尺大，表示地形详细

C. 分母大，比例尺大，表示地形概略

D. 分母小，比例尺小，表示地形概略

20. 供城市详细规划和工程项目的初步设计之用的是（　　）比例尺的地形图。

A. 1: 10000　　B. 1: 5000　　C. 1: 2000　　D. 1: 500

21. 地物符号表示地物的形状、大小和（　　）。

A. 特征　　B. 位置　　C. 数量　　D. 面积

23. 长度按照比例尺缩放，宽度不能按比例尺缩放的地物符号是（　　）。

A. 比例符号　　B. 半依比例符号 C. 非比例符号　　D. 注记符号

24. 下列地物中，最可能用比例符号表示的是（　　）。

A. 房屋　　B. 道路　　C. 垃圾台　　D. 水准点

25. 下列关于等高线的分类，说法错误的是（　　）。

A. 等高线分为首曲线、计曲线、间曲线、助曲线

B. 按 0.5 米等高距测绘的等高线称为半距等高线

C. 助曲线又称辅助等高线

D. 半距等高线是为了显示地貌特征而加绘的

26. 每隔四条首曲线而加粗描绘的一条等高线，称为（　　）。

A. 计曲线　　B. 间曲线　　C. 助曲线　　D. 辅助等高线

27. 按 1/2 基本等高距测绘的等高线，称为（　　）。

A. 计曲线　　B. 间曲线　　C. 助曲线　　D. 首曲线

28. 下列关于等高线的特性，说法错误的是（　　）。

A. 同一等高线上各点的高程相等

B. 等高线是闭合的，它不在本图幅内闭合就延伸或迂回到其他图幅闭合

C. 相邻等高线在图上的水平距离与地面坡度的大小成正比

D. 等高线与分水线及合水线正交

29. 等高线与分水线或合水线（　　）。

A. 重合　　B. 平行　　C. 正交　　D. 相邻

30. 加注（　　），可以区分坑洼与山头。

A. 间曲线　　B. 示坡线　　C. 地性线　　D. 山脊线

31. 地形图上等高线密集，表示实地的（　　）。

A. 地势陡峭　　B. 地势平缓　　C. 高程较大　　D. 高差较小

32. 等高距是相邻两条等高线之间的（　　）。

A. 高差间距　　B. 水平距离　　C. 实地距离　　D. 图上距离

33. 影响地形图图幅清晰和成图质量的是（　）。

A. 控制点过密　B. 等高距过小　C. 比例尺过大　D. 控制精度高

34. 山地测绘 1:1000 比例尺地形图，等高距选择（　）较为合适。

A. 0.5 m　B. 1 m　C. 1.5 m　D. 2 m

35. 相邻两条等高线在同一水平面上的垂直投影的距离，称为（　）。

A. 等高距　B. 等高线平距　C. 坡度　D. 高差

36. 测图时，等高距选择的越小，图上等高线（　）。

A. 密度越小　B. 平距越小　C. 测绘工作量越小　D. 反映实地地貌越准确

37. 在（　）上，量测某线段两端点间的距离及其高差，就可以计算出该线段的地面坡度。

A. 平面图　B. 影像图　C. 地形图　D. 航摄相片

38. 地面某线段的坡度可用该线段坡度角的（　）值以百分比形式表示。

A. 正弦　B. 余弦　C. 正切　D. 余切

39. 地面某线段的坡度等于该线段两端点的高差与（　）的比值。

A. 倾斜距离　B. 水平距离　C. 高程中数　D. 高程之和

40. 相邻等高线的水平距离与地面坡度的大小，二者的关系是（　）。

A. 成正比　B. 成反比　C. 相等　D. 无关系

41. 下列关于地形图的地物，说法错误的是（　）。

A. 地物位于地表面

B. 地物是相对固定的

C. 地物就是人为的物体

D. 地物可以按图式符号加注记表示在地形图上

42. 下列地形图上表示的要素中，不属于地物的是（　）。

A. 居民点　B. 道路　C. 盆地　D. 河流

43. 下列地形图上表示的要素中，属于地貌的是（　）。

A. 森林　B. 冲沟　C. 界线　D. 道路

44. 地形图的数学要素除了测图比例尺外，还有（　）。

A. 四周的图框　B. 测图的方法　C. 坐标格网　D. 图幅接合表

45. 水涯线与陡坎重合时，按照（　）表示。

A. 间隔 0.1 mm 分开

B. 间隔 0.2 mm 分开

C. 以水涯线代替陡坎线

D. 以陡坎线代替水涯线

46. 下列关于地形图的比例尺，说法错误的是（　）。

A. 地形测量中总是将实地尺寸缩小若干倍来描述，缩小的倍数就是比例尺分母

B. 图上距离、实地水平距离、比例尺，知道其中任意两个即可求得第三个

C. 图上两点间的距离与其实地距离之比，称为图的比例尺

D. 图的比例尺一般用分子为一的分数表示

47. 图上两点间的距离与其实地（　）之比，称为图的比例尺。

A. 距离　　B. 高差　　C. 水平距离　　D. 球面距离

48. 对地物符号的说明或补充的符号是（　）。

A. 比例符号　　B. 线形符号　　C. 地貌符号　　D. 注记符号

49. 下列地物中，不可能用比例符号表示的是（　）。

A. 房屋　　B. 道路　　C. 路标　　D. 窑洞

50. 用非比例符号表示的地物，需要准确表示地物的（　）。

A. 大小　　B. 中心位置　　C. 外部轮廓　　D. 数量

三、实训提升

1. 已知某地形图的比例尺为 1:2000，在图上量得某测段距离为 AB =25.6mm，试求其实地距离。

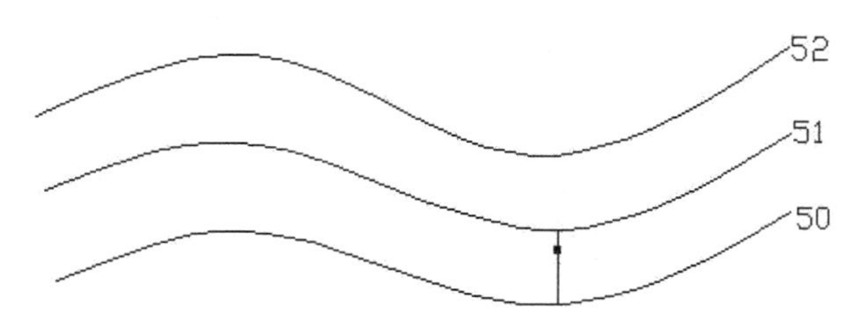

图 9.17　比例图

2. 如下图，已知 AB 图上长度为 12 mm，AC 图上长度为 4 mm，试求 C 点高程 Hc。

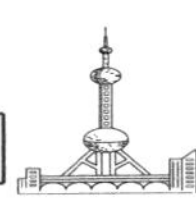

项目十　建筑施工控制测量

10.1 建筑总平面图

“图纸是工程师的语言”，工程技术人员之间主要是依靠图纸进行交流，它是工程建设的重要依据。

各种建筑工程制图都是以国家建筑制图标准为依据，用图形、符号、带注释的围框、简化外形表示其系统、各部分之间相互关系及其联系，并以文字说明其组成。

一套完整的建筑工程图的主要内容包括建筑施工图、结构施工图、设备施工图三大部分。

建筑总平面图是建筑工程图的一种，其用途主要有两种：

①表明新建、拟建工程的总体布局情况，以及原有建筑物和构筑物的情况。如新建拟建房屋的具体位置、标高、道路系统、构筑物及附属建筑的位置、管线、电缆走向以及绿化、原始地形、地貌等。

②根据平面图可以进行房屋定位、施工放线、填挖土方、进行施工。

建筑总平面图是水平正投影图，即投影线与地面垂直，从上往下照射，在地面（图纸）上形成的建筑物、构筑物及设施等的轮廓线和交线的投影图。也就是从上往下看，并且视线始终与地面垂直，所能看到的各个形体的轮廓线和交线构成的图形。

10.2 施工测量及测设基本工作

施工测量同地形图测量一样也以地面控制点为基础，不同点却是根据图纸上的建筑物的设计尺寸，计算出各部分的特征点与控制点之间的距离、角度（或方位角）、高差等数据，将建筑物的特征点在实地标定出来，以便施工，这项工作又称“放样”。施工测量所采用的基本方法和原则基本上与测图工作所用的方法一致，所用测量仪器基本相同。为了避免放样误差的积累，施工测量必须遵循“由整体到局部、先控制后细部”的组织原则。由于施工测量的目的和内容与测图工作不完全一致，有其自身的特点，因此，施工测量的具体技术、方法与测图会有差别，有一些专用施工测量用设备。

10.2.1 施工测量概述

1. 施工测量的目的和内容

施工测量的目的与一般测图工作相反，它是按照设计和施工的要求将设计的建筑物、构筑物的平面位置在地面上标定出来，作为施工的依据，并在施工过程中进行一系列的测量工作，以衔接和指导各工序之间的施工。

施工测量的任务，从土建工程开工到竣工，需要进行以下测量工作：

（1）开工前的测量工作

①建立施工场地的测量控制；

②场地的平整测量及土方计算；

③建（构）筑物的定位及放线测量。

（2）施工过程中的测量工作

①构（配）件安装时的定位测量和标高测量；

②施工质量（如墙、柱的垂直度、地坪的平整度等）的检验测量；

③某些重要建（构）筑物的变形和基础沉降的观测；

④为编制竣工图，随时需要积累资料而进行的测量工作。

（3）完工后的测量工作

①配合竣工验收，检查工程质量的测量；

②为绘制竣工图，全面进行一次竣工图测量；

③对于大型或复杂建筑物或构筑物，随着施工的进展，测定建筑物在水平和竖直方向产生的位移和沉降，收集整理各种变形资料，作为鉴定工程质量和验证工程设计、施工是否合理的依据，为今后工程项目的管理和运营提供依据。

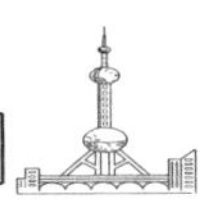

由此可见：施工测量贯穿于整个施工过程中。从场地平整、建筑物定位、基础施工，到建筑物构件的安装等工序，都需要进行施工测量，才能使建筑物、构筑物各部分的尺寸、位置符合设计要求。

2. 施工测量的特点

施工测量与一般测图工作相比具有如下特点。

（1）目的不同。简单地说，测图工作是将地面上的地物、地貌测绘到图纸上，而施工测量是将图纸上设计的建筑物或构筑物放样到实地。

（2）精度要求不同。施工测量的精度要求取决于工程的性质、规模、材料、施工方法等因素。一般高层建筑物的施工测量精度要求高于低层建筑物的施工测量精度，钢结构施工测量精度要求高于钢筋混凝土结构的施工测量精度，装配式建筑物施工测量精度要求高于非装配式建筑物的施工测量精度。此外，由于建筑物、构筑物的各部位相对位置关系的精度要求较高，因而工程的细部放样精度要求往往高于整体放样精度。

（3）施工测量工序与工程施工的工序密切相关。某项工序还没有开工，就不能进行该项的施工测量。测量人员要了解设计的内容、性质及其对测量工作的精度要求，熟悉图纸上的标定数据，了解施工的全过程，并掌握施工现场的变动情况，使施工测量工作能够与工程施工密切配合。

（4）受施工干扰。施工场地上工种多、交叉作业频繁，并要填、挖大量土、石方，地面变动很大，又有车辆等机械震动，因此，各种测量标志必须埋设稳固且不易被破坏。常用方法是将这些控制点远离现场。但控制点常直接用于放样，且使用频繁，控制点远离现场会给放样带来不便，因此，常采用二级布设方式，即设置基准点和工作点。基准点远离现场，工作点布设于现场，当工作点密度不够或者现场受到破坏时，可用基准点增设或恢复之。工作点的密度应尽可能满足一次安置仪器就可放样的要求。

3. 施工测量的原则

为了保证施工能满足设计要求，施工测量与一般测图工作一样，也必须遵循“由整体到局部，先控制后细部”“高精度控制低精度”的原则，即先在施工现场建立统一的施工控制网，然后以此为基础，再放样建筑物的细部位置。采取这一原则，可以减少误差积累，保证放样精度，免除因建筑物众多而引起放样工作的紊乱。

此外，施工测量责任重大，稍有差错，就会酿成工程事故，给国家造成重大损失，因此，必须加强外业和内业的检核工作，“上一步工作不做检核，不进行下一步工作”是测量工作的又一基本原则，检核是测量工作的灵魂。

4. 施工测量的精度

施工测量的精度取决于工程的性质、规模、材料、施工方法等因素。因此，施工测量的精度应由工程设计人员提出的建筑限差或按工程施工规范来确定。

10.2.2 施工测量基本工作

施工测量又称测设，就是将设计图纸上的建（构）筑物的平面位置及空间位置，测设（放样）到地面上，作为施工的依据。

测设也有三项基本工作，即测设已知水平距离、测设已知水平角、测设已知高程。

1. 已知水平距离测设

根据要求精度不同，有下述两种方法。

（1）一般方法

按一般精度要求，根据现场已定的起点和方向线，将需要测设的直线长度，用钢尺量出，定出直线的端点。

如测设的长度超过一个尺段的长度，则应分段测设。在测设的两点间，应往返丈量距离，如误差在一般量距的容许范围内，则取往返丈量的平均值，作为欲测设的水平距离，并将端点位置加以调整。

（2）精密方法——光电测距仪或全站仪测设水平距离

在工业建筑或重要民用建筑的施工放线工作中，对测设的长度要求精度较高，须用精密方法测设已知水平距离。安置光电测距仪于 A 点，输入气压、温度和棱镜参数，用测距仪瞄准直线 AB 方向，制动仪器，指挥立镜员在 AB 方向上 B 点的概略位置设置反光镜，测出距离与垂直角，按公式 $D'=D\cdot\cos a$ 直接算出水平距离并与测设平距进行比较，将差值通知立镜员，由立镜员在视线方向上用小钢尺进行初步移镜，定出 B 点的位置。重新再进行观测，直到计算所得距离与已知水平距离之差在规定的限差以内，则 AB 便是测设的长度，如图 10.1 所示。

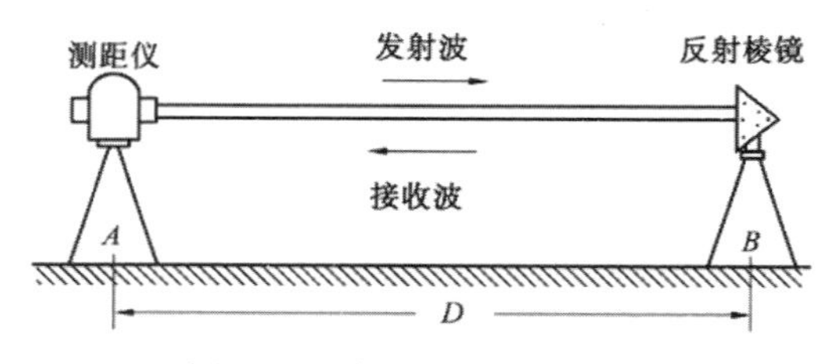

图 10.1 测距仪或全站仪测距

2. 已知水平角的测设

测设已知角值的水平角是根据已知测站点和一个方向，按设计给定的水平角值，把该角的另一个方向在施工场地上标定出来。根据精度要求不同，可按下述两种方法测设。

（1）一般测设方法

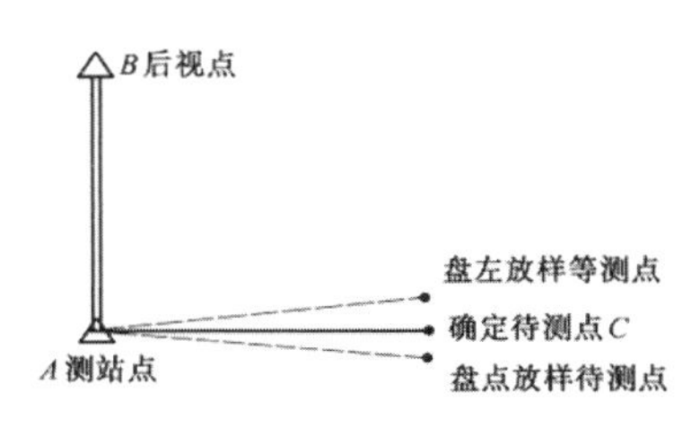

图 10.2 一般方法测设待测点

当测设精度要求不高时，可用盘左盘右取中数的方法。如图 10.2 所示，安置经纬仪于测站点，先以盘左位置照准后视点，使水平度盘读数为零；松开制动螺旋，旋转照准部，使水平度盘读数为 β，在此视线方向上定出待测点。再用盘右位置重复上述步骤，测设 β 角定出待测点。取盘左和盘右待测点的中点确定待测点的位置，则 $\angle BAC$ 就是要测设的 β 角。

（2）精确测设方法

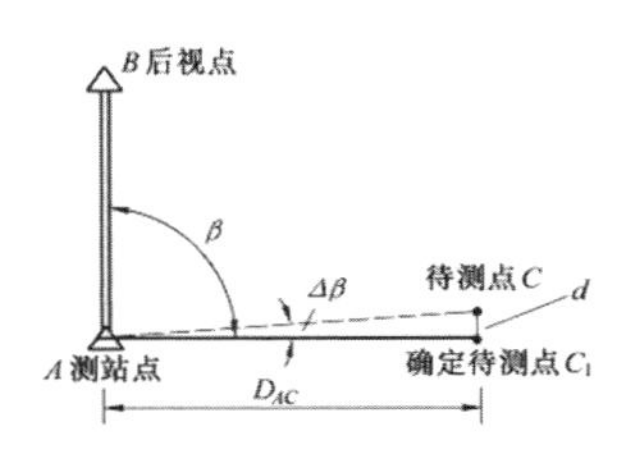

图 10.3 精确测设待测点

当测设水平角的精度要求较高时，可采用垂线改正法，以提高测设精度。如图 10.3 所示，安置仪器于 A 点，先用一般方法测设角值，在地面上定出 C 点。再用测回法观测 $\angle BAC$，测回数可视精度要求而定，取各测回角值的平均值 β 作为观测结果。设 $\beta - \beta' = \Delta\beta$，即可根据 AC 长度和 $\Delta\beta$，计算其垂直距离 d 为

$$d = D_{AC} \cdot \tan\Delta\beta \approx D_{AC} \cdot \frac{\Delta\beta}{\rho} \tag{10-1}$$

过 C 点沿 AC 的垂直方向，向外量出 d 点，那么 $\angle BAC_1$ 就是精确测定的 β 角。

注意 CC_1 的方向，要根据 $\Delta\beta$ 的正负号定出向里或向外的方向。

已知高程测设与抄平

（1）已知高程的测设

测设已知高程是根据施工现场已有的水准点，通过水准测量，将设计的高程测设到施工场地上。

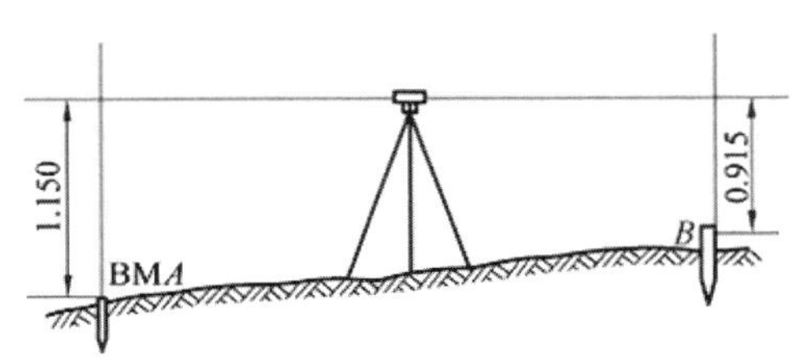

图 10.4 已知高程的测设

如图 10.4 所示，已知水准点 A 的高程为 H_A，现欲测设 B 点的高程 H_B。为此，在 A 、B 两点间安置水准仪。先在 A 点立尺，读得后视读数为 a，则 B 点的前视读数 b 为

$$b = H_A + a - H_{设} \tag{10-2}$$

在 B 点处打一长木桩，使尺子沿木桩侧面上下移动，当尺上读数为 b 时，沿尺底在木桩侧面上划一红线，该线便是在 B 点测设的高程位置。

【案例实解】

如图 10.5 所示，设已知 H_A =126.376 m，今欲测设高程 H_B =121.000 m。观测得 A 点处后视读数 a =1.246 m，钢尺上读数 b =0.357 m，c =4.554 m，则 B 点读数 d 为多少？

解：$d = H_A + a -（c- b）- H_B$ = [126.376+1.246-（4.554-0.357）-121.000] m=2.425 m

将尺子沿 B 点木桩上、下移动，使尺上读数为 2.425 m 时，将尺子底部划线，此线即为 B 点高程 121.000 m。

当开挖基槽或修建高层建筑物时，需要向低处或高处引测高程，此时必须建立临时水准点，再由临时水准点测设已知高程。

欲根据地面临时水准点 A 测定坑内临时水准点 B 的高程 H_B 时，可在坑边架设一吊杆，杆顶吊一根零点向下的钢尺，尺的下端挂一重量相当于钢尺检定时拉力的重物，在地面上和坑内各安置一台水准仪，分别在尺上和钢尺上读得 a、b、c、d，则 B 点的高程 H_B 为

$$H_B = H_A + a - (c - b) - d \tag{10-3}$$

若向建筑物上部传递高程时，一般可沿柱子、墙边或楼梯用钢尺垂直向上量取高度，将高程向上传递。

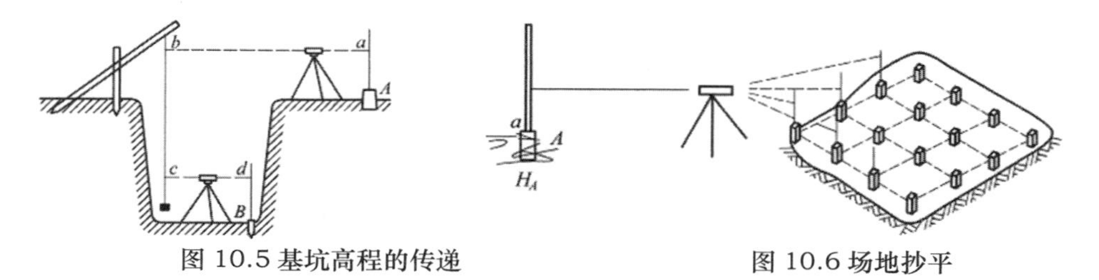

图 10.5 基坑高程的传递　　　　图 10.6 场地抄平

（2）抄平

工程施工中，欲测设设计高程为 H 设的某施工平面，如图 10.6 所示，可先在地面上按一定的间隔长度测设方格网，用木桩定出各方格网点。然后，根据已知高程测设的基本原理，由已知水准点 A 的高程 H_A 测设出未知点 N 的高程为 H_N 的木桩点。测设时，在场地与已知点 A 之间安置水准仪，读取 A 尺上的后视读数 a，则仪器视线高程 H_i 为

$$H_i = H_A + a \tag{10-4}$$

依次在各木桩上立尺，使各木桩顶或木桩侧面的尺上 b_N 的读数为

$$b_N = H_i - H_{设} \tag{10-5}$$

此时各桩顶或桩侧面标记处构成的平面就是需测设的水平面。

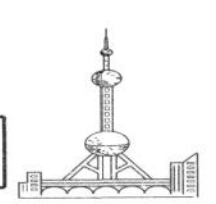

10.2.3　设计平面点位的测设

测设点的平面位置的方法有极坐标法、直角坐标法、角度交会法、距离交会法等。测设时可根据控制点的分布、仪器设备、精度要求和场地地形情况等因素，进行综合分析后选定合适的测设方法。

1. 极坐标法

极坐标法是根据已知水平角和水平距离测设点的平面位置，适用于测设距离较短且便于量距的情况，如图 10. 7 所示。

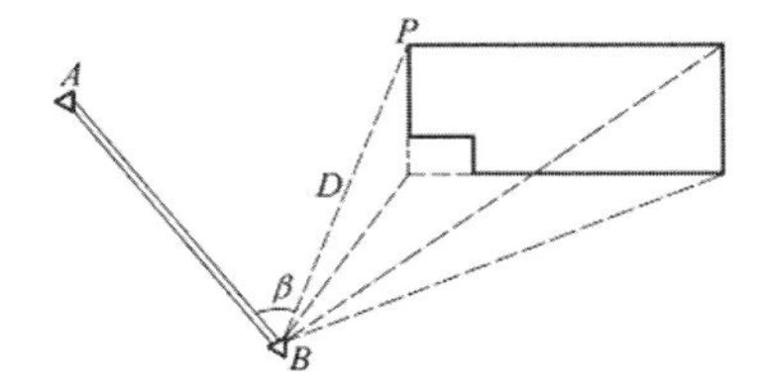

图 10.7 极坐标法

如图 10. 7 所示，A（x_A，y_A）、B（x_B，y_B）为已知点，P（x_P，y_P）为待设点。测设前，先根据已知点和待设点的坐标反算水平距离 P 和 BP 边的方位角，再根据方位角求出水平角 β，并以此作为测设数据。其计算公式如下：

$$D_{BP}=\sqrt{(x_P-x_B)^2+(y_P-y_B)^2} \tag{10-6}$$

$$\beta=\alpha_{BP}-\alpha_{BA}=\arctan\frac{\Delta y_{BA}}{\Delta x_{BP}}-\arctan\frac{\Delta y_{BA}}{\Delta x_{BA}} \tag{10-7}$$

实地测设时，可将经纬仪安置在 B 点，瞄准 A 点，按顺时针方向测 β 角，并在此方向上量取 D 长度，定出 P 点。

若采用光电测距仪进行测设，则不受地形条件和距离长短的限制，此方法较为简便。

2. 直角坐标法

当施工场地已布设有互相垂直的主轴线或矩形方格网时，可采用此法，这种方法准确、简便。

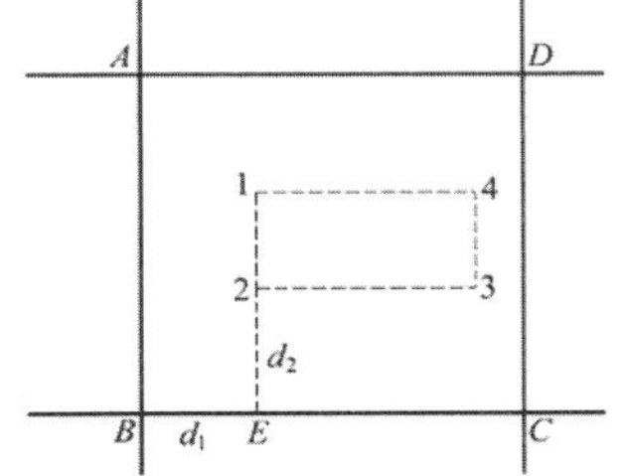

图 10.8 直角坐标法

如图 10. 8 所示，已知某矩形控制网的四个角点 A、B、C、D 的坐标，设计总平面图中已确定某矩形建筑物四角点 1、2、3、4 的设计坐标。现以根据 B 点测设 2 点为例，说明其测设步骤：

①先算出 B 点和 2 点的坐标差；

②在 B 点安置经纬仪瞄准 C 点，在此方向上用钢尺量 d_1 得 E 点；

③在 E 点安置经纬仪瞄准 C 点，用盘左、盘右位置两次向左测设 90° 角，在其平均方向 E_1 上从 E 点起用钢尺量距 d_2，即得 2 点。

用同样方法可从其他各控制点测设 1、3、4 点。最后检查四个角是否等于 90° ，各边长度是否等于设计长度，若误差在测量规范允许范围内，即认为测设符合精度要求（成果合格）。

3. 角度交会法

角度交会法是测设两个或三个已知角度交出点的平面位置的一种方法。在待定点较远或无法量距时，常采用此法。该法又称方向交会法。

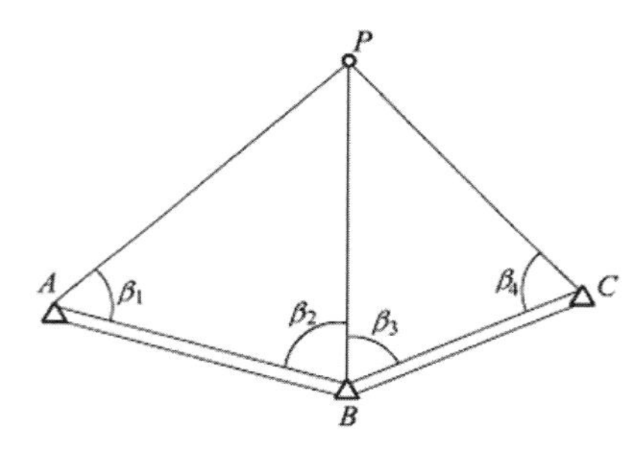

图 10.9 角度交会法

如图 10. 9 所示，A、B、C 为三个已知点，P 点为待设点，其设计坐标亦已知。先用坐标反算公式求出 aAP 、aBP 、aCP，然后计算测设数据 β_1 、β_2 、β_3 、β_4 。测设时，用经纬仪定出 P 点的概略位置，打下一根桩顶面积为 10 cm×10 cm 的大木桩；由观测员指挥，用铅笔在大木桩顶面上标出 AP 、BP 、CP 的方向线，三方向线交于一点，即是 P 点位置。实际上，由于测设等误差而形成一个误差三角形，一般取三角形的内切圆的圆心作为 P 点的最后位置。误差三角形边长之限差视测设精度而定。

应用此法时，宜使交会角 β_2、β_3 在 30° ～150° 之间，最好接近 90° ，以提高交会精度。

4. 距离交会法

距离交会法是通过量测两段已知距离交出点的平面位置的方法。在施工场地平坦、量距方便且控制点离测设点不超过一尺段时采用此法较为合适。

在图 10. 10 中，由已知点 A 、B 和待设点 P，反算测设数据 DAP 、DBP，分别从 A 、B 点用钢尺测设已知距离 DAP 、DBP，其交点即为待测点 P 。

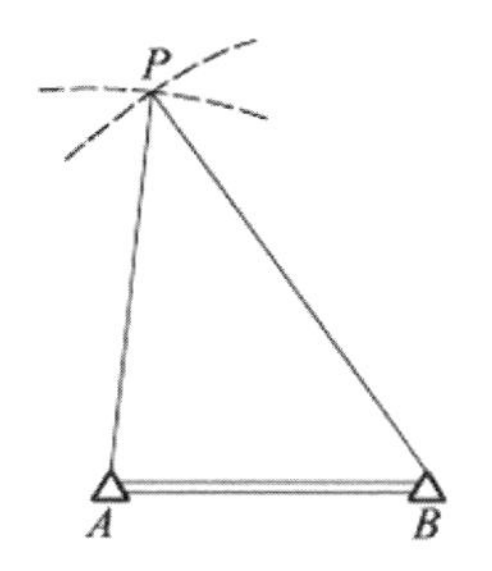

图 10.10 距离交会法

10.2.4　已知坡度线测设

如图 10.11 所示，A、B 为设计坡度线的两端点，已知 A 点高程为 H_A，设计的坡度为 iAB，则 B 点的设计高程可用下式计算

$$H_B = H_A + i_{AB} \cdot D_{AB} \tag{10-8}$$

式中，i_{AB}——A、B 两点间设计的坡度，坡度上升时 i 为正，反之为负；

D_{AB}——B、B 两点间的水平距离。

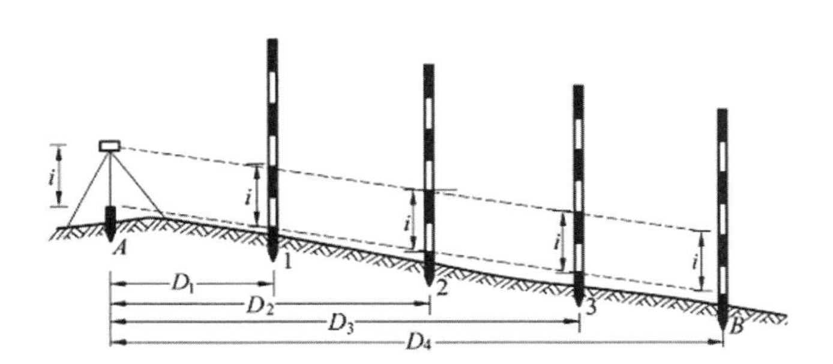

图 10.11 倾斜视线测设已知坡度

（1）设置倾斜视线的测设方法，利用经纬仪（地面坡度较大）测设已知坡度步骤如下：

①先根据附近水准点，将设计坡度线两端点 A、B 的设计高程 H_A、H_B 测设于地面上，并打入木桩。

②将经纬仪安置于 A 点，并量取仪高 i。

③旋转经纬仪照准部使望远镜照准 B 点，制动照准部；旋转望远镜照准尺，使视线在 B 标尺上的读数等于仪高 i，此时经纬仪的倾斜视线与设计坡度线平行。当中间各桩点上的标尺读数都为 i 时，则各桩顶连线就是所需测设的设计坡度。

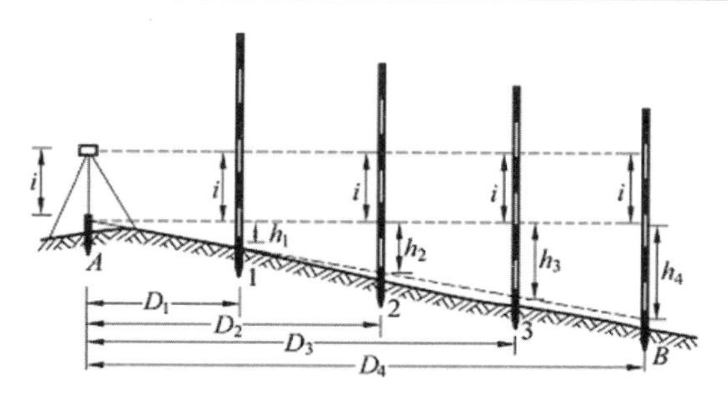

图 10.12 水平视线测设已知坡度

（2）如图 10.12，设置水平视线的测设方法，利用水准仪（地面坡度不大）测设已知坡度步骤如下：

①先根据附近水准点，将设计坡度线两端点 A、B 的设计高程 H_A、H_B 测设于地面上，并打入木桩；

②将水准仪安置于 A 点，并量取仪高 i；

③旋转水准仪望远镜照准 B 点，制动望远镜，使视线在 B 标尺上的读数等于仪高 $i+h_i$，当中间各桩点上的标尺读数都为 $i+h_i$ 时，则各桩顶连线就是所需测设的设计坡度。

$$h_i = D_i \cdot i_{AB} \tag{10-9}$$

10.3 施工控制测量

由于在勘探设计阶段所建立的控制网是为测图而建立的，有时并未考虑施工的需要，所以控制点的分布、密度和精度，都难以满足施工测量的要求；另外，在平整场地时，大多控制点被破坏。因此施工之前，在建筑场地应重新建立专门的施工控制网。施工控制网分为平面控制网和高程控制网两种。

10.3.1 建筑施工控制网的建立

在大中型建筑施工场地上，施工控制网多用正方形或矩形网格组成，称为建筑方格网。在面积不大，又不十分复杂的建筑场地上，常布设一条或几条基线作为施工的平面控制。建筑施工场地的控制测量主要包括建筑基线的布设和建筑方格网的布设。施工高程控制网采用水准网。与测图控制网相比，施工控制网具有控制范围小、控制点密度大、精度要求高及使用频繁等特点。

10.3.2 建筑基线的布设

建筑基线是建筑场地的施工控制基准线，即在建筑场地布置一条或几条轴线。它适用于建筑设计总平面图布置比较简单的小型建筑场地。

建筑基线的布设形式，应根据建筑物的分布、施工场地地形等因素来确定。常用的布

设形式有“三点一字形”“三点L形”“三点T形”和“五点十字交叉形”，如图10.13所示。

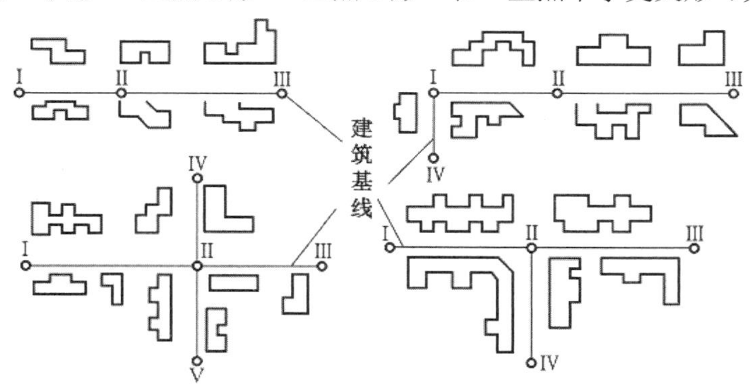

图10.13　建筑基线的布设形式

建筑基线的布设要求如下。

（1）建筑基线应尽可能靠近拟建的主要建筑物，并与其主要轴线平行，以便使用比较简单的直角坐标法进行建筑物的定位。

（2）建筑基线上的基线点应不少于三个，以便相互检核。

（3）建筑基线应尽可能与施工场地的建筑红线相联系。

（4）基线点位应选在通视良好和不易被破坏的地方，尽量靠近主要建筑边，边长为100～400 m为宜，为能长期保存，要埋设永久性的混凝土桩。

2. 建筑基线的测设方法

根据施工场地的条件不同，建筑基线的测设方法有以下几种：

（1）根据建筑红线测设建筑基线

由城市测绘部门测定的建筑用地界定基准线，称为建筑红线。在城市建设区，建筑红线可用作建筑基线测设的依据。图10.14所示的1、2、3点就是在地面上标定出来的边界点，其连线12、23通常是正交的直线为建筑红线。一般情况下，建筑基线与建筑红线平行或垂直，故可根据建筑红线用平行推移法测设建筑基线OA、OB。当把A、O、C三点在地面上用木桩标定后，安置经纬仪于O点，观测$\angle AOB$是否等于90°，其不符值不应超过±24″。量OA、OB距离是否等于设计长度，其不符值不应大于1/10 000。若误差超限，应检查推平行线时的测设数据。若误差在许可范围之内，则适当调整A、B点的位置。

（2）根据附近已有控制点测设建筑基线

在新建筑区，可以利用建筑基线的设计坐标和附近已有控制点的坐标，用极坐标法测设建筑基线。测设步骤如下：

①计算测设数据。根据建筑基线主点C、P、D及测量控制点7、8、9的坐标，反算测设数据d_1、d_2、d_3及β_1、β_2、β_3。

②测设主点。分别在控制点7、8、9处安置经纬仪，按极坐标法测设出三个主点的定位点C'、P'、D'，并用大木桩标定。如图10.15所示。

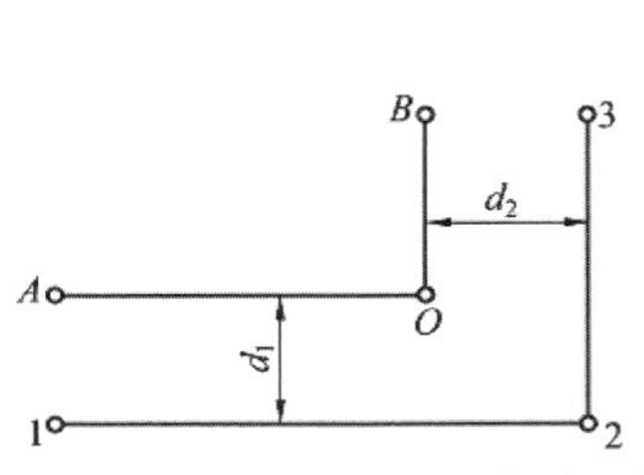

图 10.14 利用建筑红线测设建筑基线

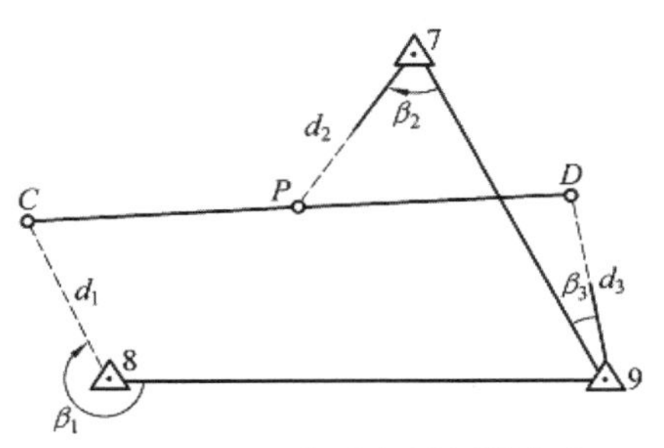

图 10.15 极坐标法测设主点

③检查三个定位点的直线性。安置经纬仪于 P'，检测∠$C'P'D'$，如图 10.16 所示，若观测角值 β 与 180° 之差大于 24″，则进行调整。

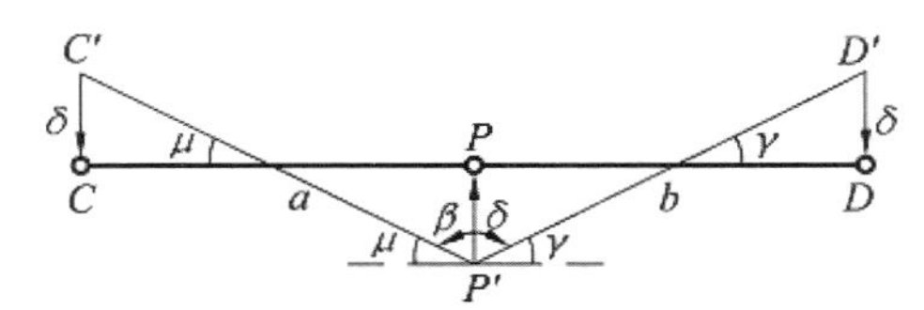

图 10.16 调整三个主点的直线性

整三个定位点的位置。先根据三个主点之间的距离 a 和 b，按下式计算出改正数 δ，即

$$\delta=\frac{b}{a+b}\times(90^0-\frac{\beta}{2})\times\frac{1}{p} \tag{10-10}$$

$$\delta=\frac{a}{2}\times(90^0-\frac{\beta}{2})\times\frac{1}{p} \tag{10-11}$$

式中，p =206265″。然后将定位点 P'、P'、D' 三点移动（注意：P' 移动的方向与 P'、D' 两点的相反）。按 δ 值移动三个定位点之后，再重复检查和调整 C、P、D，至误差在允许范围为止。

⑤调整三个定位点之间的距离。先检查 C、P 及 P、D 间的距离，若检查结果与设计长度之差的相对误差大于 1/10 000，则以 P 点为准，按设计长度调整 C、D 两点，最后确定 C、P、D 三点位置。

（3）根据已有建筑物、道路中心线测设建筑基线

方法同建筑红线测设建筑基线。

10.3.3 建筑方格网的布设

为了进行施工放样测量，并且能够达到精度要求，必须以测图控制点为定向依据建立施工控制网。施工控制网的布设，应根据总平面设计图和施工地区的地形条件来确定。建筑方格网是施工现场常用的平面控制网之一。

建筑方格网的布设应根据总平面图上各种已建和待建的建筑物、道路及各种管线的布置情况，结合现场的地形条件来确定。方格网的形式有正方形、矩形两种。当场地面积较大时，常分两级布设，首级可采用“十”字形、“口”字形或“田”字形，然后再加密方格网。

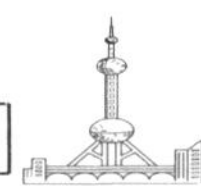

建筑方格网适用于按矩形布置的建筑群或大型建筑场地。

建筑方格网的轴线与建筑物轴线平行或垂直，因此，可用直角坐标法进行建筑物的定位，测设较为方便，且精度较高。但由于建筑方格网必须按总平面图的设计来布置，测设工作量成倍增加，其点位缺乏灵活性，易被破坏，所以在全站仪逐步普及的条件下，正逐步被导线或三角网所取代。确定方格网的主轴线后，再布设方格网。由正方形或矩形组成的施工平面控制网，称为建筑方格网，或称矩形网，如图 10.17 所示。建筑方格网适用于按矩形布置的建筑群或大型建筑场地。

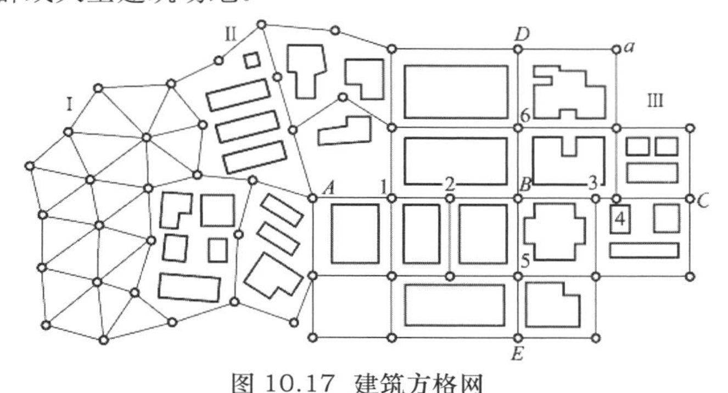

图 10.17　建筑方格网

1. 建立建筑方格网应满足的条件

（1）建筑方格网所采用的施工坐标系必须能与大地控制网的坐标系相联系。在点位和精度上不能低于大地控制网，使建筑方格网建立之后，能够完全代替大地控制网。

（2）建筑方格网的坐标系统，应选用原测图控制网中一个控制点平面坐标及一个方位角作为建筑方格网的平面起算数据，应与工程设计所采用的坐标系统一致。

（3）建筑方格网的高程系统，应选用原测图控制网中一个高程控制点作为建筑方格网的高程起算数据，应与工程设计所采用的高程系统一致。

（4）对于扩建工程，坐标和高程系统应与已建工程的坐标和高程系统保持一致。

（5）建筑方格网必须在总平面图上布置。

2. 建筑方格网的设计

（1）建筑方格网设计时应收集的参考资料。在设计建筑方格网时应对整个场区的平面布置、施工总体规划、原有测量资料等相关资料有一个全面的了解。

(2)主轴线及方格网点的设计。建筑方格网的设计,应根据设计院提供的总平面布置图、施工布置图及现场的地形情况进行设计。其设计步骤是：首先选择主轴线，其次选择方格网点。建筑方格网的主轴线应考虑控制整个场区,当场地较大时,主轴线可适当增加。因此,主轴线的位置应当在总平面布置图上选择。

主轴线及方格网点的设计、选择应考虑以下因素：

①主轴线原则上应与厂房的主轴线或主要设备基础的轴线一致或平行，主轴线中纵横轴线的长度应在建筑场地采用最大值，即纵横轴线的各个端点应布置在场区的边界上；

②尽量布置在建筑物附近，使网点控制面广，定位、放线方便。保证网点通视良好，应当避开地下管线、管沟，且便于经常复核和标桩的长久保存；

③轴线的数量及布设采用的图形，应满足图形强度；

④主轴线上方格网边长，应兼顾建筑物放样及施测精度；

⑤主轴线两端点联系到控制点上，以其坐标值与设计坐标值之差，确定方格网主轴线定线的点位精度和方向精度；

⑥网点高程应与场地设计整平标高相适应；

⑦宜在场地平整后进行方格网点的布设。

方格网边与建筑物平行，一般沿建筑物之间道路的边沿布设，并考虑尽可能的避开地下管线。方格网的边长是按各个不同的用途和建筑物的分布情况来确定，考虑到如果布置得太稀，则定线时测定点位的边长过长、造成精度不佳，满足不了精度要求；若布置得太密，则工作量过大，造成废点，形成浪费。

3. 建筑方格网的测设

测设的基本方法一般多采取归化法测设：①按设计布置，在现场进行初步定位；②按正式精度要求测出各点精确位置；③埋设永久桩位，并精确定出正式点位；④对正式点位进行检测做必要改正。

（1）大型场地方格控制网的测设

适用场地与精度要求：方格控制网适用于地势平坦、建（构）筑物为矩形布置的场地，根据《工程测量规范》与《施工测量规范》规定，大型场地控制网主要技术指标应符合表10.1规定。

表10.1 建筑方格网的主要技术指标

等级	边长/m	测角中误差/(")	边长相对中误差
一级	100 ~ 300	±5	1/40000
二级	100 ~ 300	±10	1/20000
三级	50 ~ 300	±20	1/10000

（2）测设步骤

①初步定位：按场地设计要求，在现场以一般精度（±5 cm）测设出与正式方格控制网相平行2 m的初步点位。一般有“一”字形、“十”字形和“L”字形，如图10.18所示。

②精测初步点位：按正式要求的精度对初步所定点位进行精测和平差算出各点点位的实际坐标。

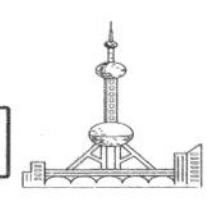

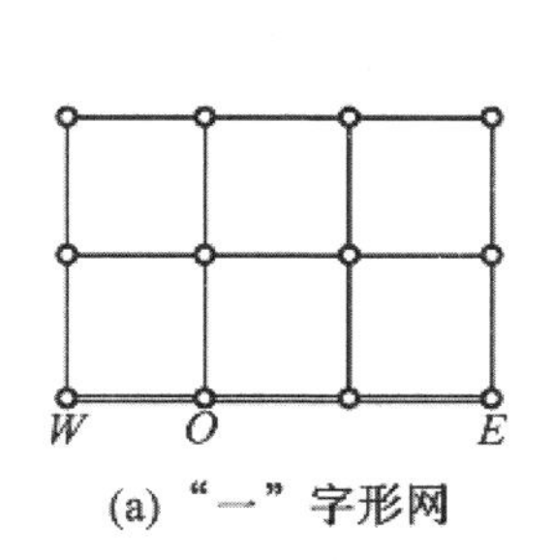

(a)“一”字形网

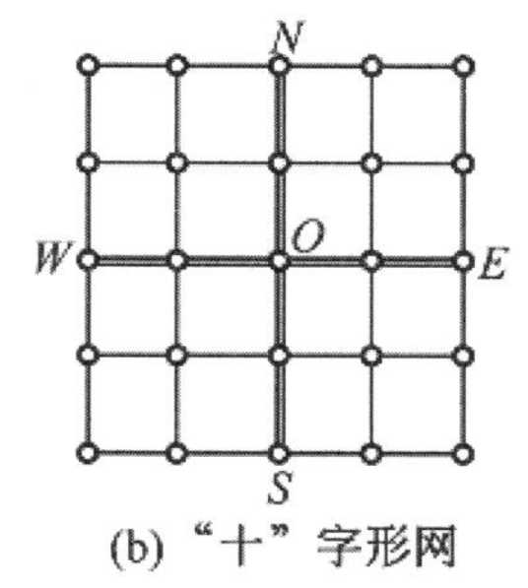

(b)“十”字形网

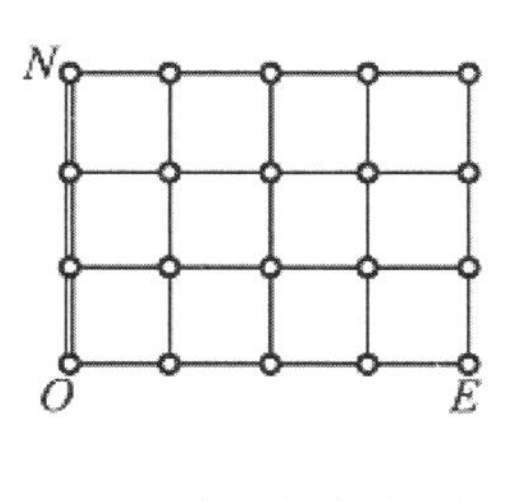

(c)“L”字形网

图 10.18　大型场地方格控制网

③埋设永久桩位并定出正式点位：按设计要求埋设方格网的正式点位（一般是基础埋深在 1 m 以下的混凝土桩，桩顶埋设 200 mm×200 mm×6 mm 的钢板），当点位下沉稳定后，根据初测点位与其实测的精确坐标值，在永久点位的钢板上定出正式点位，划出十字线，并在中心点埋入铜丝以防锈蚀。

④对永久点位进行检测：对主轴线∠*WOE* 是否为直线，在 *O* 点上检测∠*WOE* 是否为 180°00′00″，若误差超过规程规定，应进行必要的调整。

10.3.4　建筑施工场地高程控制测量

1. 施工场地高程控制网的建立

建筑施工场地的高程控制测量一般采用水准测量方法，应根据施工场地附近的国家或城市已知水准点，测定施工场地水准点的高程，以便纳入统一的高程系统。

在施工场地上，水准点的密度，应尽可能满足安置一次仪器即可测设出所需的高程。而测图时敷设的水准点往往是不够的，因此，还需增设一些水准点。在一般情况下，建筑基线点、建筑方格网点以及导线点也可兼作高程控制点。只要在平面控制点桩面上中心点旁边，设置一个突出的半球状标志即可。

为了便于检核和提高测量精度，施工场地高程控制网应布设成闭合或附合路线。高程控制网可分为首级网和加密网，相应的水准点称为基本水准点和施工水准点。

2. 基本水准点

基本水准点应布设在土质坚实、不受施工影响、无震动和便于实测的场地，并埋设永久性标志。一般情况下，按四等水准测量的方法测定其高程，而对于为连续性生产车间或地下管道测设所建立的基本水准点，则需按三等水准测量的方法测定其高程。

3. 施工水准点

施工水准点是用来直接测设建筑物高程的。为了测设方便和减少误差，施工水准点应靠近建筑物。

此外，由于设计建筑物常以底层室内地坪高 ±0 标高为高程起算面，为了高程传递方便，常在建筑物内部或附近测设 ±0.000 水准点。

±0.000 的位置，一般选在稳定的建筑物墙、柱的侧面，用红漆绘成顶为水平线的“▼”形，其顶端表示 ±0.000 位置。

附：坐标的换算

一、施工坐标系统

在设计和施工部门，为了工作上的方便，常采用一种独立坐标系统，称为施工坐标系或建筑坐标系。

施工坐标系的纵轴通常用 A 表示，横轴用 B 表示，施工坐标也叫 AB 坐标。施工坐标系的 A 轴和 B 轴，应与厂区主要建筑物或主要道路、管线方向平行。坐标原点设在总平面图的西南角，使所有建筑物和构筑物的设计坐标均为正值。

二、测量坐标系统

测量坐标系统与施工场地地形图坐标系一致，目前，工程建设中，地形图坐标系有两种情况，一种是采用的全国统一的高斯平面直角坐标系统；另一种是采用的测区独立平面直角坐标系。测量坐标系纵轴指向正北用 x 表示，横轴用 y 表示，测量坐标也叫 xy 坐标。

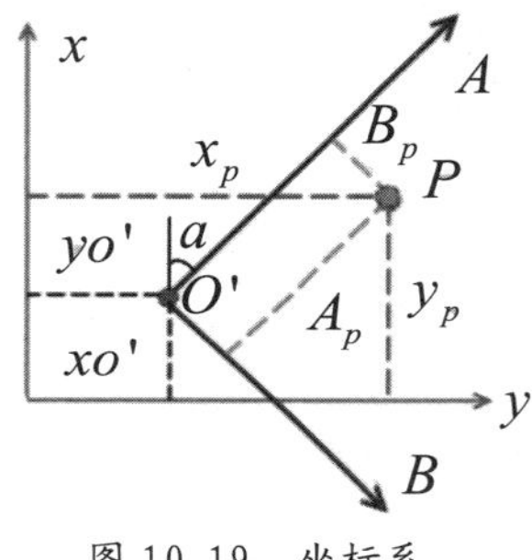

图 10.19　坐标系

三、坐标换算

建筑坐标系与测量坐标系往往不一致，在建立施工控制网时，常需进行建筑坐标系统与测量坐标系统的换算。

施工坐标系与测量坐标系之间的关系，可用施工坐标系原点 O' 的测量坐标系的坐标 xo'、yo' 及 $O'A$ 轴的坐标方位角 a 来确定。在进行施工测量时，上述数据由勘测设计单位给出。

（1）建筑平面直角坐标系与测量平面直角坐标系换算，如图 10.19 所示。P 点在测量坐标系中的坐标为 xp、yp，在建筑平面直角坐标系中的坐标为 AP、BP。若要将 P 的建筑平面直角坐标换算成相应的测量坐标，可采用下列公式计算：

$$x_P = x_{O'} + A_P \cos\alpha - B_P \sin\alpha \quad (10\text{-}12)$$

$$y_P = y_{O'} + A_P \sin\alpha + B_P \cos\alpha \quad (10\text{-}13)$$

【案例实解】

已知 P 点的建筑坐标，求其测量坐标，如图 10.19 所示。已知 P 点坐标 AP =300 m、BP =160 m，O' 点的测量坐标 xO' =200 m、yO' =300 m，$O'x$ 轴与 $O'A$ 的 a 夹角

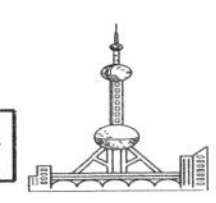

=30°，求P点的测量坐标xP、yP。

解①求x_P，用公式（10-12）得

$$x_P = xo' + A_P\cos\alpha - B_P\sin\alpha = (200+300\cos30^\circ - 160\sin30^\circ)m = 379.81m$$

②求y_p，用公式（10-13）得

$$y_P = yo' + A_P\sin\alpha + B_P\cos\alpha = (300+300\sin30^\circ + 160\cos30^\circ)m = 588.56m$$

（2）极坐标与测量平面直角坐标的换算

令极坐标系的极点O与测量平面直角坐标系的原点重合，极轴x与正向纵轴（x轴）重合。设M为平面上任意一点，x和y为该点的直角坐标，D和a为极坐标，如图10.20所示，则

$x = D\cos\alpha$，$y = D\sin\alpha$，$D = x^2 + y^2$

反之：$\tan\alpha = y/x$，$\alpha = \arctan y/x$

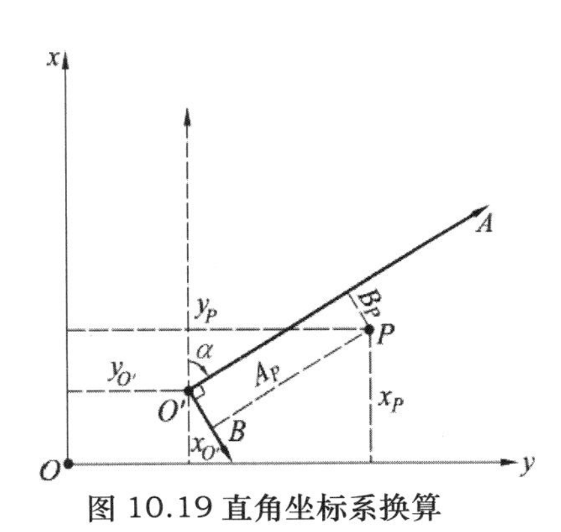

图10.19 直角坐标系换算

图10.20 极坐标与测量平面直角坐标换算

【基础同步】

一．选择题

1．施工测量的内容不包括（　　）。

A．控制测量　　B．放样　　C．测图　　D．竣工测量

2．用角度交会法测设点的平面位置所需的测设数据是（　　）。

A．一个角度和一段距离　B．纵横坐标差　C．两个角度　D．两段距离

3．在一地面平坦、无经纬仪的建筑场地，放样点位应选用（　　）。

A．直角坐标法　　B．极坐标法　　C．角度交会法　D．距离交会法

4．建筑基线布设的常用形式有（　　）。

A．矩形、十字形、丁字形、L形

B．山字形、十字形、丁字形、交叉形

C. 一字形、十字形、丁字形、L 形

D. X形、Y形、O形、L形

5. 在施工控制网中，高程控制网一般采用（　　）。

A. 水准网　　B. GPS 网　　C. 导线网　　D. 建筑方格网

二、判断题

1. 局部精度往往高于整体定位精度。(　　)

2. 当测设精度要求较低时，一般采用光电测距仪测设法。(　　)

3. 建筑基线上的基线点应不少于三个，以相互检核。(　　)

4. 待定点较远或无法量距时常采用极坐标法。(　　)

5. 与测图控制网相比，施工控制网具有控制范围小、控制点密度大、精度要求高及使用频繁的特点。(　　)

三、简答题。

1. 放样测量与测绘地形图有什么根本的区别？

2. 建立施工控制网的主要目的是什么？

3. 何谓施工测量？建筑施工测量的基本工作有哪些？

4. 简述全站仪放样所需要的数据？

5. 简述建筑基线的布设要求？

【实训提升】

1. 水准测量法高程放样的设计高差y =-1.500 m，设站观测后视尺a =0.657 m，高程放样的b计算值为 2.157 m。画出高差测设的图形。

2. B点的设计高差h =13.600 m（相对于A点），按图 10.19 所示，按两个测站进行高差放样，中间悬挂一把钢尺，a_1 =1.530 m，b_1 =0.380 m，a_2 =13.480 m。计算b_2为多少？

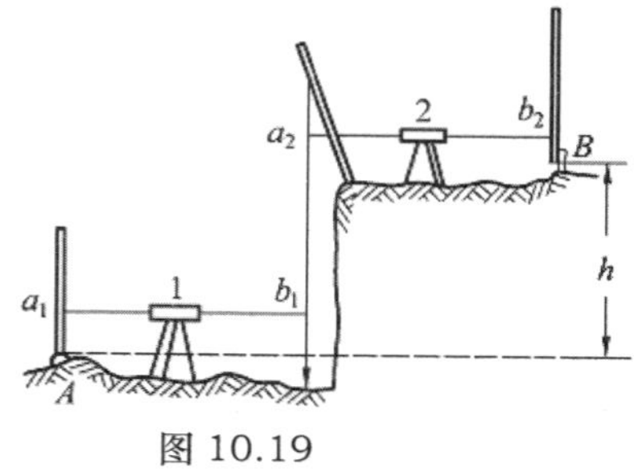

图 10.19

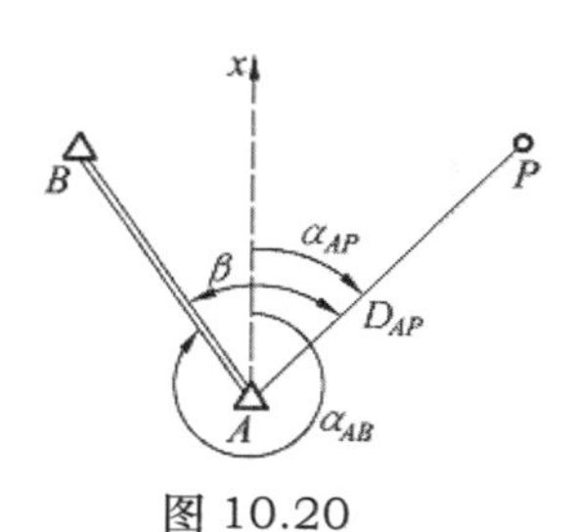

图 10.20

3. 如图 10.20 所示，已知点A、B和待测设点P坐标为：A：xA =2250.346 m，yA =4520.671 m；B：xB =2786.386 m，yB =4472.14 m；P：xP =2285.834 m，yP =4780.617 m。按极坐标法计算放样的β、DAP。

4. 设用一般方法测设出∠ABC后，精确地测得∠ABC为 45° 00′ 24″（设计值为 45° 00′ 00″），BC长度为 120 m，问怎样移动C点才能使∠ABC等于设计值？请绘略图表示。

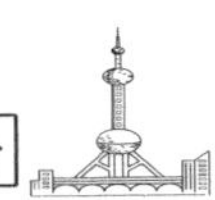

5. 已知水准点 A 的高程 H_A =20.355 m若在 B 点处墙面上测设出高程分别为 21.000 m的位置，设在 A 、B 中间安置水准仪，后视 A 点水准尺得读数 a =1.452 m，问怎样测设才能在 B 处墙得到设计标高？

6. 如图 10.21 所示，已知地面水准点 A 的高程为 H_A =40.00 m，若在基坑内 B 点测 H_B =30.000 m，测设时 a =1.415 m，b =11.365 m，a_1 =1.205，问当 b_1 为多少时，其尺底即为设计高程 H_B？

7. A、B 为控制点，已知：xB =643.82 m，yB =677.11 m，DAB =87.67 m，αBA =156°31′20″，待测设点 P 的坐标为 xP =535.22 m，yP =701.78 m，若采用极坐标法测设 P 点，试计算测设数据，简述测设过程，并绘测设示意图。

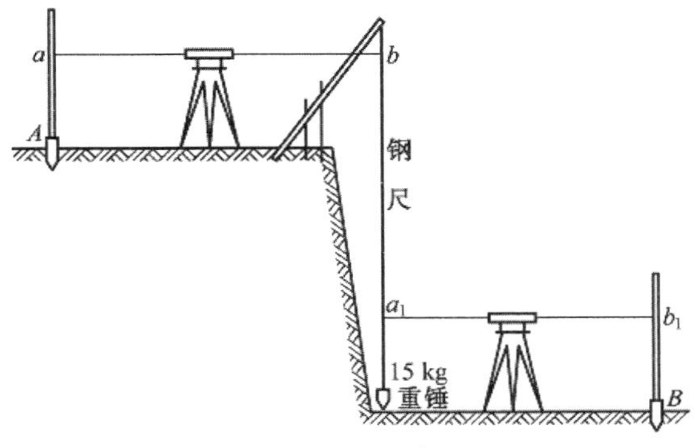

图 10.21 示意图

项目十一　建筑施工测量

11.1 一般建筑物定位与放线

11.1.1 建筑物定位测量基本方法

建筑物的定位是根据设计图纸，将建筑物外墙的轴线交点（也称角点）测设到实地，作为建筑物基础放样和细部放线的依据。由于设计方案常根据施工场地条件来选定，不同的设计方案，其建筑物的定位方法也不一样，主要有以下四种情况。

1. 根据与原有建筑物的关系定位

在建筑区内新建或扩建建筑物时，一般设计图上都给出新建筑物与附近原有建筑物的相互位置关系，如图 11.1 所示，拟建的 5 号楼根据原有 4 号楼定位。

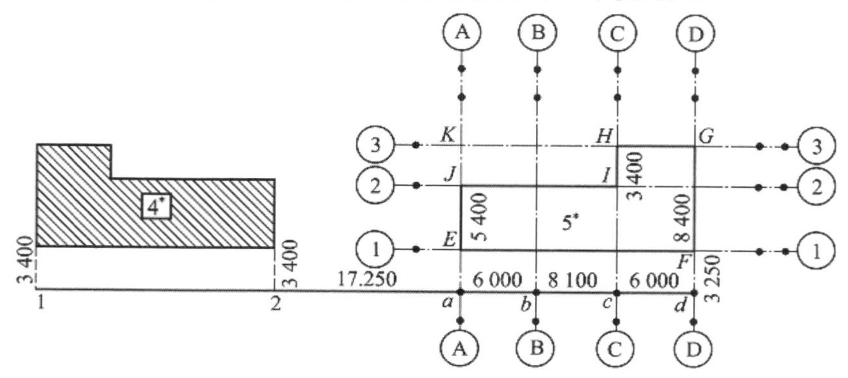

图 11.1　根据原有建筑物定位

先沿 4 号楼的东西墙面向南各量出 3.00 m，在地面上定出 1、2 两点作为建筑基线，在 1 点安置经纬仪，照准 2 点，然后沿视线方向从 2 点起根据图中注明尺寸，测设出各基线点 a、b、c、d，并打下木桩，桩顶钉小钉以表示点位。

(2)在 a、c、d 三点分别安置经纬仪，并用正倒镜测设 90°，沿 90° 方向测设相应的距离，以定出房屋各轴线的交点 E、F、G、H、I、J 等，并打木桩，桩顶钉小钉以表示点位。

（3）用钢尺检测各轴线交点间的距离，其值与设计长度的相对误差不应超过 1/2 000，如果房屋规模较大，则不应超过 1/5 000，并且将经纬仪安置在 E、F、G、K，四角点，检测各个直角，其角值与 90° 之差不应超过 40″。

2. 根据建筑方格网定位

在建筑场地上，已建立建筑方格网，且设计建筑物轴线与方格网边线平行或垂直，则可根据设计的建筑物拐角点坐标（见表 11.1）和附近方格网点的坐标，用直角坐标法在现场测设。如图 11.2 所示，由 A、B 点的坐标值可算出建筑物的长度和宽度：

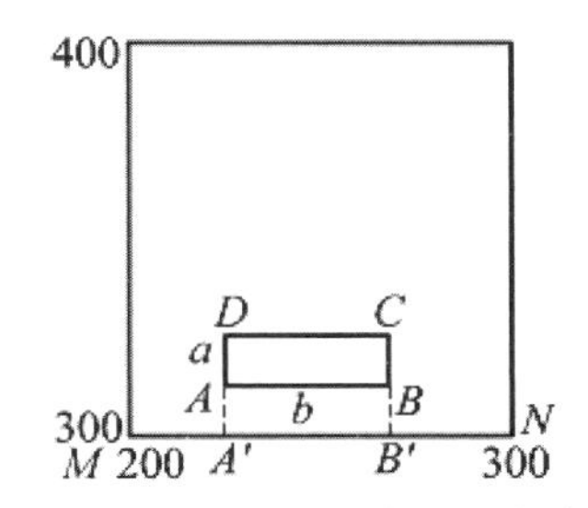

图 11.2　根据建筑方格网定位

a =（268.24-226.00）m=42.24 m，b =（328.24-316.00）m=12.24 m

表 11.1　建筑物拐角点坐标

点	x /m	y /m
A	316.00	226.00
B	316.00	268.24
C	328.24	268.24
D	328.24	226.00

（1）测设建筑物定点位 A、B、C、D 的步骤：

先把经纬仪安置在方格点 M 上，沿视线方向自 M 点用钢尺量取 A 与 M 点的横坐标差得 A' 点，再由 A' 点沿视线方向量建筑物长度 42.24 m 得 B' 点。

（2）然后安置经纬仪于 A'，照准 N 点，向左侧设 90°，并在视线上量取 $A'A$，得 A 点，再由 A 点继续量取建筑物的长度 12.24 m，得 D 点。

（3）安置经纬仪于 B' 点，同法定出 B、C 点，为了校核，应用钢尺丈量 AB、CD 及 BC、AD 的长度，看其是否等于设计长度以及各角是否为 90°。

3. 根据规划道路红线定位

规划道路的红线点是城市规划部门所测设的城市道路规划用地与用地的界址线，新建筑物的设计位置与红线的关系应得到政府部门的批准。因此靠近城市道路的建筑物设计位

置应以城市规划道路的红线为依据。图 11.3 根据建筑红线定位

如图 11.3 所示，A、BC、MC、EC、D为城市规划道路红线点，其中，$A-BC$，$EC-D$为直线段，BC为圆曲线起点，MC为圆曲线中点，EC为圆曲线终点，IP为两直线段的交点，该交角为 90°，M、N、P、Q为设计高层建筑的轴线（外墙中线）的交点，规定$M-N$轴应离道路红线$A-BC$为 12 m，且与红线相平行；$N-P$轴线离道路红线$D-EC$为 15 m。

测设时，在红线上从IP点得N'点，

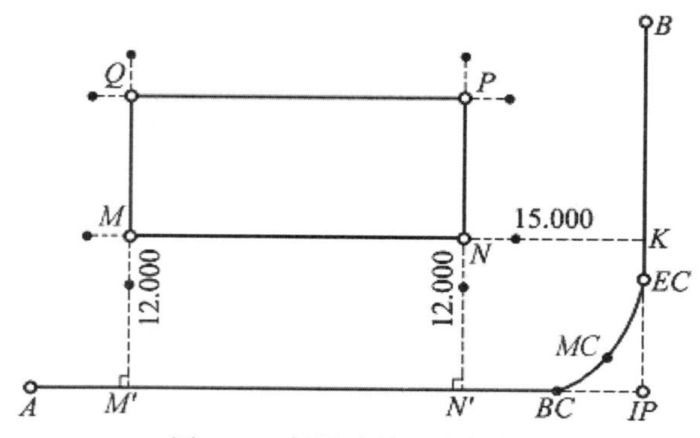

图 11.3 根据建筑红线定位

再量建筑物长度（MN）得M'点。在这两点上分别安置经纬仪，测设 90°，并量 12 m，得M、N点，并延长建筑物宽度（NP）得到P、Q点，再对M、N、P、Q进行检核。

4. 根据控制点的坐标定位

在场地附近如果有测量控制点利用，应根据控制点及建筑物定位点的设计坐标，反算出交会角或距离后，因地制宜采用极坐标法或角度交会法将建筑物主要轴线测设到地面上，定位测量记录的内容如下所示。

记录的项目：建设单位名称、单位工程名称、地址、测量日期、观测人员姓名。

（2）施测依据：①设计图样的名称、图号。②有关的技术资料及各项数据，各点坐标见表 11.2，其中C、D点为已知控制点。

（3）放样数据（见表 11.3）及放样图：如图 11.4 所示。

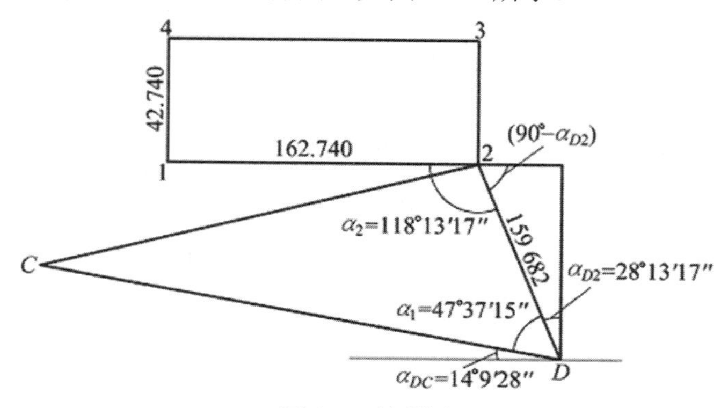

图 11.4 放样图

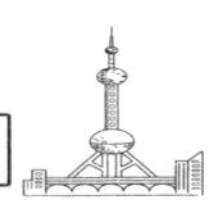

表 11.2　各点坐标

点位		C	D	1	2	3	4
建筑坐标	A	688.230	598.300	739.000	739.000	781.740	781.740
	B	512.100	908.250	670.000	832.740	832.740	670.000

表 11.3 放样数据

定位测量记录
建设单位:　　工程名称:　　地址:
施工单位:　　工程编号:　　日期:　　年　　月　　日
施测依据：一层及基础平面图，总平面图坐标，C、D 两控制点
施测方法和步骤

测站	后视点	转角	前视点	量距定点	说明
D	C	47°　37′15"	2	2	
2	D	118°　13′17"	1	1	
2	1	90°	3	3	
1	2	270°	4	4	
3	2	90°	4	闭合差角 +10"，长 +12 mm	

3. 高程引测记录

测点	后视读数	视线高	前视读数	高程	设计高	说明
D	1.320	120.645		119.325		
2			1.045	119.600	119.800	-0.200

4. 说明：高程控制点与控制网控制桩合用，桩顶标高为 -0.200 m

甲方代表		技术负责人	
审核		质检员	
		测量员	

11.1.2　建筑物放线与基础施工测量

1. 建筑物放线

建筑物的放线是根据已定位的外墙轴线交点桩详细测设出建筑物的其他各轴线交点的位置，并用木桩（桩上钉小钉）标定出来，称为中心桩。并据此按基础宽和放坡宽度用白灰线撒出基槽开挖边界线。

由于基槽开挖后，角桩和中心桩将被挖掉，为了便于在施工中恢复轴线的位置，应把各轴线延长到槽外安全地点，并做好标志，其方法有设置轴线控制桩和龙门板两种形式，如图 11.5 所示。

2. 设置轴线的控制桩

轴线控制桩设置在基础轴线的延长线上，作为开槽后各施工阶段恢复各轴线的依据。轴线控制桩离基槽外边线的距离应根据施工场地的条件而定，一般离基槽外边 2 ～ 4 m 不受施工干扰并便于引测的地方。如果场地附近有一建筑物或围墙，也可将轴线投设在建筑的墙体上做出标志，作为恢复轴线的依据。测设步骤如下：

①将经纬仪安置在轴线交点处，对中整平，将望远镜十字丝纵丝照准地面上的轴线，再抬高望远镜把轴线延长到离基槽外边（测设方案）规定的数值上，钉设轴线控制桩，并在桩上的望远镜十字丝交点处，钉一小钉作为轴线钉。一般在同一侧离开基槽外边的数值

相同（如同一侧离基槽外边的控制桩都为 3 m），并要求同一侧的控制桩要在同一竖直面上。

倒转望远镜将另一端的轴线控制桩，也测设于地面。将照准部转动 90° 可测设相互垂直轴线，轴线控制桩要钉的竖直、牢固，木桩侧面与基槽平行。

②用水准仪根据建筑场地的水准点，在控制桩上测设 +0.000 m 标高线，并沿 +0.000 m 标高线钉设控制板，以便竖立水准尺测设标高。

③用钢尺沿控制桩检查轴线钉间距，经检核合格以后以轴线为准，将基槽开挖边界线划在地面上，拉线，用石灰撒出开挖边线。

3. 设置龙门版

在一般民用建筑中，为了施工方便，在基槽外一定距离订设龙门板。钉设龙门板的步骤如下：

①在建筑物四角和隔墙两端基槽开挖边线以外的 1 ～ 1.5 m 处（根据土质情况和挖槽深度确定）钉设龙门板，龙门桩要钉的竖直、牢固，木桩侧面与基槽平行。

②根据建筑物场地的水准点，在每个龙门桩上测设 ±0.000 m 标高线，在现场条件不许可时，也可测设比 ±0.000 m 高或低一定数值的线。

③在龙门桩上测设同一高程线，钉设龙门板，这样，龙门板的顶面标高就在一水平面上了。龙门板标高测设的容许差一般为 ±5 mm。

④根据轴线桩，用经纬仪将墙、柱的轴线投到龙门板顶面上，并钉上小钉标明，称为轴线投点，投点的容许差为 ±5 mm。

⑤用钢尺沿龙门板顶面检查轴线钉的间距，经检查合格后，以轴线钉为准，将墙宽、槽宽画在龙门板上，最后根据基槽上口宽度拉线，沿石灰撒出开挖线。

机械化施工时，一般只测设控制桩而不设龙门板和龙门桩。

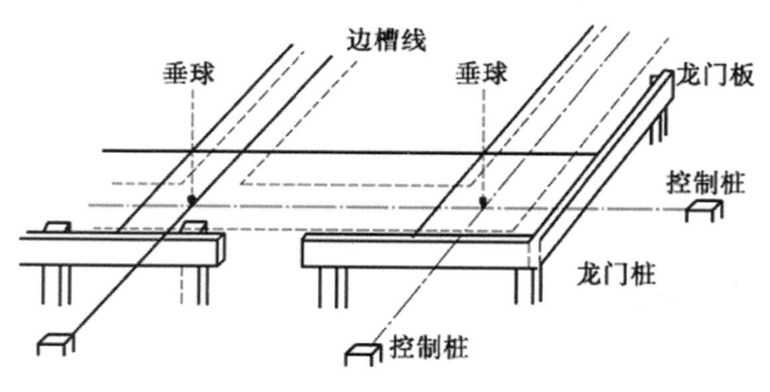

图 11.5 设置控制桩

4. 基础施工测量

（1）基槽与基坑抄平

建筑物轴线放样完毕后，按照基础平面图上的尺寸，在地面放出灰线的位置上进行开挖。如图 11.6 所示，为了控制基槽开挖深度，当快挖到基底设计标高时，可用水准仪

根据地面上 ±0.000 m 点在槽壁上测设一些水平小木桩，使木桩表面离槽底的设计标高为 0.500 m，用以控制挖槽深度。为了施工使用方便，一般在槽壁各拐角处，深度变化处和基槽壁上每隔 3 ～ 4 m 测设一水平桩，并沿桩顶面拉直线绳作为清理基底和打基础垫底时控制标高的依据。

（2）垫层中线的测设

基础垫层打好后，根据龙门板上的轴线钉或轴线控制桩，用经纬仪或用拉绳挂垂球的方法，把轴线投测到垫层上，如图 11.7 并用墨线弹出墙中心线和基础边线，以便砌筑基础，由于整个墙身砌筑以此线为主，这是确定建筑物位置的关键环节，所以要严格校核后方可进行砌筑施工。

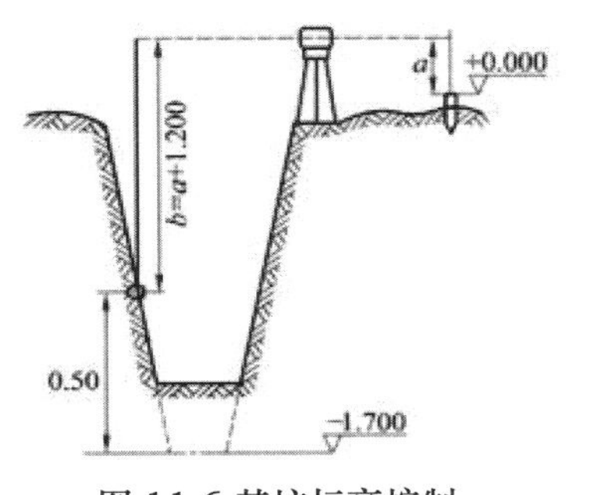

图 11.6 基坑标高控制

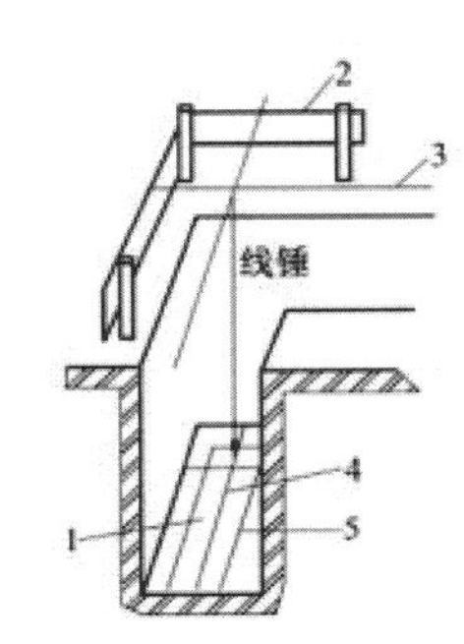

图 11.7 垫层轴线投测

1—垫底；2—龙门板；3—细线；4—墙中线；5—基础边线

（3）建筑基础标高的控制

房屋基础墙的高度是利用基础皮数杆来控制的。基础皮数杆是一根木制的杆子，如图 11.8 所示，在杆上是先按照设计尺寸，将砖、灰缝厚度画出线条，并标明 ±0.000 m 和防潮层等的标高位置。立皮数杆时，可先在立杆处打一木桩，用水准仪在木桩侧面定出一条高于垫层标高某一数值（如 10 cm）的水平线，然后将皮数杆高度与其相同的一条线与木桩上的水平线对齐，并用大铁钉把皮数杆与木桩钉在一起，作为基础墙的标高依据。

基础施工完毕后，应检查基础面的标高是否符合设计要求。可用水准仪测出基础面上若干点的高程与设计高程进行比较，允许误差为 ±10 mm。

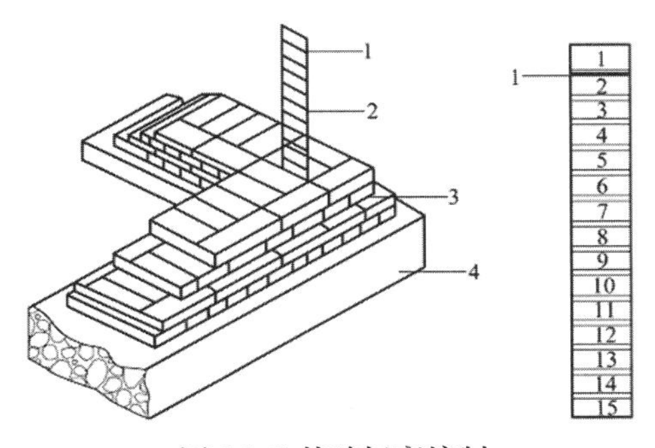

图 11.8 基础标高控制

1—防潮层；2—皮数杆；3—大放脚；4—垫层

11.1.3 墙体施工测量

1. 墙体定位

在基础工程结束后，应对控制桩和龙门板进行认真检查复核，以防止基础施工时由于土方和材料的堆放与搬运产生碰动移动。复核无误后，可利用龙门板或控制桩将轴线测设到基础或防潮层等部位的侧面，这样就确定了上部砌体的轴线位置，施工人员可以照此进行墙体的砌筑，也可以作为向上投测轴线的依据，如图 11.9 所示。

2. 墙体各部位标高控制

在墙体砌筑施工中，墙身上各部位的标高通常使用皮数杆来控制和传递。

皮数杆应根据建筑物剖面图画有每块砖和灰缝的厚度，并注明墙体上窗台、过梁、雨棚、圈梁、楼板等构件高度位置，在墙体施工中，用皮数杆可以控制墙身各部位构件的准确位置，并保证每皮砖灰缝厚度均匀，每批砖都处在同一水平面上，如图 11.10 所示。

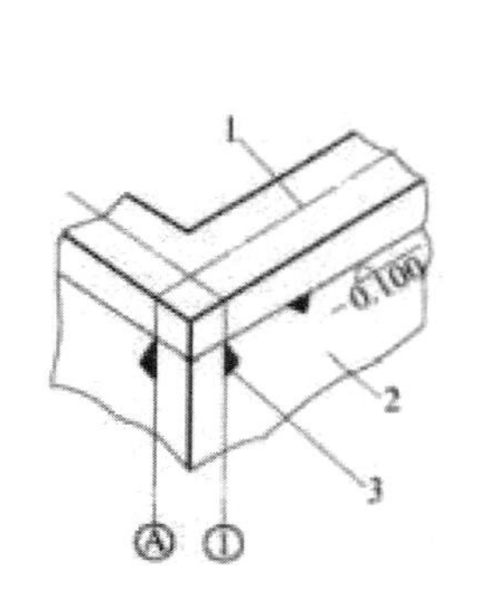

图 11.9 墙体轴线投测

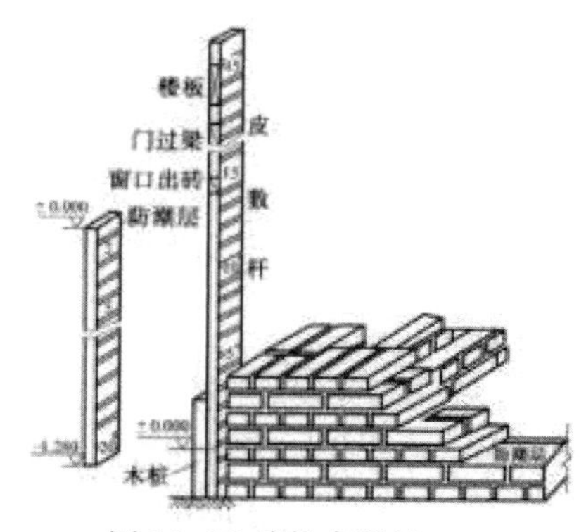

图 11.10 墙体皮数杆

1—墙中线；2—外墙基础；3—轴线标志

立皮数杆时，先在地面打一木桩，用水准仪测出 ±0.000 标高位置，并画一横线作为标志；然后，把皮数杆上的线与木桩上的线对齐，钉牢。

皮数杆钉好后要用水准仪进行检测，并用垂球来校正皮数杆的竖直。为了施工方便采用外脚手架时，皮数杆应立在墙内侧。

如是框架或钢筋混凝土柱间墙时，每层皮数杆可直接画在构件上，而不立皮数杆。

11.2　高层建筑定位与放线

11.2.1 工程测量基本任务与程序

1. 高层建筑施工特点

（1）由于建筑层数多、高度高，结构竖向偏差直接影响工程受力情况，故施工测量中要求竖向投点精度高，所选用的仪器和测量方法要适应结构类型、施工方法和场地情况。

（2）由于建筑结构复杂，设备和装修标准较高，特别是高速电梯的安装等，对施工测量精度要求亦较高。一般情况，在设计图纸中有说明总的允许偏差值，由于施工时亦有误差产生，为此测量误差只能控制在总偏差值之内。

（3）由于建筑平面、立面造型既新颖且复杂多变，故要求开工前先制定施测方案，仪器配备，测量人员的分工，并经工程指挥部组织有关专家论证方可实施。

2. 高层建筑施工测量精度标准

（1）施工平面与高程控制网的测量限差（允许偏差），见表 11.4。

表 11.4　施工平面与高程控制网的测量限差（允许偏差）

平面网等级	适用范围	边长 /m	允许偏角 /（″）	边长相对精度
一级	重要高层建筑	100 ～ 300	±15	1/15000
二级	一般高层建筑	50 ～ 200	±20	1/10000

注：①平面控制网应使用 5″ 级以上的全站仪，测距精度为 ±（3 mm+2×10-6×D）；②程控制网应使用 DS3 型以上水准仪，高差闭合差限差为 ±6 mm 或 ±20mm。

（2）基础放线尺寸定位限差（允许偏差），见表 11.5。

表 11.5　基础放线定位尺寸限差（允许偏差）

项目	限差	项目	限差
长度 L（宽度 B）≤ 30 m	±5 mm	60 m ≤ L（B）≤ 90 m	±15 mm
30 m ≤ L（B）≤ 60 m	±10 mm	L（B）>90 m	±20 mm

（3）施工放线限差（允许偏差），见表 11.6。

表 11.6 施工放线限差（允许偏差）

项目		限差
外廓主轴线长 L	L ≤ 30 m 30<L ≤ 60 m 60<L ≤ 90 L>90	±5 ±10 ±15 ±20
细部轴线		±2
承重墙、梁、柱边线		±3
非承重墙边线		±3
门窗洞口线		±3

（4）轴线竖向投测限差（允许偏差），见表 11.7。

表 11.7 轴线竖向投测限差（允许偏差）

项目		限差
每层（层间）		±3
建筑总高（全）高 H /m	H ≤ 30 m	±5
	30< H ≤ 60 m	±10
	60< H ≤ 90 m	±15
	90< H ≤ 120 m	±20
	120< H ≤ 150 m	±25
	H >150 m	±30

注：建筑全高 H 竖向投测偏差不应超过 3 H /10 000，且不应大于上表值，对于不同的结构类型或者不同的投测方法，竖向允许偏差要求略有不同。

（5）标高竖向投测限差（允许偏差），见表 11.8。

表 11.8 标高竖向投测限差（允许偏差）

项目		限差
每层（层间）		±3
建筑总高（全）高 H /m	H ≤ 30 m	±5
	30< H ≤ 60 m	±10
	60< H ≤ 90 m	±15
	90< H ≤ 120 m	±20
	120< H ≤ 150 m	±25
	H >150 m	±30

注：建筑全高 H 竖向传递测量误差不应超过 3 H /10 000，且不应大于上表值。

（6）各种钢筋混凝土高层结构施工中竖向轴线位置的施工限差（允许偏差），见表 11.9。

表 11.9 钢筋混凝土高层结构施工中竖向轴线位置施工的限差（允许偏差）

结构类型 限差		现浇框架 框架－剪力墙	装配式框架 框架剪力墙	大模板施工 混凝土墙体	滑模施工	检查方法
层间	层高不大于 5 m	8 mm	5 mm	5 mm	5 mm	2 mm 靠尺检查
	层高大于 5 m	10 mm	10 mm			
全高 H		H/1000 但不大于 30 mm	H /1000 但不大于 20 mm	H /1000 但不大于 30 mm	H /1000 但不大于 50 mm	激光经纬仪全站仪实测
轴线位置	梁、柱	8 mm	5 mm	5 mm	3 mm	钢尺检测
	剪力墙	5 mm	5 mm			

（7）各种钢筋混凝土高层结构施工中标高的施工限差（允许偏差），见表 11.10。

表 11.10 钢筋混凝土高层结构施工中标高的施工限差（允许偏差） (mm)

结构类型 限差	现浇框架 框架－剪力墙	装配式框架 框架剪力墙	大模板施工 混凝土墙体	滑模施工	检查方法
每层	±10	±5	±10	±10	钢尺检查
全高	±30	±30	±30	±30	水准仪实测

高层建筑平面较多层建筑平面复杂，其基础形式一般采用桩基础，上部主体结构以框

架结构与剪力墙结构为常见结构形式。以下针对其平面定位、轴线投测与高程传递核心点进行介绍。

11.2.2　特殊平面建筑物的定位测量

1. 弧形建筑物的施工测量

具有弧形平面的建筑物应用较为广泛，住宅、办公楼、旅馆饭店、医院、交通建筑等都经常使用弧形平面而且形式也极为丰富多样，有的是建筑物局部采用圆形弧线。弧形平面建筑物的现场施工放样方法很多，一般有直线拉线法、几何作图法、经纬仪坐标计算法及现场施工条件测角法等，作业中应根据设计图上给出的定位条件，采用相应的施工放样方法。

（1）直接拉线法

这种施工放样方法比较简单，根据设计总平面图，先定出建（构）筑物的中心位置和轴线，再根据设计数据，即可进行施工放样操作。这种方法适用于圆弧半径较小的情况。

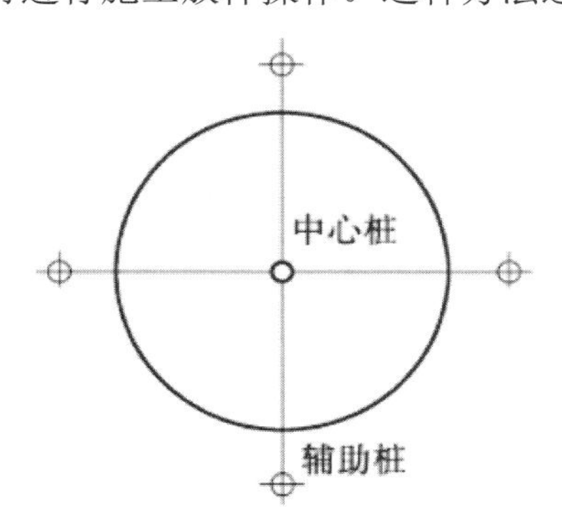

图 11.11 直接标定建筑物

1）如图 11.11 所示，根据设计总平面图，实地测出该圆的中心位置，并设置较为稳定的中心桩（木桩或水泥桩），设置中心桩时应注意：

①中心桩位置应根据总平面要求，设置正确；

②心桩要设置牢固；

③整个施工过程中，中心桩须多次使用，应以妥善保护。同时，为防止中心桩因发生移位四周应设置辅助桩。使用木桩时，木桩中心处钉一圆钉；用水泥桩时，水泥桩中心处应埋设一断头钢筋。

2）依据设计半径，用钢尺套住中心桩上的圆钉或钢筋头，画圆弧即可测设出圆曲线。钢尺应松紧一致，不允许有时松有时紧现象，不宜用皮尺进行画圆操作。

（2）坐标计算法

坐标计算法是当圆弧形建筑平面的半径尺寸很大，圆心已远远超出建筑物平面以外，无法采用直接拉线法或几何作图法时所采用的一种施工放样方法。

坐标计算法，一般是先根据设计平面图所给出的条件建立直角坐标系，进行一系列计算，并将计算结果列成表格后，根据表格再进行现场施工设计。因此，坐标计算法的实际现场的施工放样工作比较简单，且能获得较高的施工精度。如图 11.12 所示，一圆弧形建筑平面，圆弧半径 R =90 m，弦长 AB =40 m，其施工放样步骤如下：

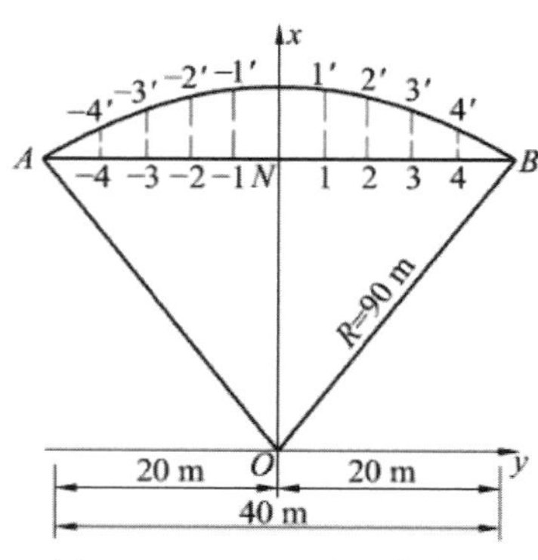

图 11.12 圆弧形建筑物定位

（3）计算测设数据

①建立直角坐标系。以圆弧所在圆的圆心坐标原点，建立 xOy 平面直角坐标系，圆弧上任意一点的坐标应满足方程

$$x^2+y^2=R^2 \quad \text{亦即} \quad x=\sqrt{R^2-y^2} \tag{11.1}$$

②计算圆弧分点的坐标，用 y =0 m、y =±4 m、y =±8 m…y =±12 m 的直线去切割弦 AB 和弧 AB，得与弦 AB 的交点 N、1、2、3、4 和 -1、-2、-3、-4 以及与圆弧 AB 的交点 N'、1′、2′、3′、4′ 和 -1′、-2′、-3′、-4′。将各分点的横坐标代入式（11-1），可得各分点的纵坐标为

$$x_N=\sqrt{90^2-0^2}=90.000 \text{ m}$$
$$x_1=\sqrt{90^2-4^2}=89.911 \text{ m}$$
$$\vdots$$

弦 AB 上的交点的纵坐标都相等，即

$$x_N=x_1=\cdots=x_A=x_B=87.750 \text{ m}$$

③计算矢高，即

$$NN'=x_{N'}-x_N=(90.000-87.750)\text{ m}$$
$$11'=x_{1'}-x_1=(89.911-87.750)\text{ m}$$

计算出的放样数据见表 11.11。

表 11.11 圆弧曲线放样数据

弦分点	A	-4	-3	-2	-1	N	1	2	3	4	B
弧分点	A	-4′	-3′	-2′	-1′	N'	1′	2′	3′	4′	B
y /m	-20	-16	-12	-8	-4	0	4	8	12	16	20
失高 /m	0	0.816	1.446	1.894	2.161	2.250	2.161	1.894	1.446	0.816	0

（4）实地放样

①根据设计总平面图的要求，先在地面上定出弦 AB 的两端点 A 、 B ，在弦 AB 上测设出各弦分点的实地点位。

②直角坐标法或距离交汇法测设出各弧分点的实地位置，将各弧分点用光滑的圆曲线连接起来，得到圆曲线 AB 。用距离交汇法测设各弧分点的实地位置时，需用勾股定理计算出 $N1'$ 、$12'$ 、$23'$ 和 $34'$ 等线段的长度。

2. 三角形建筑物的施工测量

正三角形的平面形式在建筑设计中也有应用，在高层建筑中尤为多见。有的建筑平面直接为正三角形，有的在正三角形的基础上又有变化，从而使平面形状丰富多采。具有正三角形平面的建筑物的施工放样并不太复杂，在确定中心轴线或某一边的轴线位置后，即可放出建筑物的全部尺寸线。

某三角形建筑物，如图 11.13 所示。建筑物三条中心轴线的交点 O ，距两边规划红线均为 40 m，$AO = BO = CO$ 。本建筑只要测出 OA 、 OB 、 OC 三条轴线，其余细部便可根据这三条轴线来测设。

在红线桩 P 点上安置经纬仪，照准红线桩 K ，在 PK 方向上丈量 40 m，定出 Q 点。

（2） Q 点上安置经纬仪，照准 P 点测设 90° 角，定出 QA 方向线。

（3）在 QA 方向线上，从 Q 点丈量 40 m 为 O 点，从 O 点丈量 34 m 为 A 点。

（4）安置经纬仪于 O 点，照准 A 点测设 120° 角，从 O 点起量 34 m，定出 B 点。

（5）同法测设出 C 点。

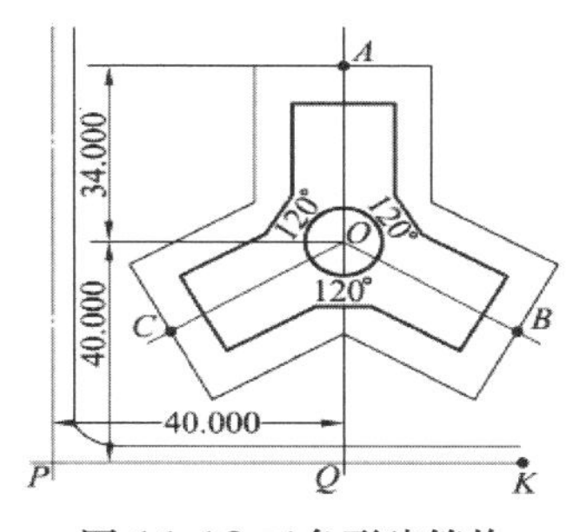

图 11.13 三角形建筑物

（6）因房屋的其他尺寸都是直线关系，所以有了这三条主要轴线，就可以根据平面图所给的尺寸，测设出整幢楼房的全部轴线和边线位置，并定出轴线桩。

11.2.3 轴线的竖向投测

1. 多层建筑物轴线投测

在多层建筑墙身砌筑过程中，为了保证建筑物轴线位置正确，可用吊锤球或经纬仪将轴线投测到各层楼板边缘或柱顶上

2. 吊锤球法

一般建筑在施工中，常用悬吊垂球法将轴线逐层向上投测。其做法是：将较重的垂球悬吊在楼板或柱顶边缘，当垂球尖对准基础上定位轴线时，线在楼板或顶柱边缘位置即为楼层轴线端点位置，画一短线作为标志；同样投测轴线另一端点，两端的连线即为定位轴心。如图 11.14 所示。

同法投测其他轴线，再用钢尺校测各轴线间距，然后继续施工，并把轴线逐层自下向上传递。为减少误差累计，用经纬仪从地面上的轴线投测到楼板或柱上去，以校核逐层传递的轴线位置是否正确。悬吊垂球简便易行，不受场地限制，一般能保证施工质量。但是，当有风或建筑物层数较多时，用垂球投测轴线误差较大。

3. 经纬仪投测法

在轴线控制桩上安置经纬仪，严格整平后，瞄准基础墙面上的轴线标志，用盘左、盘右分中投点法，将轴线投测到楼层边缘或柱顶上，如图 11.15 所示。将所有端点投测到楼板上之后，用钢尺检核其间距，相对误差不得大于 1/2 000。检查合格后，才能在楼板间弹线，继续施工。

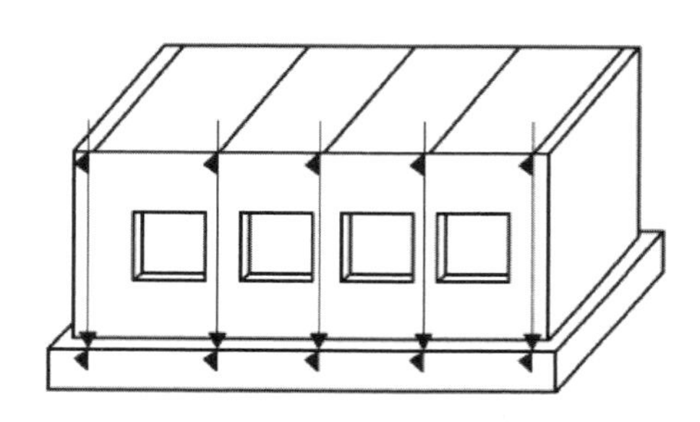

图 11.14 吊垂球法投测轴线

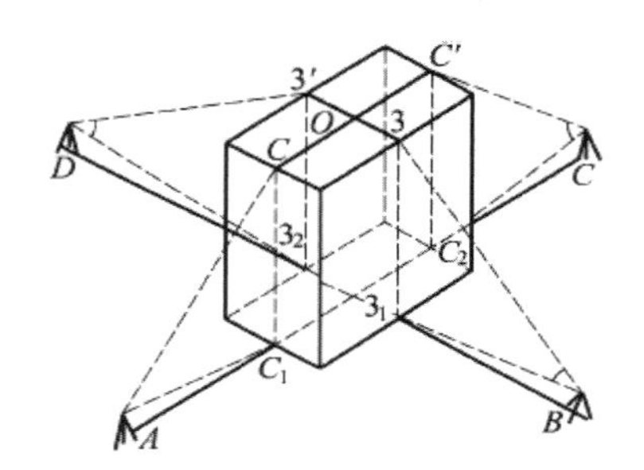

图 11.15 经纬仪轴线投测

4. 高层建筑物轴线投测

高层建筑由于层数多，高度高，结构竖向偏差对工程受力影响大，因此施工中对竖向投点的精度要求也高。高层建筑轴线向上投测的竖直偏差值在本层不超过 5 mm，全高不超过楼高的 1/1 000，累计偏差不超过 20 mm。其轴线的竖向投测，主要有外控法和内控法两种。

（1）外控法

外控法是在建筑物外部，利用经纬仪，根据建筑物轴线控制桩来进行轴线的竖向投测，亦称作“经纬仪引桩投测法”。

①在建筑物底部投测中心轴线位置。如图 11.16 所示，高层建筑的基础工程完工后，将经纬仪安置在轴线控制桩 A_1、A'_1、B_1 和 B'_1 上，把建筑物主轴线精确地投测到建筑物的底部，并设立标志，如图 11.16 中的 a_1、a'_1、b_1 和 b'_1，以供下一步施工与向上投测之用。

②向上投测中心线。随着建筑物不断升高，要逐层将轴线向上传递。将经纬仪安置在中心线控制桩 A_1、A'_1、B_1 和 B'_1 上，严格整平仪器，用望远镜瞄准建筑物底部已标出的

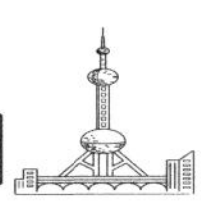

轴线 a_1、a'_1、b_1 和 b'_1 点。用盘左和盘右分别向上投测到每层楼板上，并取其中点作为该层中心轴线的投影点 a_2、a'_2、b_2 和 b'_2。

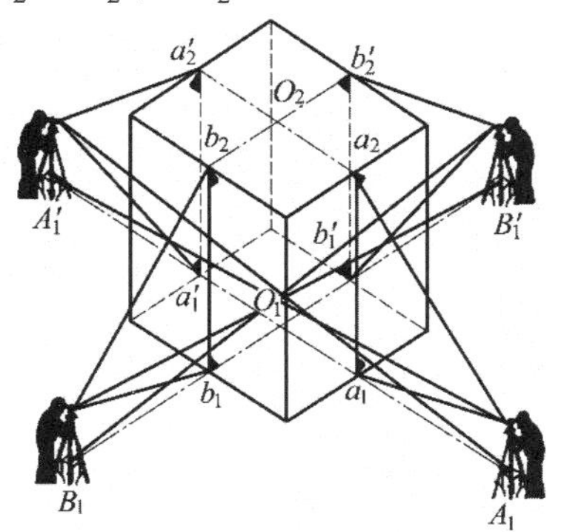

图 11.16　外控法轴线控制

③增设轴线引桩。当楼房逐渐增高，而轴线控制桩距建筑物又较近时，望远镜的仰角较大，操作不便，投测精度也会降低。将原中心轴线控制桩引测到更远的安全地方，或者附近较大楼的屋面上。

将经纬仪安置在已经投测的较高层（如第 10 层）楼面轴线 a_{10}、a'_{10} 上。瞄准地面上原有的轴线控制桩 A_1、A'_1 点，用盘左和盘右分中投点法，将轴线延长到远处 A_2、A'_2 点，并用标志固定其位置，A_2、A'_2 即为新投测的 A_1、A'_1 轴的控制桩，如图 11.17 所示。

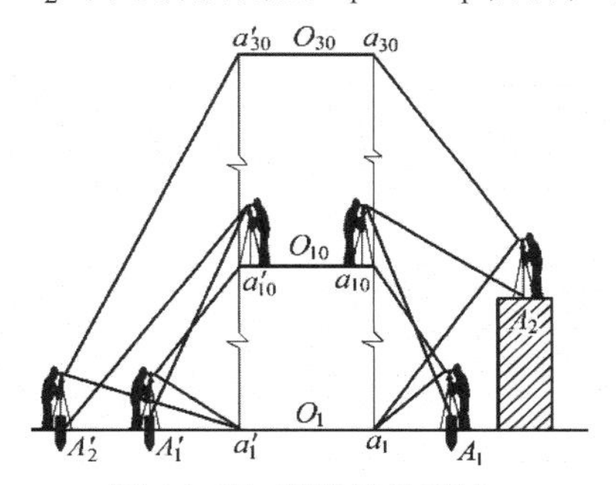

图 11.17　增设轴线引桩

（2）内控法

高层建筑物一般都建在城市密集的建筑区里，施工场地窄小，无法用外控法。内控法不受施工场地限制，不受刮风下雨的影响，施工时在建筑物底层测设室内轴线控制点上建立室内轴线控制网。用垂准线原理将其轴线点垂直投测到各层楼面上，作为各层轴线测设的依据。故此法也叫垂准线投测法。

室内轴线控制点的布置视建筑物的平面形状而定，对一般平面形状不复杂的建筑物，可布设成L形或矩形控制网。

内控点应设在房屋拐角柱子旁边，其连线与柱子设计轴线平行，相距0.5～1.0 m。内控制点应选择在能保持通视（不受构架梁等影响）和水平通视（不受柱子等影响）的位置。

当基础工程完成后，根据建筑物场地平面控制网，校核建筑物轴线控制桩无误后，将轴线内控点测设到底层地面上，并埋设标志，作为竖向投测轴线的依据。为了将底层的轴线点投测到各层楼面上，在点的垂直方向上的各层楼面上应预留约200 mm×200 mm的传递孔。并在孔周用砂浆做成20 mm高的防水斜坡，以防投点时施工用水通过传递孔流落在仪器上。

根据竖向投测使用仪器的不同，又分为以下四种投测方法。

1）吊线坠法。如图11.18所示，吊线坠法是使用直径0.5～0.8 mm的钢丝悬吊10～20 kg特制的大垂球，以底层轴线控制点为准，通过预留孔直接向各施工层投测轴线。每个点的投测应进行两次，两次投点的偏差，在投点高度小于5 m时不大于3 mm，高度在5 m以上时不大于5 mm，即可认为投点无误，取用其平均位置，将其固定下来。

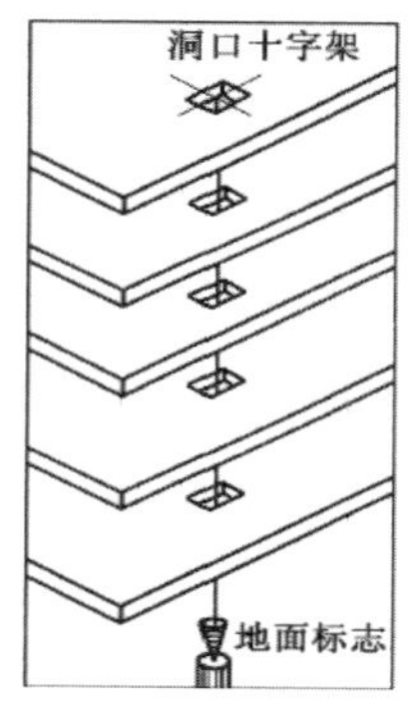

图11.18 吊线锤法

然后再检查这些点间的距离和角度，如与底层相应的距离、角度相差不大时，可做适当调整。最后根据投测上来的轴线控制点加密其他轴线。施测中，如果采用的措施得当，如防止风吹和震动等，使用线坠引测铅直线是即经济、简单，又直观、准确的方法。

2)激光铅垂仪投测轴线。激光铅垂仪是一种专用的铅直定位仪器。适用于高层建筑物、烟囱及高塔架的铅直定位测量。激光铅垂仪主要由氦氖激光管、精密竖轴、发射望远镜、水准器、基座、激光电源及接收屏等部分组成。

激光器通过两组固定螺钉固定在套筒内。激光铅垂仪的竖轴是空心筒轴，两端有螺扣，上、下两端分别与发射望远镜和氦氖激光套筒相连接，二者位置可对调构成向上或向下发射激光束的铅垂仪。仪器上设置有两个互成90°的管水准器，仪器配有专用激光电源。

激光铅垂仪投测轴线的步骤：

①在首层轴线控制点上安置激光铅垂仪，利用激光器底端（全反射棱镜端）所发射的

激光束进行对中，通过调节基座整平螺旋，使管水准器气泡严格居中。

②在上层施工楼面预留孔处，放置接受靶。

③接通激光电源，启辉激光器发射铅直激光束，通过发射望远镜调焦，使激光束会聚成红色耀目光斑，投射到接受靶上。

④移动接受靶，使靶心与红色光斑重合，固定接受靶，并在预留孔四周做出标记。此时，靶心位置即为轴线控制点在该楼面上的投测点。

3）天顶准直法。天顶准直法是使用能测设铅直向上方向的仪器，进行竖向投测。常用的仪器有激光铅直仪、激光经纬仪和配有 90° 弯管目镜的经纬仪。采用激光铅直仪或激光经纬仪进行竖向投测是将仪器安置在底层轴线控制点上，进行严格整平和对中（用激光经纬仪需将望远镜指向天顶）。在施工层预留孔中央设置用透明聚酯膜片绘制的靶，启辉激光器，经过光斑聚焦，使在接受靶上接收成一个最小直径的激光光斑。接着水平旋转仪器，检查光斑有无划圆情况，以保证激光束铅直。然后移动靶心使其与光斑中心垂直，将接收靶固定，则靶心即为欲铅直投测的轴线点。

4）天底准值法。天底准直法是使用能测设铅直向下方向的垂准仪器，进行竖向投测。测法是把垂准经纬仪安置在浇筑后的施工层上，用天底准直法，通过在每层楼面相应与轴线点处的预留孔，将底层轴线点引测到施工层上。在实际工作中，可将有光学对点器的经纬仪改装成垂准仪。有光学对点器的经纬仪竖轴是空心的，故可将竖轴中心的光学对中器物镜和转向棱镜以及支架中心的圆盖卸下，在经验核后，当望远镜物镜向下竖起时，即可测出天底准直方向。但改装工作必须由仪器专业人员进行。

11.2.4 建筑物的高程传递

建筑物可用皮数杆来传递高程。对于高程传递要求较高的建筑物，通常用 50 线来传递高程。

1. 测设 50 线传递高程

50 线是指建筑物中高于室内地坪 ±0.000 m 标高 0.5 m 的水平控制线，作为砌筑墙体、屋顶支模板、洞口预留及室内装修的标高依据。50 线的精度非常重要，相对精度要满足 1/5 000。50 线的测设步骤如下：

①检验水准仪的 i 角误差，i 角误差不大于 20"。

②为防止 ±0.000 点处标高下沉，从高等级高程控制点重新引测 ±0.000 标高处的高程，检核 ±0.000 的标高。

③在新建建筑物内引测高于 ±0.000 处 0.5 m 的标高点，复测 3 次其平均值并准确标记在新建建筑物内。

④当墙体砌筑高于 1 m 时，以引测点为准采用小刻度抄平尺（最小刻度不大于 1 mm）在墙上抄 50 线。

⑤ 50 线抄平完毕后用抄平水管进行检核，误差不超过 3 mm。

测量时一般是在底层墙身砌筑到 1 m 高后，用水准仪在内墙面上测设一条高出室内 +0.5 m 的水平线。作为该层地面施工及室内装修时的标高控制线。对于二层以上各层，同样在墙身砌到 1 m 后，一般从楼梯间用钢尺从下层的 +0.5 m 标高线向上量取一段等于该层层高的距离，并作标志。然后，再用水准尺测设出上一层的“+0.5 m”的标高线。这样用钢尺逐层向上引测。根据具体情况也可用悬挂钢尺代替水准仪，用水准仪读数，从下向上传递高程。

2. 楼梯间高程传递

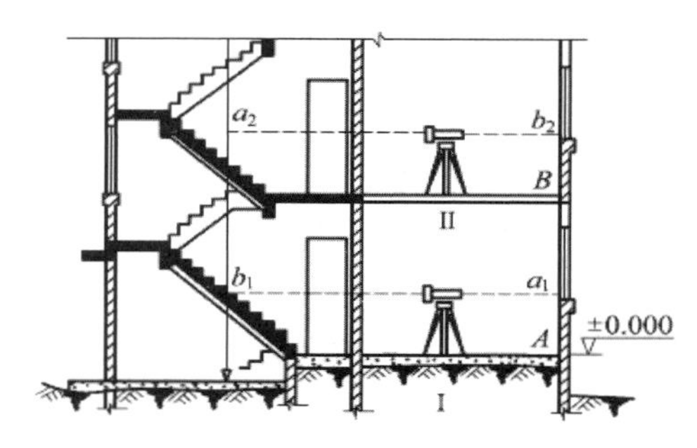

图 11.19 楼层间高程传递

如图 11.19 所示，将水准仪安置在 I 点，后视 ±0. 000 水平线或起始高程线处的水准尺读取后视读数 a_1，前视悬吊于施工层上的钢尺读取前视读数 b_1，然后将水准仪移动到施工层上安置于Ⅱ点，后视钢尺读取 a_2，前视 B 点水准尺测设施工层的某一高程线（如 +50 线）。对于一个建筑物，应按这样的方法从不少于三处分别测设某一高程线标志。

测设高程线标志以后，在采用水准测量的方法观测处于不同位置的具有同一高程的水平线标志之间的高差，高差应不大于 ±3 mm。

11.3　工业建筑定位与放线

11.3.1　厂房控制网测设

1. 厂房矩形控制网的测设

厂房施工中多采用由柱列轴线控制桩组成的厂房矩形控制网，其测设方法有两种，即角桩测设法和主轴线测设法。

（1）角桩测设法

首先以厂区控制网放样出厂房矩形网的两角桩（或称一条基线边，如 S_1-S_2），再据此拨直角，设置图 11.20 所示厂房基础施工测量矩形网的两条短边，并埋设距离指标桩。

距离指标桩的间距一般是等于厂房柱子间距的整倍数（但以不超过使用尺子的长度为限）。此法简单方便，但由于其余三边系由基线推出，误差集中在最后一边 N_1-N_2 上，使其精度较差，故用此形式布设的矩形网只适用于一般的中小型厂房。

（2）主轴线测设法

厂房矩形控制网的主轴线，一般应选在与主要柱列轴线或主要设备基础轴线相互一致或平行的位置上。如图 11.21 所示，先根据厂区控制网定出矩形控制网的主轴线 *AOB*，再在 *O* 点架设仪器，采用直角坐标法放样出短轴线 *CD*，其测设与调整方法与建筑方格网主轴线相同。在纵横轴线的端点 *A*、*B*、*C*、*D* 分别安置经纬仪，都以 *O* 点为后视点，分别测设直角交会定出 *E*、*F*、*G*、*H* 四个角点。

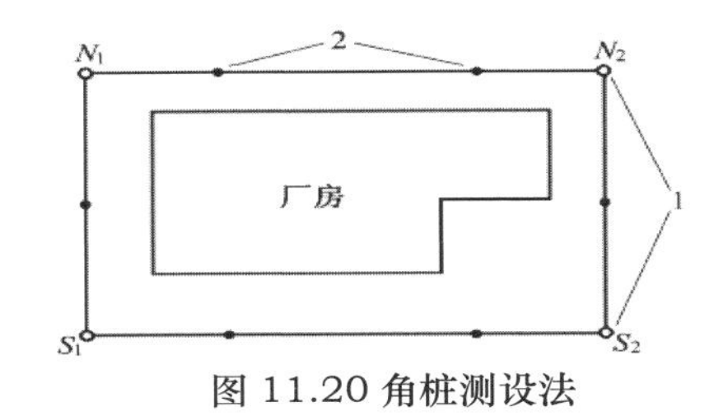

图 11.20 角桩测设法

1—角桩 2—距离指标桩

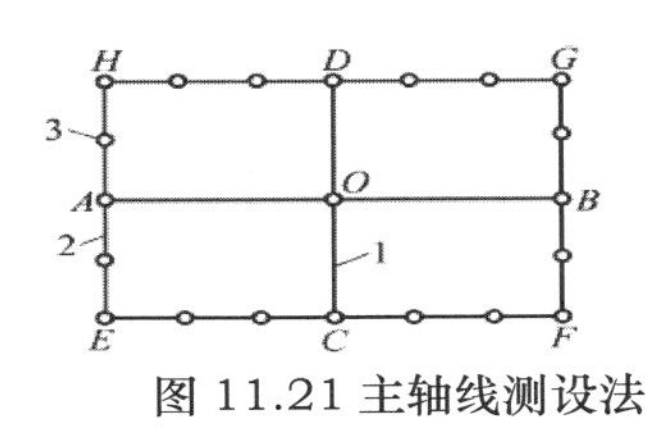

图 11.21 主轴线测设法

1—主轴线 2—矩形控制网 3—距离指标桩

为了便于以后进行厂房细部的施工放线，在测定矩形网各边长时，应按施测方案确定的位置与间距测设距离指标桩。厂房矩形控制网角桩和距离指标桩一般都埋设在顶部带有金属标板的混凝土桩上。当埋设的标桩稳定后，即可采用归化改正法，按规定精度对矩形网进行观测、平差计算，求出各角桩点和各距离指标桩的平差坐标值，并和各桩点设计坐标相比较，在金属标板上进行归化改正，最后再精确标定出各距离指标桩的中心位置。

2. 厂房矩形控制网的精度要求

矩形控制网的允许误差应符合表 11.12 的规定。

表 11.12 厂房矩形控制网允许误差

矩形网等级	矩形网类型	厂房类别	主轴线 矩形边长精度	主轴线交角允许差	矩形角允许差
	根据主轴线测设的矩形网	大型	1: 50000, 1: 30000	±3" ~ ±5"	±5"
	单一矩形控制网	中型	1: 20000		±7"
	单一矩形控制网	小型	1: 10000		±10"

11.3.2　柱子基础施工测量

1 柱基础定位

根据柱列中心线与矩形控制网的尺寸关系，从最近的距离指标桩量起，把柱列中心线一一测设在矩形控制网的边线上，并打下木桩，以小钉表明点位，作为轴线控制桩，用于放样柱基，如图 11.22 所示。柱基测设时，应注意定位轴线不一定都是基础中心线。

2. 基坑开挖边界线放样

用两架经纬仪安置在两条相互垂直的柱列轴线的轴线控制桩上，沿轴线方向交会出每一个柱基中心的位置。在柱列中心线方向上，离柱基开挖边界线 0.5 ～ 1 m 以外处各打四个定位小木桩，上面钉上小钉标明，作为中心线标志，供基坑开挖和立模之用，如图 11.22 所示。按柱基平面图和大样图所注尺寸，顾及基坑放坡宽度，放出基坑开挖边界，用白灰线标明基坑开挖范围。

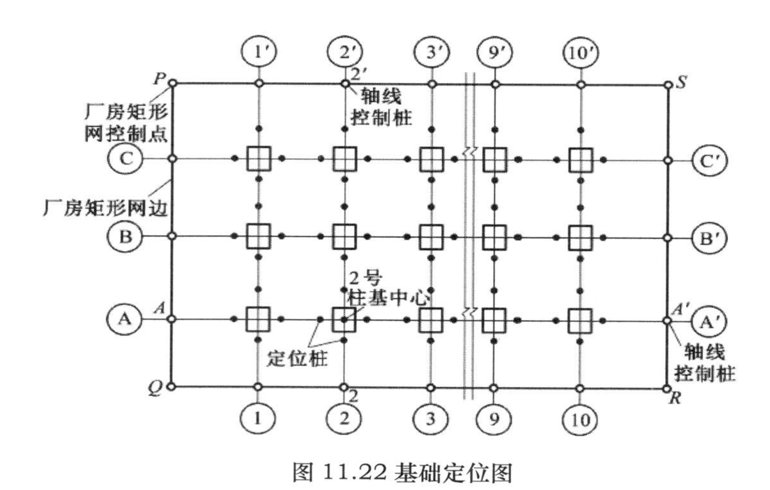

图 11.22 基础定位图

3. 基坑的高程测设

当基坑挖到一定深度时，要在基坑四壁距坑底设计高程 0.3 ～ 0.5 m 处设置几个水平桩（腰桩）作为基坑修坡和清底的高程依据。此外还应在基坑内测设垫层的标高，即在坑底设置小木桩，使桩顶高程恰好等于垫层的设计高程，如图 11.23（a）所示。

4. 基础模板定位

打好垫层后，根据坑边定位小木桩，用拉线的方法，吊垂球把柱基定位线投到垫层上，如图 11.23(b)所示。用墨斗弹出墨线,用红漆画出标记,作为柱基立模板和布置钢筋的依据。立模板时，将模板底线对准垫层上的定位线，并用垂球检查模板是否竖直，最后将柱基顶面设计标高测设在模板内壁。拆模以后柱子杯形基础的形状如图 7.28 所示。根据柱列轴线控制桩，用经纬仪正倒镜分中法，把柱列中心线测设到杯口顶面上，弹出墨线。再用水准仪在杯口内壁四周各测设一个 -0.6 m 的标高线（或距杯底设计标高为整 dm 的标高线），用红漆画出“▼”标志，注明其标高数字，用以修整杯口内底部表面，使其达到设计标高。

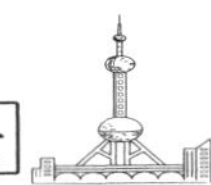

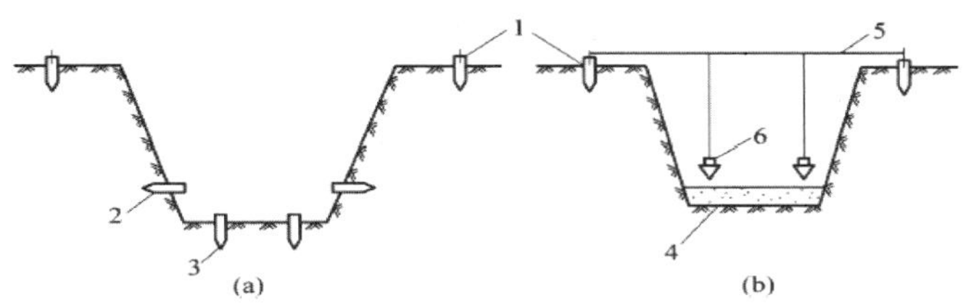

图 11.23 基础模板定位示意图

1—桩基定位小木桩；2—腰桩；3—垫层标高桩

4—垫层；5—钢丝；6—垂球

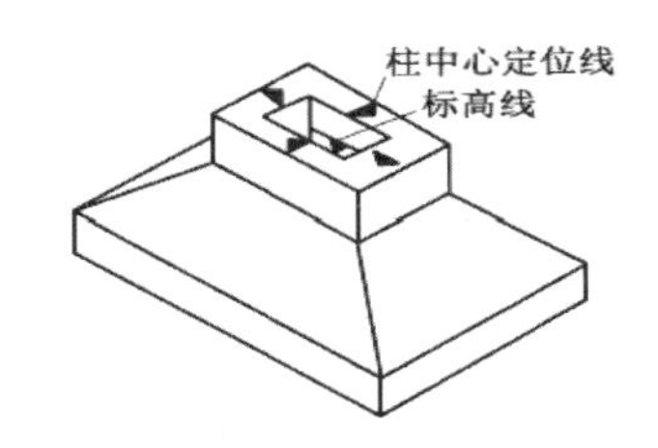

图 11.24 柱体的安装测量

11.3.3　厂房柱子安装测量

1. 柱子安装前的准备工作

首先，将每根柱子按轴线位置编号，并检查柱子尺寸是否满足设计要求。然后，在柱身的三个侧面用墨线弹出主中心线，每面在中心线上按上、中、下用红漆划出“▼”标志，以供校正时对照，如图 11.24 所示。最后，还要调整杯底标高。根据是：杯底标高加上柱底到牛腿的长度应等于牛腿面的设计标高，即

$$H_{面} = H_{底} + L$$

式中，H面——牛腿面的设计标高；

H底——基础杯底的标高；

L——柱底到牛腿面的设计长度。

调整杯底标高的具体做法是：先根据牛腿设计标高，沿柱子上端中心线用钢尺量出一标高线，与杯口内壁上已测设的标高线相同，分别量出杯口内标高线至杯底的高度，与柱身上的标高线至柱底的高度进行比较，以确定找平厚度后修整杯底，使牛腿面标高符合设计要求，如图 11.25 所示。

2. 柱子安装时的测量工作

预制钢筋混凝土柱插入杯口后，应使柱底部三面的中线与杯口上已划好的中线对齐，并用钢楔或木楔作临时固定，如有偏差可捶打木楔或钢楔将其拨正，容许误差为 ±5 mm。柱子立稳后，用水准仪检测 ±0.00 mm 标高线是否符合设计要求，允许误差为 ±3 mm。

初步固定后即可进行柱子的垂直校正。如图 11.26 所示，在柱基的横中心线上，距柱子约 1.5 倍柱高处，安置两架经纬仪，先按照柱底中线，固定找准部，慢慢抬高望远镜，如柱身上的中线标志或所弹中心墨线偏离视线，表示柱子不垂直，可通过调节柱子拉绳或支撑、敲打楔子等方法使柱子垂直。柱子垂直度容许误差为：10 m 以内为 ±10 mm，10 m 以上为 H /1 000（H为柱高），且不大于 20 mm。满足要求后立即灌浆，以固定柱子位置。

在实际工作中，常把成排柱子都竖起来，然后进行校正。这时可把两台经纬仪分别安

置在纵横轴线的一侧，偏离中线不得大于 3 m，安置一次仪器可校正几根柱子。对于变截面柱子，其柱身上的中心线标志或中心墨线不在同一平面上，则仪器必须安置在中心线上。

在进行柱子垂直校正时，应注意随时检查柱子中线是否对准杯口的柱中线标志，并要避免日照影响校正精度，校正工作宜在早晨或阴天进行。

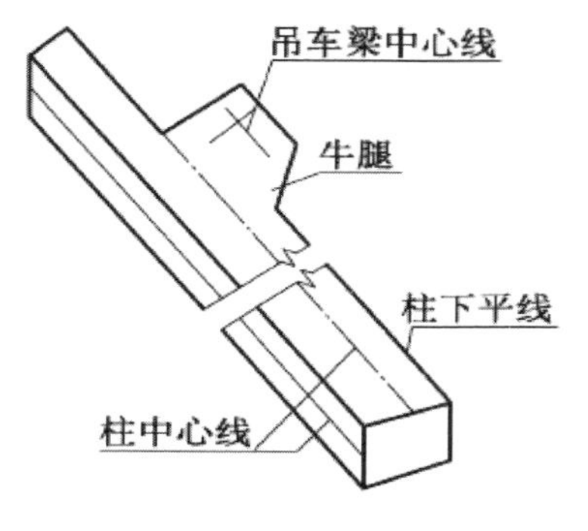

图 11.25 柱身定位标志

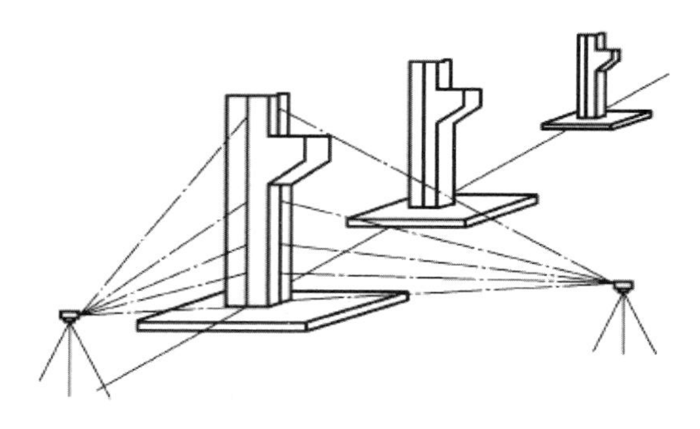

图 11.26 柱体的安装测量

11.3.4 吊车梁的安装测量

吊车梁安装时，测量工作的主要任务是使安置在柱子牛腿上的吊车梁的平面位置、顶面标高及梁端面中心线的垂直度均符合设计要求。

吊装之前应做好两个方面的准备工作：一是在吊车梁的顶面和两端面上弹出梁中心线；二是将吊车轨道中心线引测到牛腿面上，引测方法如图 11.27 所示。先在图纸上查出吊车轨道中心线与柱列轴线之间的距离 e，再分别依据 A 轴和 B 轴两端的控制桩，采用平移轴线的方法，在地面上测设出轨道中心线 $A'A''$ 和 $B'B''$。将经纬仪分别安置在 $A'A''$ 和 $B'B''$ 一端的控制点上，照准另一控制点，仰起望远镜，将轨道中心线测设到柱的牛腿面上，并弹出墨线。上述工作完成后可进行吊车梁的安装。

吊车梁被吊起并已接近牛腿面时，应进行梁端面中心线与牛腿面上的轨道中心线的对位，两线平齐后，将梁放置在牛腿上。如图 11.28 所示，平面定位完成后，应进行吊车梁顶面标高检查。检查时，先在柱子侧面测设出一条 ±50 cm 的标高线，用钢尺自标高线起沿柱身向上量至吊车梁顶面，求得标高误差，由于安装柱子时，已根据牛腿顶面至柱底的实际长度对杯底标高进行了调整，因而吊车梁标高一般不会有较大的误差。另外还应吊垂球检查吊车梁端面中心线的垂直度。标高和垂直度存在的误差，可在梁底支座处加垫铁纠正。

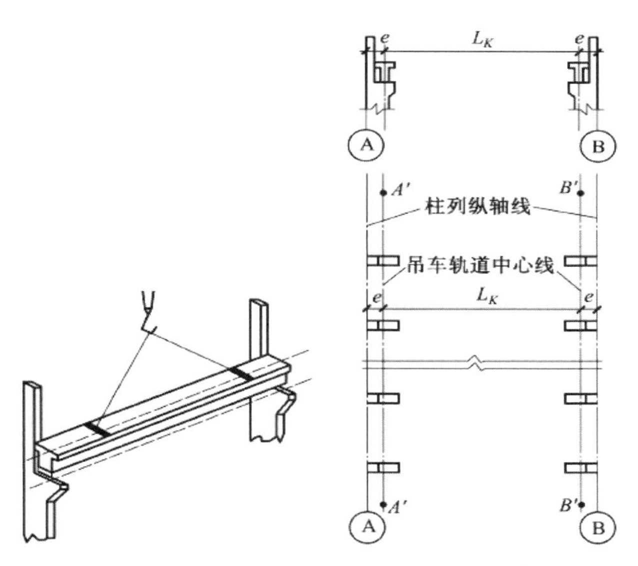

图 11.27 吊车安装示意图　图 11.28 吊车梁安装

基础同步

一、填空题

1. 建筑物定位时，拟建建筑物与原建筑物相距 25 m，定位轴线时 240 mm 厚墙轴线居中，则定位距离为（　　）。

2. 建筑物的放线方法有（　　　）和（　　　）。

3. 龙门板标高测定的容许误差一般为（　　）。轴线投点容许误差为（　　　）。

4. 基础垫层上轴线的投测方法有（　　　）和（　　　）。

二、名词解释

1. 建筑物的定位测量。

2. 施工放线。

三、选择题

1. 施工时为了使用方便，一般在基槽壁各拐角处、深度变化处和基槽壁上每隔 3 ~ 4 m 测设一个（　），作为挖槽深度、修平槽底和打基础垫层的依据。

A. 水平桩　　B. 龙门桩　　C. 轴线控制桩　　D. 定位桩

2. 在布设施工平面控制网时，应根据（　）和施工现场的地形条件来确定。

A. 建筑总平面图　B. 建筑平面图　C. 建筑立面图　　D. 基础平面图

3. 对于建筑物多为矩形且布置比较规则和密集的工业场地，宜将施工平面控制网布设成（　）。

A. 建筑方格网　　B. 导线网　　C. 三角网　　D. GPS 网

4. 根据极坐标法测设点的平面位置时，若采用（　）则不需预先计算放样数据。

A. 水准仪　　B. 经纬仪　　C. 铅直仪　　D. 全站仪

5. 布设高程施工控制网时，水准点距离基坑回填边线不应小于（　），以保证水准点的稳定，方便进行高程放样工作。

A. 5 m　　B. 10 m　　C. 15 m　　D. 20 m

6. 采用设置轴线控制桩法引测轴线时，轴线控制桩一般设在开挖边线（　）以外的地方，并用水泥砂浆加固。

A. 1 ~ 2 m　　B. 1 ~ 3 m　　C. 3 ~ 5 m　　D. 5 ~ 7 m

7. 采用悬吊钢尺法进行高层民用建筑楼面标高传递时，一般需（　）底层标高点向上传递，最后用水准仪检查传递的高程点是否在同一水平面上。

A. 1 个　　B. 2 个　　C. 3 个　　D. 4 个

8. 建筑物沉降观测常用的方法是（　）。

A. 距离测量　　B. 水准测量　　C. 角度测量　　D. 坐标测量

9. 关于施工测量原则的说法，错误的是（　）。

A. 应使用经过检校的仪器和工具进行测量作业

B. 测量人员应仔细复核放样数据，避免出现错误

C. 内业计算和外业测量时均应有步步检核

D. 测量时应采用精度较高的仪器，力求高精度测量

10. 关于施工测量放线和验线的说法，错误的是（　）。

A. 测量放线工作必须严格遵守“三检”制度和验线制度

B. 测量员放线工作完成后，必须进行自检，并填写自检记录

C. 验线工作应由项目负责人进行，发现不合格立即返工重测

D. 放线工作自检合格后，应填写《放线报验表》并报监理验线

11. 关于轴线控制桩设置的说法，错误的是（　）。

A. 轴线控制桩是广义的桩，根据现场的条件可在墙上画标记

B. 地面上的轴线控制桩应位于基坑的上口开挖边界线以内

C. 为了恢复轴线时能够安置仪器，要求至少有一个控制桩在地面上

D. 地面轴线控制桩用木桩标记时，应在其周边砌砖保护

12. 关于建筑基线布设的要求的说法，错误的是（　）。

A. 建筑基线应平行或垂直于主要建筑物的轴线

B. 建筑基线点应不少于两个，以便检测点位有无变动

C. 建筑基线点应相互通视，且不易被破坏

D. 建筑基线的测设精度应满足施工放样的要求

13. 开挖基槽时，为了控制开挖深度，可用水准仪按照（　）上的设计尺寸，在槽壁上测设一些水平小木桩。

A. 建筑平面图　　B. 建筑立面图　　C. 基础平面图 D. 基础剖面图

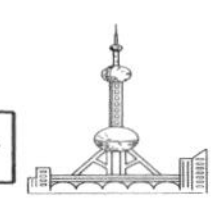

14. 在多层建筑施工中，向上投测轴线可以（　）为依据。

A. 角桩　　B. 中心桩　　C. 龙门桩　　D. 轴线控制桩

15. 关于建筑方格网布设的说法，错误的是（　）。

A. 主轴线应尽量选在场地的北部

B. 纵横主轴线要严格正交成 90°

C. 一条主轴线不能少于三个主点

D. 主点应选在通视良好的位置

16. 设计图纸是施工测量的主要依据，可以查取基础立面尺寸、设计标高的图纸是（　）。

A. 建筑平面图　　B. 建筑立面图　C. 基础平面图　　D. 基础详图

17. 设计图纸是施工测量的主要依据，可以查取建筑物的总尺寸和内部各定位轴线间的尺寸关系的图纸是（　）。

A. 建筑总平面图　B. 建筑平面图　C. 建筑立面图　　D. 基础平面图

18. 基础高程测设的依据是从（　）中查取的基础设计标高、立面尺寸及基础边线与定位轴线的尺寸关系。

A. 建筑平面图　　B. 基础平面图　C. 基础详图　　D. 结构图

19. 当施工建（构）筑物的轴线平行又靠近建筑基线或建筑方格网边线时，常采用（　）测设点位。

A. 直角坐标法　　B. 极坐标法　　C. 距离交会法　　D. 角度交会法

20. 施工控制测量中，高程控制网一般采用（　）。

A. 导线网　　B. 水准网　　C. 方格网　　D. GPS 网

21. 布设建筑方格网时，方格网的主轴线应布设在场区的（　），并与主要建筑物的基本轴线平行。

A. 西南角　　B. 东北角　　C. 北部　　D. 中部

22. 关于建筑物高程控制的说法，错误的是（　）。

A. 建筑物高程控制，应采用水准测量

B. 水准点必须单独埋设，个数不应少于 2 个

C. 当高程控制点距离施工建筑物小于 200 m 时，可直接利用

D. 施工中高程控制点不能保存时，应将其引测至稳固的建（构）筑物上

23. 建筑方格网的布设，应根据（　）上的分布情况，结合现场的地形情况拟定。

A. 建筑总平面图　B. 建筑平面图　C. 建筑立面图　　D. 基础平面图

24. 布设场区平面控制网时，对于扩建改建场地或建筑物分布不规则的场地可采用（　）形式。

A. 三角网　　B. 建筑基线　　C. 导线网　　D. 建筑方格网

25. 下列关于施工测量的说法，错误的是（　）。

A. 施工测量贯穿于整个施工过程中

B. 施工测量前应熟悉设计图纸，制定施工测量方案

C. 大中型的施工项目，应先建立场区控制网

D. 施工控制网点，应根据设计建筑平面图布置

27. 施工测量是在（　）阶段进行的测量工作。

A. 工程设计　B. 工程勘察　C. 工程施工　D. 工程管理

28. 施工测量是直接为（　）服务的，它既是施工的先导，又贯穿于整个施工过程。

A. 工程施工　B. 工程设计　C. 工程管理　D. 工程监理

29. 对于建筑总平面图上布置比较简单的小型施工场地，施工平面控制网可布设成（　）。

A. 建筑方格网　B. 建筑基线　C. 导线网　D. 水准网

30. 建筑物的定位是将建筑物的（　）测设到地面上，作为基础放样和细部放样的依据。

A. 外墙轴线交点　B. 内部轴线交点　C. 基础边线交点　D. 主轴线交点

31. 关于设置龙门板的说法，错误的是（　）。

A. 龙门桩要钉得竖直牢固，其外侧面应与基槽平行

B. 龙门桩的顶面标高一般是施工建筑物的 ±0 标高

C. 龙门板标高测定的容许误差一般为 ±5 mm

D. 机械化施工时，一般不设置龙门板和龙门桩

32. 高层建筑施工时轴线投测最合适的方法是（　）。

A. 经纬仪外控法　B. 吊线坠法　C. 铅直仪内控法　D. 悬吊钢尺法

33. 下列测量方法中，不属于轴线投测方法的是（　）。

A. 吊线坠法　B. 经纬仪投测法　C. 激光铅直仪法　D. 悬吊钢尺法

34. 关于施工测量精度的说法，错误的是（　）。

A. 低层建筑物的测设精度要求小于高层建筑物的测设精度要求

B. 装配式建筑物的测设精度要求小于非装配式建筑物的测设精度要求

C. 钢筋混凝土结构建筑物的测设精度要求小于钢结构建筑物的测设精度要求

D. 道路工程的测设精度要求小于桥梁工程的测设精度要求

35. 要在 CB 方向测设一条坡度为 i=-2% 的坡度线，已知 C 点高程为 36.425 m，CB 的水平距离为 120 m，则 B 点的高程应为（　）。

A. 34.025 m　B. 38.825 m　C. 36.405 m　D. 36.445 m

36. 采用轴线法测设建筑方格网时，短轴线应根据长轴线定向，长轴线的定位点不得少于（　）个。

A. 2　B. 3　C. 4　D. 5

37. 关于建筑物施工平面控制网的说法，错误的是（　）。

A. 控制点应选在通视良好、土质坚实、利于保存、便于施工放样的地方

B. 主要的控制网点和主要设备中心线端点，应埋设固定标桩

C. 两建筑物间有联动关系时，定位点不得少于 2 个

D. 矩形网的角度闭合差，不应大于测角中误差的 4 倍

38. 设计图纸是施工测量的主要依据，建筑物定位就是根据（　）所给的尺寸关系进行的。

A. 建筑总平面图　B. 建筑平面图　C. 基础平面图　D. 建筑立面图

39. 建筑基线一般临近建筑场地中主要建筑物布置，并与其主要轴线平行，以便用（ ）进行建筑细部放样。

A. 直角坐标法　B. 极坐标法　C. 角度交会法　D. 距离交会法

40. 建筑基线布设时，为了便于检查建筑基线点有无变动，基线点数不应少于（　）个。

A. 2　B. 3　C. 4　D. 5

41. 工程竣工后，为了便于维修和扩建，必须测量出该工程的（　）。

A. 高程值　B. 坐标值　C. 变形量　D. 竣工图

42. 直角坐标法测设设计平面点位，是根据已知点与设计点间的（　）进行测设。

A. 水平距离　B. 水平角度　C. 坐标增量　D. 直线方向

43. 下列选项中，不属于施工测量内容的是（　）。

A. 建立施工控制网　B. 建筑物定位和基础放线

C. 建筑物的测绘　D. 竣工图的编绘

44. 在一地面平坦、无经纬仪的建筑场地，放样点位应选用（　）。

A. 直角坐标法　B. 极坐标法　C. 角度交会法　D. 距离交会法

45. 适用于建筑设计总平面图布置比较简单的小型建筑场地的是（　）。

A. 建筑方格网　B. 建筑基线　C. 导线网　D. 水准网

46. 在布设施工控制网时，应根据（　）和施工地区的地形条件来确定。

A. 建筑总平面设计图 B. 建筑平面图 C. 基础平面图　D. 建筑立面及剖面图

47. 对于建筑物多为矩形且布置比较规则和密集的工业场地，可以将施工控制网布置成（　）。

A. GPS 网　B. 导线网　C. 建筑方格网　D. 建筑基线

48. 临街建筑的施工平面控制网宜采用（　）。

A. 建筑基线　B. 建筑方格网　C. 导线网　D. 建筑红线

49. 建筑基线布设的常用形式有（　）。

A. 矩形、十字形、丁字形、L 形

B. 山字形、十字形、丁字形、交叉形

C. 一字形、十字形、丁字形、L 形

D. X形、Y形、O形、L形

50. 建筑工程施工中，基础的抄平通常都是利用（　）完成的。

A. 水准仪　B. 经纬仪　C. 钢尺　D. 皮数杆

四、简答题

1. 民用建筑施工测量主要包括哪些工作？

2. 建筑物墙体的各部分标高如何控制？

五、实训提升

（1）已知各点建筑坐标见表 11.15，表中 1、2、3、4 为某建筑物角点，D 为已知控制点。试计算测设 3、4 两点的放样数据，并标注于放样图上。

表 11.15 已知各点建筑坐标

点位	C	D	1	2	3	4
坐标 A	20.00	40.00	80.00	80.00	65.00	65.00
坐标 B	18.00	95.00	30.00	75.00	75.00	30.00

简述测设一般厂房矩形控制网的步骤，如图 11.29 所示。

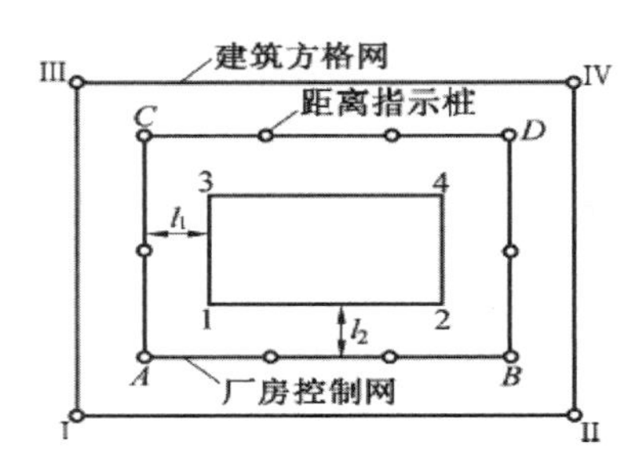

图 11.29 矩形控制网示意图

A、B 为建筑场地已有控制点，已知 αAB =300° 04′ 00″，A 点的坐标为（14.22 m，86.71 m）；P 点为待测设点，其设计坐标为（42.34 m，85.00 m），试计算用极坐标法从 A 点测设 A 点所需的测设数据，并说明测设步骤。

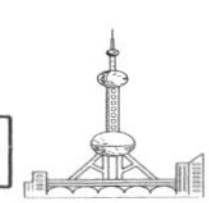

项目十二　建筑物变形观测与竣工测量

12.1 建筑物变形测量

受客观因素影响，如地质条件、土壤性质、地下水位、大气温度等，建筑物随时间发生的垂直升降、水平位移、挠曲、倾斜、裂缝等统称为变形。为保证建设过程及使用过程中建筑物的安全，对建筑物及其周边环境的稳定性进行观测，称之为建筑物的变形观测。

12.1.1 变形测量方案设计

1. 基本要求

变形测量工作开始前，应收集相关的地质和水文资料及工程设计图纸，根据变形体的特点、变形类型、测量目的、任务要求以及测区条件进行施测方案设计，确定变形测量的内容、精度级别、基准点与变形点布设方案、观测周期、观察方法和仪器设备、数据处理分析方法、提交变形成果内容等，编写技术设计书或施测方案。

变形测量的平面坐标系统和高程系统一般应采用国家平面坐标系统和高程系统或所在地方使用的平面坐标系统和高程系统，但也可采用独立系统。当采用独立系统时，必须在技术设计书和技术报告书中明确说明。

变形观测周期的确定应以能反应系统所测变形体的变化过程，并综合考虑单位时间内变形量的大小、变形特征、观测精度要求及外界因素影响情况。

对高精度变形监测网，应该同时顾及精度、可靠性、灵敏度及费用准则进行监测网的优化设计，以确定可靠和经济合理的观测方案。

在变形测量过程中，当出现下列情况之一时，应即刻通知工程建设单位和施工单位采取相应的措施：

①变形量达到预警值或接近极限值；

②变形量或变形速率出现异常变化；

③变形体、周边建（构）筑物及地表出现异常，如裂缝快速扩大等。

2. 变形测量等级及精度要求

变形测量的等级与精度取决于变形体设计时允许的变形值的大小和进行变形测量的目的。目前一般认为，如果观测目的是为了使变形值不超过某一允许的数值从而确保建筑物的安全，则其观测的中误差应小于允许变形值的 1/10 ～ 1/20；如果观测的目的是为了研究其变形过程，则其观测精度还应更高。现行国家标准《工程测量规范》（GB 50026-2007）规定的变形等级和精度要求见 12.1。

表 12.1 变形监测的等级划分及精度要求

等级	垂直位移监测		水平位移监测	适用范围
	变形观测点的高程中误差 /mm	相邻变形观测点的高差中误差 /mm	变形观测点的点位中误差 /mm	
一等	0.3	0.1	1.5	变形特别敏感的高层建筑、高耸构筑物、工业建筑、重要古建筑、精密工程设施、特大型桥梁、大型直立岩体、大型坝区地壳变形监测等
二等	0.5	0.3	3.0	变形比较敏感的高层建筑、高耸构筑物、工业建筑、古建筑、特大型和大型桥梁、大中型坝体、直立岩体、高边坡、重要工程设施、重大地下工程、危害性较大的滑坡监测等
三等	1.0	0.5	6.0	一般性的高层建筑、多层建筑、工业建筑、高耸构筑物、直立岩体、高边坡、深基坑、一般地下工程、危害性一般的滑坡监测、大型桥梁等
四等	2.0	1.0	12.0	观测精度要求较低的建（构）筑物、普通滑坡监测、中小型桥梁等

变形观测的主要内容包括沉降观测、倾斜观测、位移观测等。

变形观测的特点：①观测精度高；②重复观测量大；③数据处理严密。

当建筑变形观测过程中发生下列情况之一时，必须立即报告委托方，同时应及时增加观测次数或调整变形测量方案：

(1) 变形量或变形速率出现异常变化；

(2) 变形量达到或超出预警值；

(3) 周边或开挖面出现塌陷、滑坡；

(4) 建筑本身、周边建筑及地表出现异常；

(5) 由于地震、暴雨、冻融等自然灾害引起的其他变形异常情况。

3. 变形测量网点的布设

变形监测网点，一般分为基准点、工作基点和变形观测点三种。

（1）基准点

基准点是变形测量的基准，应选在变形影响区域之外稳固可靠的位置。每个工程至少应有 3 个基准点。大型的工程项目，其水平位移基准点应采用观测墩，垂直位移观测点宜采用双金属标或钢管标。

（2）工作基点

工作基点在一周期的变形测量过程中应保持稳定，可选在比较稳定且方便使用的位置。设立在大型工程施工区域内的水平位移监测工作基点宜采用观测墩，垂直位移监测工作基点可采用钢管标。对通视条件较好的小型工程，可不设立工作基点，在基准点上直接测定变形观测点。

（3）变形观测点

变形观测点是布设在变形体的地基、基础、场地及上部结构的敏感位置上能反映其变形特征的测量点，亦称变形点。

12.1.2 建筑沉降观测

本节主要针对建筑物的沉降观测进行介绍，需要注意的是，在表 12.1 中变形点的高程中误差和点位中误差，系相对于邻近基准点而言。当水平位移变形测量用坐标向量表示时，向量中误差为表中相应等级点位中误差的 $1/\sqrt{2}$ 倍。对于变形体是建筑物的情况，根据现行《建筑变形测量规范》（JGJ8—2007），变形测量的等级、精度指标及其使用范围见表 12.2。

表 12.2 建筑变形测量的等级、精度指标及其适用范围

变形测量级别	沉降观测	位移观测	适用范围
	观测点测站高差中误差 /mm	观测点坐标中误差 /mm	
特级	± 0.05	± 0.3	特高精度要求的特种精密工程的变形测量
一级	± 0.15	± 1.0	地基基础设计为甲级的建筑的变形测量；重要的古建筑和特大型市政桥梁变形测量等
二级	± 0.5	± 3.0	地基基础设计为甲、乙级的建筑的变形测量；场地滑坡测量；重要管线的变形测量；地下工程施工及运营中变形测量；大型市政桥梁变形测量等
三级	± 1.5	± 10.0	地基基础设计为乙、丙级的建筑的变形测量；地表、道路及一般管线的变形测量；中小型市政桥梁变形测量等

建筑沉降观测应测定建筑及地基的沉降量、沉降差及沉降速度，并根据需要计算基础倾斜、局部倾斜、相对弯曲及构件倾斜。

1. 高程基准点和观测点的布设

（1）高程基准点和工作基点的布设

特级沉降观测的高程基准点数不应少于 4 个；其他级别沉降观测的高程基准点数不应

少于 3 个。高程工作基点可根据需要设置。基准点和工作基点应形成闭合环或形成由附合路线构成的结点网。

高程基准点和工作基点位置的选择应符合下列规定：

① 高程基准点和工作基点应避开交通干道主路、地下管线、仓库堆栈、水源地、河岸、松软填土、滑坡地段、机器振动区以及其他可能使标石、标志易遭腐蚀和破坏的地方。

② 高程基准点应选设在变形影响范围以外且稳定、易于长期保存的地方。在建筑区内，其点位与邻近建筑的距离应大于建筑基础最大宽度的 2 倍，其标石埋深应大于邻近建筑基础的深度。高程基准点也可选择在基础深且稳定的建筑上。

高程控制测量宜使用水准测量的方法。对于二、三级沉降观测的高程控制测量，当不便使用水准测量时，可使用电磁波测距三角高程测量方法。

③高程基准点、工作基点之间宜便于进行水准测量。当使用电磁波测距三角高程测量方法进行观测时，宜使各点周围的地形条件一致。当使用静力水准测量方法进行沉降观测时，用于连测观测点的工作基点宜与沉降观测点设在同一高程面上，偏差不应超过 ±1 cm。当不能满足这一要求时，应设置上下高程不同但位置垂直对应的辅助点传递高程。

（2）观测点的布设。沉降观测点的布设应能全面反映建筑及地基变形特征，并顾及地质情况及建筑结构特点。点位宜选设在下列位置：

①建筑的四角、核心筒四角、大转角处及沿外墙每 10 ～ 20 m 处或每隔 2 ～ 3 根柱基上；

②高低层建筑、新旧建筑、纵横墙等交接处的两侧；

③建筑裂缝、后浇带和沉降缝两侧、基础埋深相差悬殊处、人工地基与天然地基接壤处、不同结构的分界处及填挖方分界处；

④对于宽度大于等于 15 m 或小于 15 m 而地质复杂以及膨胀土地区的建筑应在承重内隔墙中部设内墙点，并在室内地面中心及四周设地面点；

⑤邻近堆置重物处、受振动有显著影响的部位及基础下的暗浜（沟）处；

⑥框架结构建筑的每个或部分柱基上或沿纵横轴线上；

⑦筏形基础、箱形基础底板或接近基础的结构部分之四角处及其中部位置；

⑧重型设备基础和动力设备基础的四角、基础形式或埋深改变处以及地质条件变化处两侧；

⑨对于电视塔、烟囱、水塔、油罐、炼油塔、高炉等高耸建筑，应设在沿周边与基础轴线相交的对称位置上，点数不少于 4 个。

沉降观测点标志如图 12.1 所示，图中单位 mm。

2. 沉降观测的时间和次数

沉降观测的周期和观测时间应按下列要求并结合实际情况确定。

（1）建筑施工阶段的观测应符合下列规定。

①普通建筑可在基础完工后或地下室砌完后开始观测，大型、高层建筑可在基础垫层或基础底部完成后开始观测；

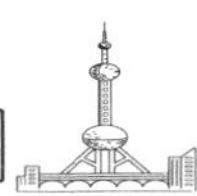

②观测次数与间隔时间应视地基与加荷情况而定。民用高层建筑可每加高 1 ～ 5 层观测一次，工业建筑可按回填基坑、安装柱子和屋架、砌筑墙体、设备安装等不同施工阶段分别进行观测。若建筑施工均匀增高，应至少在增加荷载的 25%、50%、75% 和 100% 时各测一次；

③施工过程中若暂时停工，在停工时及重新开工时应各观测一次。停工期间可每隔 2 ～ 3 个月观测一次。

（2）建筑使用阶段的观测次数，应视地基土类型和沉降速率大小而定。除有特殊要求外，可在第一年观测 3 ～ 4 次，第二年观测 2 ～ 3 次，第三年后每年观测 1 次，至稳定为止。

（3）在观测过程中，若有基础附近地面荷载突然增减、基础口周围大量积水、长时间连续降雨等情况，均应及时增加观测次数。当建筑突然发生大量沉降、不均匀沉降或严重裂缝时，应立即进行逐日或 2 ～ 3 d 一次的连续观测。

（4）建筑沉降是否进入稳定阶段，应由沉降量与时间关系曲线判定。当最后 100 d 的沉降速率小于 0.01 ～ 0.04 mm/d 时可认为已进入稳定阶段。具体取值宜根据各地区地基土的压缩性能确定。

3．观测方法

对于高层建筑物的沉降观测，应采用 DS1 精密水准仪用Ⅱ等水准测量方法往返观测，其误差不应超过 $\pm 1\sqrt{n}$（n 为测站数）或 $\pm 4\sqrt{L}$（L 为公里数）。观测应在成像清晰、稳定的时候进行。沉降观测点首次观测的高程值是以后各次观测用以比较的依据，如初测精度不够或存在错误，不仅无法补测，而且会造成沉降工作中的矛盾现象，因此必须提高初测精度。每个沉降观测点首次高程，应在同期进行两次观测后决定。为了保证观测精度，观测时视线长度一般不应超过 50 m，前后视距离要尽量相等，可用皮尺丈量。观测时先后视水准点，再依次前视各观测点，最后应再次后视水准点，前后两个后视读数之差不应超过 ±1 mm。

沉降观测是一项较长期的连续观测工作，为了保证观测成果的正确性，应尽可能做到四定：（1）固定观测人员；（2）使用固定的水准仪和水准尺（前、后视用同一根水准尺）；（3）使用固定的水准点；（4）按规定的日期、方法及既定的路线、测站进行观测。

对一般厂房的基础和多层建筑物的沉降观测，水准点往返观测的高差较差不应超过 ±2 mm，前后两个同一后视点的读数之差不得超过 ±2 mm。

（1）整理原始记录

每次观测结束后，应检查记录中的数据和计算是否正确，精度是否合格，如果误差超限应重新观测。然后调整闭合差，推算各观测点的高程，列入成果表中。

（2）计算沉降量

根据各观测点本次所观测高程与上次所观测高程之差，计算各观测点本次沉降量和累计沉降量，并将观测日期和荷载情况记入观测成果表中，见表 12.3。

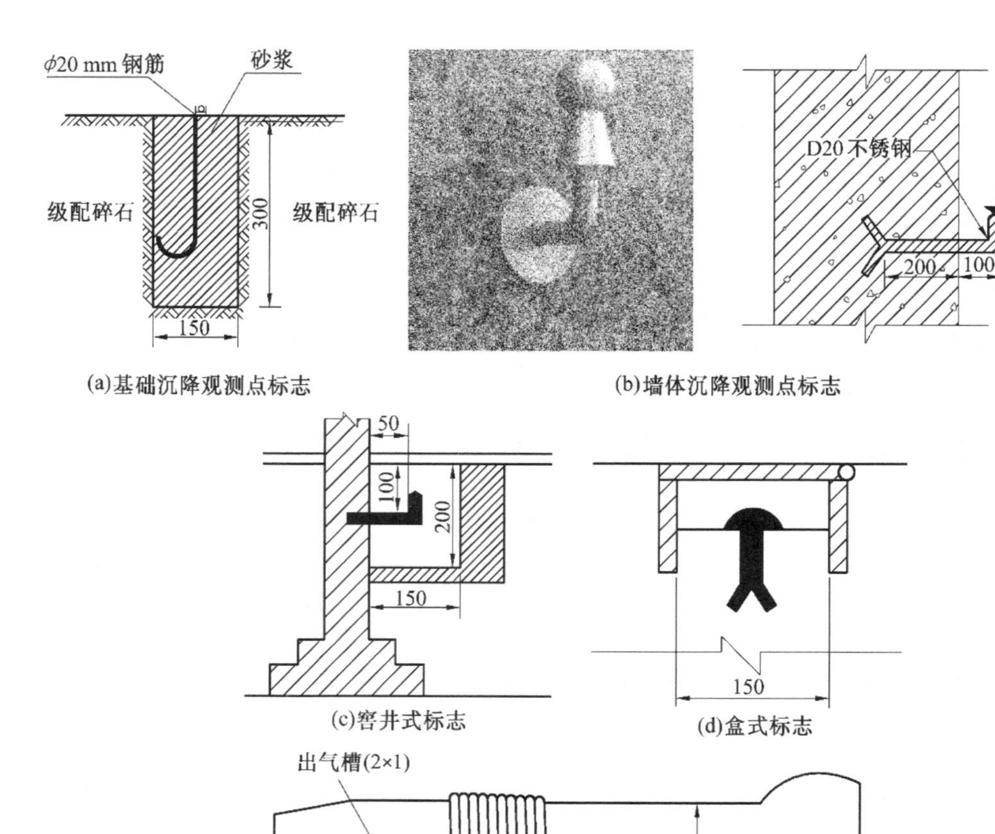

(a)基础沉降观测点标志

(b)墙体沉降观测点标志

(c)窖井式标志

(d)盒式标志

(c)螺栓式标志

图 12.1 沉降观测点示意图

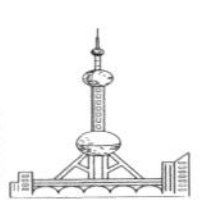

4. 沉降观测的成果整理

表 12.3 沉降观测记录簿

工程名称：办公楼

观测次数	观测日期（年月日）	各观测点的沉降情况							工程施工进度情况	荷载情况 /104 Pa
		1			2			…		
		高程 / mm	本次下沉 /mm	累计下沉 /mm	高程 / mm	本次下沉 /mm	累计下沉 /mm			
1	1988.7.15	30.126	0	0	30.124	0	0		浇灌	
2	7.30	30.124	−2	−2	30.122	−2	−2		底层楼板	3.5
3	8.15	30.121	−3	−5	30.119	−3	−5			
4	9.1	30.120	−1	−6	30.118	−1	−6		浇灌	
5	9.29	30.118	−2	−8	30.115	−3	−9		一楼楼板	5.5
6	10.30	30.117	−1	−9	30.114	−1	−10			
7	12.3	30.116	−1	−10	30.113	−1	−11	…	浇灌	
8	1989.1.2	20.116	0	−10	30.112	−1	−12		二楼楼板	7.5
9	3.1	30.115	−1	−11	30.110	−2	−14			
10	6.4	30.114	−1	−12	30.108	−2	−16		屋架上瓦	9.5
11	9.1	30.114	0	−12	30.108	0	−16			
12	12.2	30.114	0	−12	30.108	0	−16		竣工	12.0
备注	此栏应说明如下事项：①绘制点位草图；②水准点编号与高程；③基础底面土壤；④沉降观测路线等。									

（1）绘制沉降曲线

为了更清楚地表示沉降量、荷载、时间三者之间的关系，还要画出各观测点的时间与沉降量关系曲线图以及时间与荷载关系曲线图。

时间与沉降量的关系曲线是以沉降量 S 为纵轴，时间 t 为横轴，根据每次观测日期和相应的沉降量按比例画出各点位置，然后将各点依次连接起来，并在曲线一端注明观测点号码。

时间与荷载的关系曲线是以荷载重量 P 为纵轴，时间为横轴，根据每次观测日期和相应的荷载画出各点，然后将各点依次连接起来。

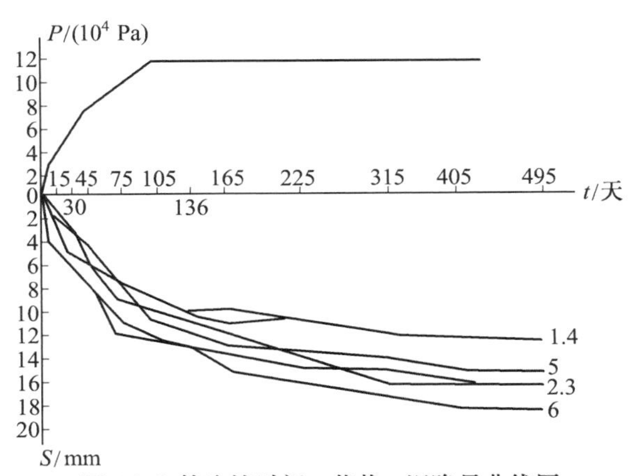

图 12.2 某建筑时间 - 荷载 - 沉降量曲线图

（2）沉降观测应提交的资料：

工程平面位置图及基准点分布图；

沉降观测点位分布图；

沉降观测成果表；

时间－荷载－沉降量曲线图（见图 12.2）；

等沉降曲线图（见图 12.3）。

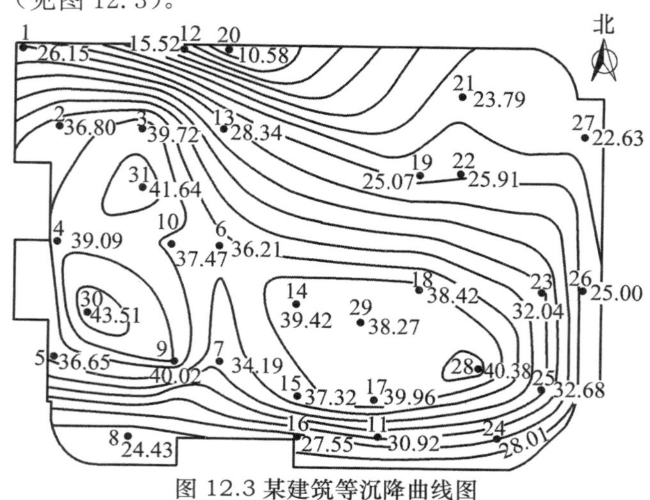

图 12.3 某建筑等沉降曲线图

12.1.3 建筑物倾斜观测

建筑主体倾斜观测应测定建筑顶部观测点相对于底部固定点或上层相对于下层观测点的倾斜度、倾斜方向及倾斜速率。刚性建筑的整体倾斜，可通过测量顶面或基础的差异沉降来间接确定。

主体倾斜观测点和测站点的布设应符合下列要求：

（1）当从建筑外部观测时，测站点的点位应选在与倾斜方向成正交的方向线上距照准目标 1.5 ～ 2.0 倍目标高度的固定位置。当利用建筑内部竖向通道观测时，可将通道底部中心点作为测站点。

（2）对于整体倾斜，观测点及底部固定点应沿着对应测站点的建筑主体竖直线，在顶部和底部上下对应布设；对于分层倾斜，应按分层部位上下对应布设。

（3）按前方交会法布设的测站点，基线端点的选设应顾及测距或长度丈量的要求。按方向线水平角法布设的测站点，应设置好定向点。

当从建筑或构件的外部观测主体倾斜时，宜选用下列经纬仪观测法：

1. 投点法

观测时，应在底部观测点位置安置水平读数尺等量测设施。在每测站安置经纬仪投影时，应按正倒镜法测出每对上下观测点标志间的水平位移分量，再按矢量相加法求得水平位移值（倾斜量）和位移方向（倾斜方向）。

如图 12.4 所示，对建筑物的倾斜观测应取互相垂直的两个墙面，同时观测其倾斜度。首先在建筑物的顶部墙上设置观测标志点 M，将经纬仪安置在离建筑物的距离大于其高度的 1.5 倍处的固定测站上，瞄准上部观测点 M，用盘左、盘右分中法向下投点得 N，用同样方法，在与原观测方向垂直的另一方向设置上下两个观测点 P、Q。相隔一定时间再观测，分别瞄准上部观测点 M 与 P 向下投点得 N' 与 Q'，如 N' 与 N、Q' 与 Q 不重合，说明建筑物产生倾斜。用尺量得 $NN' = \Delta B$、$QQ' = \Delta\text{A}b$。

则建筑物的总倾斜位移量为：$\Delta = \sqrt{\Delta^2 A + \Delta^2 B}$　　（12-1）

建筑物的总倾斜度为：$$i = \frac{\Delta}{H} = \tan\alpha$$　　（12-2）

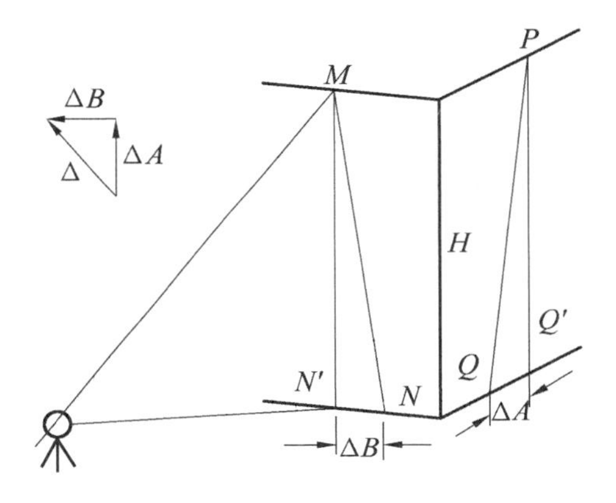

图 12.4 倾斜观测示意图

2. 测水平角法

对塔形、圆形建筑或构件，每测站的观测应以定向点作为零方向，测出各观测点的方向值和至底部中心的距离，计算顶部中心相对底部中心的水平位移分量。对矩形建筑，可在每测站直接观测顶部观测点与底部观测点之间的夹角或上层观测点与下层观测点之间的夹角，以所测角值与距离值计算整体的或分层的水平位移分量和位移方向。

对圆形建（构）筑物的倾斜观测，是在互相垂直的两个方向上，测定其顶部中心对底部中心的偏移值。具体观测方法如下：

（1）如图 12.5（a）所示，在烟囱底部横放一根标尺，在标尺中垂线方向上，安置经纬仪，经纬仪到烟囱的距离为烟囱高度的 1.5 倍。

（2）用望远镜将烟囱顶部边缘两点 A、A' 及底部边缘两点 B、B' 分别投到标尺上，得读数为 y_1、y_1' 及 y_2、y_2'，如图 12.5（b）所示。烟囱顶部中心 O 对底部中心 O' 在 y 方向上的偏移值 Δy 为：

$$\Delta y = \frac{y_1 + y'_1}{2} - \frac{y_2 + y'_2}{2} \tag{12-3}$$

（3）用同样的方法，可测得在 x 方向上，顶部中心 O 的偏移值 Δx 为：

$$\Delta x = \frac{x_1 + x'_1}{2} - \frac{x_2 + x'_2}{2} \tag{12-4}$$

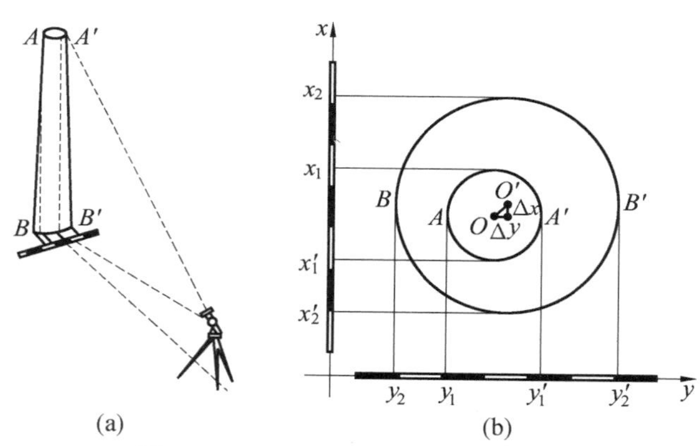

图 12.5 圆形建（构）筑物的倾斜观测

3. 前方交会法

所选基线应与观测点组成最佳构形，交会角宜在 60° ～ 120° 之间。水平位移计算，可采用直接由两周期观测方向值之差解算坐标变化量的方向差交会法，亦可采用按每周期计算观测点坐标值，再以坐标差计算水平位移的方法。

当利用建筑或构件的顶部与底部之间的竖向通视条件进行主体倾斜观测时，宜选用下列观测方法。

（1）激光铅直仪观测法

应在顶部适当位置安置接收靶，在其垂线下的地面或地板上安置激光铅直仪或激光经纬仪，按一定周期观测，在接收靶上直接读取或量出顶部的水平位移量和位移方向。作业中仪器应严格置平、对中，应旋转 180° 观测两次取其中数。对超高层建筑，当仪器设在楼体内部时，应考虑大气湍流影响。

（2）激光位移计自动记录法

位移计宜安置在建筑底层或地下室地板上，接收装置可设在顶层或需要观测的楼层，激光通道可利用未使用的电梯井或楼梯间隔，测试室宜选在靠近顶部的楼层内。当位移计发射激光时，从测试室的光线示波器上可直接获取位移图像及有关参数，并自动记录成果。

（3）正、倒垂线法

垂线宜选用直径 0.6 ～ 1.2 mm 的不锈钢丝或因瓦丝，并采用无缝钢管保护。采用正垂线法时，垂线上端可锚固在通道顶部或所需高度处设置的支点上。采用倒垂线法时，垂线下端可固定在锚块上，上端设浮筒。用来稳定重锤、浮子的油箱中应装有阻尼液。观测时，由观测墩上安置的坐标仪、光学垂线仪、电感式垂线仪等量测设备，按一定周期测出各测

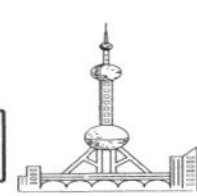

点的水平位移量。

（4）吊垂球法

应在顶部或所需高度处的观测点位置上，直接或支出一点悬挂适当重量的垂球，在垂线下的底部固定毫米格网读数板等读数设备，直接读取或量出上部观测点相对底部观测点的水平位移量和位移方向。

当利用相对沉降量间接确定建筑整体倾斜时，可选用下列方法：

①倾斜仪测记法

可采用水管式倾斜仪、水平摆倾斜仪、气泡倾斜仪或电子倾斜仪进行观测。倾斜仪应具有连续读数、自动记录和数字传输的功能。监测建筑上部层面倾斜时，仪器可安置在建筑顶层或需要观测的楼层的楼板上。监测基础倾斜时，仪器可安置在基础面上，以所测楼层或基础面的水平倾角变化值反映和分析建筑倾斜的变化程度。

②测定基础沉降差法

可按建筑沉降观测有关规定，在基础上选设观测点，采用水准测量方法，以所测各周期基础的沉降差换算求得建筑整体倾斜度及倾斜方向。

12.1.4 建筑物位移观测

建筑水平位移观测点的位置应选在墙角、柱基及裂缝两边等处。标志可采用墙上标志，具体形式及其埋设应根据点位条件和观测要求确定。

当测量地面观测点在特定方向的位移时，可使用视准线、激光准直、测边角等方法。当采用视准线法测定位移时，应符合下列规定：

（1）在视准线两端各自向外的延长线上，宜埋设检核点。在观测成果的处理中，应顾及视准线端点的偏差改正。

（2）采用活动觇牌法进行视准线测量时，观测点偏离视准线的距离不应超过活动觇牌读数尺的读数范围。应在视准线一端安置经纬仪或视准仪，瞄准安置在另一端的固定觇牌进行定向，待活动觇牌的照准标志正好移至方向线上时读数。每个观测点应按确定的测回数进行往测与返测。

（3）采用小角法进行视准线测量时，视准线应按平行于待测建筑边线布置，观测点偏离视准线的偏角不应超过30″。偏离值d（见图12.6）可按下式计算：

$$d=\alpha/p\cdot D \tag{12-5}$$

式中，α——偏角（″）；

D——从观测端点到观测点的距离（m）；

p——常数，其值为206 265。

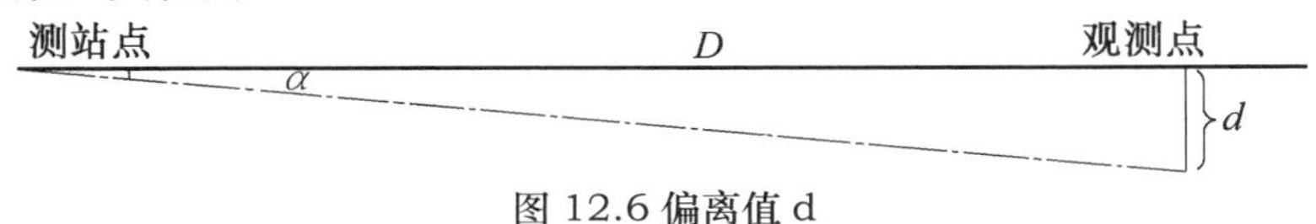

图12.6 偏离值d

当采用激光准直法测定位移时，应符合下列规定：

（1）使用激光经纬仪准直法时，当要求具有 10^{-5} ～ 10^{-4} 量级准直精度时，可采用 DJ2 型仪器配置氦－氖激光器或半导体激光器的激光经纬仪及光电探测器或目测有机玻璃方格网板；当要求达 10^{-6} 量级精度时，可采用 DJ1 型仪器配置高稳定性氦－氖激光器或半导体激光器的激光经纬仪及高精度光电探测系统。

（2）对于较长距离的高精度准直，可采用三点式激光衍射准直系统或衍射频谱成像及投影成像激光准直系统。对短距离的高精度准直，可采用衍射式激光准直仪或连续成像衍射板准直仪。

（3）激光仪器在使用前必须进行检校，仪器射出的激光束轴线、发射系统轴线和望远镜照准轴应三者重合，观测目标与最小激光斑应重合。

测量观测点任意方向位移时，可视观测点的分布情况，采用前方交会或方向差交会及极坐标等方法。单个建筑亦可采用直接量测位移分量的方向线法，在建筑纵、横轴线的相邻延长线上设置固定方向线，定期测出基础的纵向和横向位移。

对于观测内容较多的大测区或观测点远离稳定地区的测区，宜采用测角、测边、边角及 GPS 与基准线法相结合的综合测量方法。

12.1.5 裂缝观测

裂缝观测应测定建筑上的裂缝分布位置和裂缝的走向、长度、宽度及其变化情况。对需要观测的裂缝应统一进行编号。每条裂缝应至少布设两组观测标志，其中一组应在裂缝的最宽处，另一组应在裂缝的末端。每组应使用两个对应的标志，分别设在裂缝的两侧。

裂缝观测标志应具有可供量测的明晰端面或中心。长期观测时，可采用镶嵌或埋入墙面的金属标志、金属杆标志或楔形板标志；短期观测时，可采用油漆平行线标志或用建筑胶粘贴的金属片标志。当需要测出裂缝纵横向变化值时，可采用坐标方格网板标志。使用专用仪器设备观测的标志，可按具体要求另行设计。

如图 12.7 所示，用两块白铁皮，一片取 150 mm×150 mm 的正方形，固定在裂缝的一侧。另一片为 50 mm×200 mm 的矩形，固定在裂缝的另一侧，使两块白铁皮的边缘相互平行，并使其中的一部分重叠。在两块白铁皮的表面，涂上红色油漆。如果裂缝继续发展，两块白铁皮将逐渐拉开，露出正方形上原被覆盖没有油漆的部分，其宽度即为裂缝加大的宽度，可用尺子量出。

对于数量少、量测方便的裂缝，可根据标志形式的不同分别采用比例尺、小钢尺或游标卡尺等工具定期量出标志间距离求得裂缝变化值，或用方格网板定期读取“坐标差”计算裂缝变化值；对于大面积且不便于人工量测的众多裂缝宜采用交会测量或近景摄影测量方法。

需要连续监测裂缝变化时，可采用测缝计或传感器自动测记方法观测。

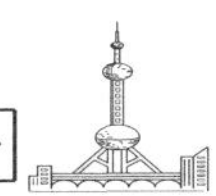

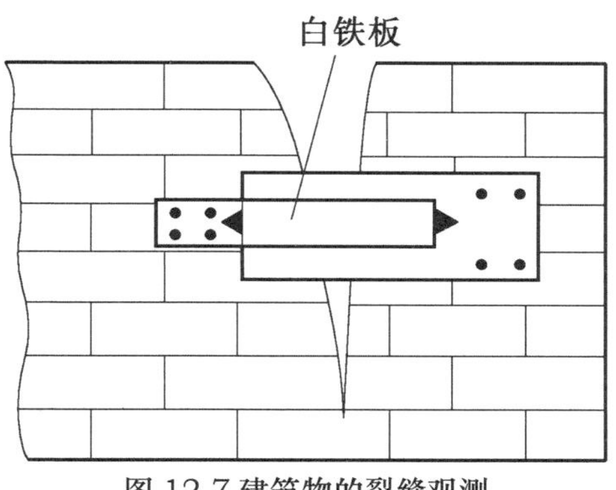

图 12.7 建筑物的裂缝观测

12.2 竣工测量

12．2．1 全站仪坐标采集

坐标采集就是通过输入同一坐标系中测站点和定向点的坐标，可以测量出多个未知点（棱镜点）的坐标，从而绘制成图。测量原理如图 12. 8 所示。

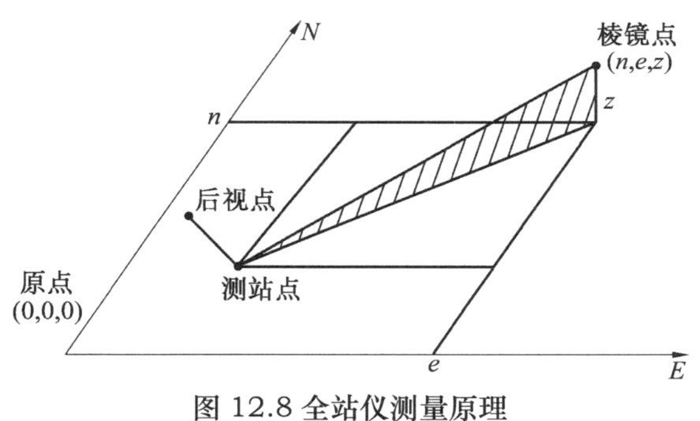

图 12.8 全站仪测量原理

操作步骤

（1）选择数据采集文件。使其所采集数据存储在该文件中。

（2） 选择坐标数据文件。可进行测站坐标数据及后视坐标数据调用（当无需调用已知点坐标数据时，可省略此步骤）。

（3）置测站点。包括仪器高和测站点号及坐标。

（4）置后视点。通过测量后视点进行定向，确定方位角。

（5）置待测点的棱镜高，开始采集，存储数据。

12．2．2 竣工测量（碎部测量法）

1. 竣工测量基本方法

各种工程建设是根据设计图纸进行施工的，但在施工过程中，可能会出现在设计时未预料到的问题导致设计变更。在竣工验收时，必须提供反映变更后实际情况的工程图纸，即竣工总平面图。

为了编绘竣工总平面图，需要在各项工程竣工时进行实地测量，即竣工测量。竣工测量完成后，应及时提交完整的资料，包括工程名称、施工依据、施工成果等，作为编绘竣工总平面图的依据。

对不同工程，竣工测量工作的主要内容如下：

（1）对于一般建筑物及工业厂房，应测量房角坐标、室外高程、房屋的编号、结构层数、面积和竣工时间、各种管线进出口的位置及高程。

（2）对于铁路和公路，应测量起止点、转折点、交叉点的坐标、道路曲线元素及挡土墙、桥涵等构筑物的位置、高程等。

（3）对地下管线工程，要测量管线的检查井、转折点的坐标及井盖、井底、沟槽和管顶等的高程，并附注管道及检查井或附属构筑物的编号、名称、管径、管材、间距、坡度及流向等。

（4）对架空管线，应测量管线的转折点、起止点、交叉点的坐标，支架间距，支架标高，基础面高程等。

（5）对特种构筑物，要测量沉淀池、烟囱、煤气罐等及其附属构筑物的外形和四角坐标，圆形构筑物的中心坐标，基础标高，构筑物高度，沉淀池深度等。

（6）对围墙或绿化区等，要测量围墙拐角点坐标，绿化区边界以及一些不同专业需要反映的设施和内容。

2. 运用数字测图方法进行竣工测量

数字化测图与传统的白纸测图的野外作业过程基本相同，都是先控制测量，后碎部测量，先整体后局部。碎部测量都是在图根点设站，地形、地物特征点都要跑点或立镜，但是由于数字化测图中，测绘仪器及内业处理手段先进，因此，在某些测量方法上有一些改进，以更大限度地发挥数字化测图的优势，提高工作效率。数字测图当然可以采用先控制后碎部的作业步骤，但考虑到数字测图的特点，图根控制测量和碎部测量可同步进行，称为“一步测量法”或“一步法”测量。

（1）控制测量数据采集。大比例尺地面数字测图的控制与传统的白纸测图控制相比有其明显的不同：

①打破了分级布网、逐级控制的原则，一般一个测区一次性整体布网、整体平差，所需的少量已知控制点可以用 GPS 确定，这就保证了测区各控制点精度比较均匀。

②由于目前与大比例尺数字测图系统相配套的都有一套地面控制测量数据采集与处理

一体自动系统，从而使得地面控制的数据采集、预处理（包括测站平差与粗差检核，近似坐标自动推算、概算等）、平差、精度评定与分析、成果输出与管理等全部实现了一体化和自动化。控制网的网形可以是任意混合，如测边网、测角网、边角网、导线网等。

③测图控制点的密度与传统白纸测图相比可以大大减少，图根控制的加密可以与碎部测量同时进行。

在这里主要介绍 EPSW 中提出并编程实现的“一步测量法”，即在图根导线选点、埋桩以后，图根导线测量和碎部测量同时进行。在一个测站上，先测导线的数据（角度、边长等），紧接着在该测站进行碎部测量。“一步测量法”也同时满足现场实时成图的需要。

现以附合导线为例加以说明：图 12.9 中，J、K、Q、T 为已知点，m、n、o、p 为图根点，1、2、3…为碎部点，其作业步骤为：

①全站仪安置于 K 点(坐标已知)，后视 J 点，前视 m 点，测得水平角 β、K 及前视天顶距、斜距和觇标高。由 K 点坐标即可算得 m 点的坐标（xm，ym，zm）。

②仪器不动，后视 J 点作为零方向，施测 K 测站周围的碎部点 1、2、3…，并根据 K 点坐标，算得各碎部点的坐标。根据碎部点的坐标、编码及连接信息，显示屏上实时展绘碎部点并连接成图。

③仪器搬至 m 点，此测站点坐标已知（xm，ym，zm），后视 K 点，测得水平角及前视天顶距、斜距和觇标高，可算得 n 点坐标（xn，yn，zn）。紧接着后视 K 点作为零方向，进行本站的碎部测量，如施测碎部点 8、9、10…，并根据 m 点的坐标，算得各碎部点坐标，实时展绘碎部点成图。同理，依次测得各导线点和碎部点坐标。“一步测量法”的步骤归结为：先在已知坐标的控制点上设测站，在该测站上先测出下一导线点（图根点）的坐标，然后再施测本测站的碎部点坐标，并可实时展点绘图。搬到下一测站，其坐标已知，测出下一导线点的坐标，再测本站碎部点……

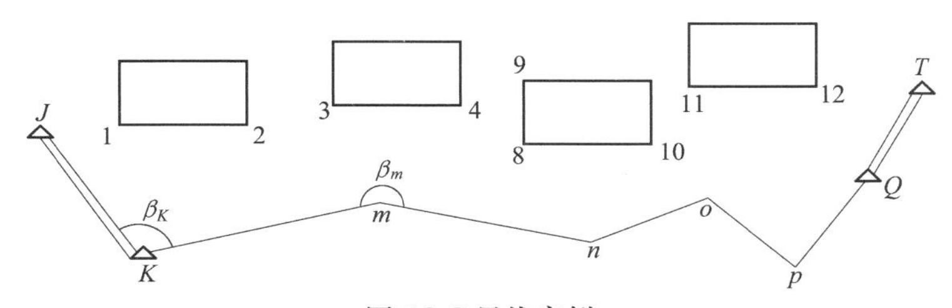

图 12.9 导线实例

④待导线测到 p 测站，可测得 Q 点坐标，记作 Q' 点。Q' 坐标与 Q 点已知坐标之差，即为该附合导线的闭合差。若闭合差在限差范围之内，则可平差计算出各导线点的坐标。为提高测图精度，可根据平差后的坐标值，重新计算各碎部点的坐标，称碎部坐标重算（EPSW 备有坐标重算功能），然后再显示成图。若闭合差超限，则想办法查找出导线错误之处，返工重测，直至闭合为止。但这个返工工作量仅限于图根点的返工，而碎部点原始测量的数据仍可利用，闭合后，重算碎部即可。

“一步测量法”对图根控制测量少设一次站，少跑一遍路，可明显提高外业工作效率，但它只适合于数字测图。白纸测图时，必须先计算出图根控制点坐标，并展绘到图纸上。因为在现场，要根据它才能展绘碎部点成图。如果导线点位置错了，本站所展的碎部点图就全部错了。一旦画错，要全部擦除，甚至返工重测，这个工作量太大。数字测图则不然，导线闭合差超限，只需重测导线错误处，且全站仪数字测图出错的可能性很小，因而在数字测图中采用“一步测量法”是合适的。

（2）碎部测量数据采集。大比例尺地面数字测图与白纸测图相比，在碎部测量方面有以下特点：

①白纸测图通常是在外业直接成图，除在 1 ∶ 500 的地形图上对重要建筑物轮廓点注记坐标外，其余碎部点坐标是不保留的。外业工作除观测数据外，地形图的现场绘制、清绘工作量也较重。数字测图的外业工作是记录观测数据或计算的坐标。在记录中，点的编号和编码是不可缺少的信息，编码的记录可在观测时输入记录器或在内业根据草图输入。数字测图对于数据的记录有一定的格式，这种格式应能被数字测图软件所识别，能和数据库的建立统一起来。

②数字测图中，电子记录器多数具有测站点坐标计算的功能，可进行自由设站。同时测距仪在几百米距离内测距精度较高，可达 1 cm。因此，一般地图图根点的密度相对于白纸测图的要求可减少。碎部测量时可较多地应用自由设站方法建立测站点。

③碎部测量时不受图幅边界的限制，外业不再分幅作业，内业图形生成时由软件根据内业图幅分幅表及坐标范围自动进行分幅和接边处理。

④白纸测图是在图根加密后进行碎部测量。数字测图的碎部测量可在图根控制加密后进行，也可在图根控制点观测同时进行，然后在内业计算图根点坐标后再进行碎部点坐标计算。

⑤数字测图由数控绘图机绘制地形图，所有的地形轮廓转点都要有坐标才能绘出地物的轮廓线来。对必须表示的细部地貌也要按实测地貌点才能绘出。因此数字测图直接测量地形点的数目比白纸测图会有所增加。

（3）碎部测量的步骤：

①测站设置与检核

测站设置及安置仪器，包括对中、整平、定向，如果是全站仪的话要输入测站点的坐标、高程和仪器高等。有的测图软件本身具有测站设置功能，要求用户在对话框中输入测站点号、后视点号以及安置仪器的高度，程序自动提取测站点及后视点的坐标，并反算后视方向的方位角。

为确保设站正确，必须要选择其他已知点做检核，不通过检核不能继续测量。

②碎部点测量

地面数字测图最常用的碎部测量方法是极坐标法，分别观测碎部点的方向值、垂直角、斜距、给出镜高（对全站仪来讲，可直接显示出碎部点的坐标），此时用户输入点号和编码后，数据可直接存储在全站仪的 PC 卡中，或直接传输给便携机（电子平板测图），或记录到电子手簿等记录器中。

【基础同步】

1. 填空题。

（1）变形观测的主要内容包括________、________、________等。

（2）变形观测的特点：________________；________________；________________。

（3）当从建筑或构件的外部观测主体倾斜时，宜选用下列经纬仪观测法：________________、________________、________________。

（4）当利用建筑或构件的顶部与底部之间的竖向通视条件进行主体倾斜观测时，宜选用下列观测方法：________、________、________、________。

2. 分析题。

（1）高程基准点和工作基点位置的选择应符合哪些规定？

（2）进行沉降观测时，为什么要保持仪器、观测人员和观测线路不变？

（3）如何进行建筑物的沉降观测、位移观测、裂缝观测？

（4）使用全站仪进行坐标采集的一般步骤？

（5）什么是竣工测量？各种工程竣工测量的主要内容有哪些？

3. 判断题。

（1）沉降变形量或变形速率出现异常变化，应增加观测次数或调整方案。（　　）

（2）对建筑物的倾斜观测应取互相垂直的两个墙面，同时观测其倾斜度。（　　）

（3）建筑水平位移观测点的位置应选在墙角、柱基及裂缝两边等处。（　　）

（4）“一步测量法”适合于各种方法测图。（　　）

参考文献

［1］林清辉，王仁田．建筑施工测量［M］．北京：高等教育出版社，2020.

［2］张营，张丽丽．建筑工程测量［M］．北京：北京理工大学出版社，2020.

［3］苏军德．建筑工程测量［M］．长沙：湖南大学出版社，2020.

［4］闫继臣，田德宇．建筑工程测量［M］．哈尔滨：东北林业大学出版社，2019.

［5］赵学问，朱平，李辉．建筑工程测量［M］．哈尔滨：哈尔滨工程大学出版社，2019.

［6］周海波．建筑工程测量［M］．天津：南开大学出版社，2017.

［7］王志远，董克齐．建筑工程测量实训教程［M］．北京：中国书籍出版社，2017.

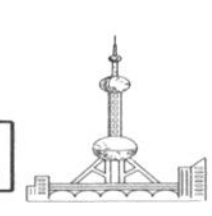

附录：建筑测量相关测量规范

第一部分 平面控制测量

●平面控制测量之一般规定：

1．平面控制网的建立，可采用卫星定位测量、导线测量、三角形网测量。

2．首级控制网的等级，应根据工程规模、控制网的用途和精度要求合理确定。

3．加密控制网，可越级布设或同等级扩展。

4．平面控制网的坐标系统，应在满足测区内投影长度变形不大于 2.5 cm/km 的要求下，作下列选择：

1）采用统一的高斯投影 3° 带平面直角坐标系统。

2）采用高斯投影 3° 带，投影面为测区抵偿高程面或测区平均高程面的平面直角坐标系统；或任意带，投影面为 1985 国家高程基准面的平面直角坐标系统。

3）小测区或有特殊精度要求的控制网，可采用独立坐标系统。

4）在已有平面控制网的测区，可沿用原有的坐标系统。

5）厂区内才采用建筑坐标系统。

●平面控制测量之卫星定位测量：

1．卫星定位测量控制网的主要技术要求：

一级控制网：平均边长为 1 Km，固定误差≤ 10 mm，比例误差系数≤ 20 mm/Km，约束点间的边长相对中误差≤ 1/40000，约束平差后最弱边相对中误差≤ 1/20000。

2．卫星定位测量控制点位应选择在视野开阔，高度角在 15° 以上的范围内。

3．GPS 控制测量 静态 时有效观测卫星数应 ≥ 4。

●平面控制测量之导线测量：

1．导线测量的主要技术要求

一级导线：导线长度 4Km，平均边长 0.5 Km，测角中误差 5″，测距中误差 15 mm，测距相对中误差 1/30 000，2″ 级仪器测回数 2，6″ 级仪器测回数 4，方位角闭合差 10 √ n，导线全长相对闭合差≤ 1/15 000。

2．当测区测图的最大比例尺为 1：1 000 时，一、二、三级导线的导线长度、平均边长可适当放宽，但最大不应大于规定长度的 2 倍。

3．当导线长度小于规定长度的 1/3 时，导线全长的相对闭合差不应大于 13 cm。

4．导线网中，结点与结点、结点与高级点之间的导线段长度不应大于相应等级规定长度的 0.7 倍。

5．导线网的布设应符合下列规定：

1）导线网用作测区的首级控制时，应布设成环形网，且宜联测 2 个已知方向。

2）加密网可采用单一附合导线或结点导线网布设。

3）结点间或结点与已知点间的导线段宜布设成直伸形状，相邻边长不宜相差过大，网内不同环节上的点也不宜相距过近。

6．导线点位的选定，应符合下列规定：

1）点位应选在土质坚实、稳固可靠、便于保存的地方，视野应相对开阔，便于加密、扩展和寻找。

2）相邻点之间应通视良好，其视线距障碍物的距离，三、四等不宜小于 1.5 m；四等以下宜保证便于观测，以不受旁折光的影响为原则。

3）当采用电磁波测距时，相邻点之间视线应避开烟囱、散热塔、散热池等发热体及强电磁场。

4）相邻两点之间的视线倾角不宜过大。

5）充分利用旧有控制点。

7．三、四等导线点应绘制点之记，其他控制点可视需要而定。

●平面控制测量之水平角观测

1．水平角观测所使用的全站仪、电子经纬仪和光学经纬仪，应符合下列规定：

1）照准部旋转轴正确性指标：管水准器气泡或电子水准器长气泡在各位置的读数较差，1″ 级仪器不应超过 2 格，2″ 级仪器不应超过 1 格，6″ 级仪器不应超过 1.5 格。

2）光学经纬仪的测微器行差及隙动差指标：1″ 级仪器不应超过 1″，2″ 级仪器不应超过 2″。

3）水平轴不垂直于垂直轴之差指标：1″ 级仪器不应超过 10″，2″ 级仪器不应超过

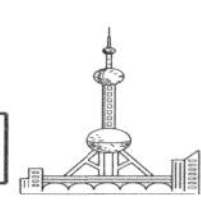

15″，6″级仪器不应超过 20″。

4）补偿器的补偿要求，在仪器补偿器的补偿区间，对观测成果应能进行有效补偿。

5）垂直微动旋转使用时，视准轴在水平方向上不产生偏移。

6）仪器的基座在照准部旋转时的位移指标：1″级仪器不应超过 0.3″，2″级仪器不应超过 1″，6″级仪器不应超过 1.5″。

7）光学（或激光）对中器的视轴（或射线）与竖轴的重合度不应大于 1 mm。

2．水平角方向观测法的技术要求：

1）一级及以下导线：2″级仪器半测回归零差不超过 12″，一测回内 2C 互差不超过 18″，同一方向值各测回较差不超过 12″。6″级仪器半测回归零差不超过 18″，一测回内 2C 互差不作要求，同一方向值各测回较差不超过 24″。

2）全站仪、电子经纬仪水平角观测时不受光学测微器两次重合读数之差指标的限制。

3）当观测方向的垂直角超过 ±3″的范围时，该方向 2C 互差可按相邻测回同方向进行比较，其值应满足一测回 2C 互差的限制。

4）当观测方向不多于 3 个时，可不归零。

5）当观测方向多于 6 个时，可进行分组观测。分组观测应包括两个共同方向（其中一个为共同零方向）。其两组观测角之差，不应大于同等级测角中误差的 2 倍。分组观测的最后结果，应按等权分组观测进行测站平差。

6）各测回间应配置度盘。

7）水平角的观测值应取各测回的平均数作为测站成果。

3．水平角观测的测站作业，应符合下列规定：

1）仪器或反光镜的对中误差不应大于 2mm。

2）水平角观测过程中，气泡中心位置偏离整置中心不宜超过 1 格。

3）如受外界因素（如震动）的影响，仪器的补偿器无法正常工作或超出补偿器的补偿范围时，应停止观测。

4）当测站或照准目标偏心时，应在水平角观测前或观测后测定归心元素。

4．水平角观测误差超限时，应在原来度盘位置上重测，并应符合下列规定：

1）一测回 2C 互差或同一方向值各测回较差超限时，应重测超限方向，并联测零方向。

2）下半测回归零差或零方向的 2C 互差超限时，应重测该测回。

3）若一测回中重测方向数超过总方向数的 1/3 时，应重测该测回。当重测的测回数超过总测回数的 1/3 时，应重测测站。

5．首级控制网所联测的已知方向的水平角观测，应按首级网相应等级的规定执行。

6．每日观测结束后，应对外业记录手薄进行检查，当使用电子记录时，应保存原始观测数据，打印输出相关数据和预先设置的各项限差。

平面控制测量之距离测量

1．一级及以上等级控制网的边长，应采用中、短程全站仪或电磁波测距仪测距，一级以下也可采用普通视距测量。

2．中、短程测距仪器的划分，短程为 3 Km 以下，中程为 3 ～ 15 Km。

3．测距的测回是指照准目标一次，读数 2 ～ 4 次的过程。在困难情况下，边长测距可采取不同时间测量代替往返观测。

4．测距作业应符合下列规定：

1）测站对中误差和反光镜对中误差不应大于 2 mm。

2）当观测数据超限时，应重测整个测回，如观测数据出现分群时，应分析原因，采取相应措施重新观测。

3）四等及以上等级控制网的边长测量，应分别量取两端点观测始末的气象数据，计算时应取平均值。

4）测量气象元素的温度计宜采用通风干湿温度计，气压表宜选用高原型空盒气压表；读数前应将温度计悬挂在离开地面和人体 1.5m 以外阳光不能直射的地方，且读数精确至 0.2 ℃；气压表应置平，指针不能滞阻，且读数精确至 50 Pa。

5．普通钢尺量距的主要技术要求：

1）二级导线，边长量距较差相对误差为 1/20 000，定线最大偏差 50 mm；三级导线边长量距较差相对误差为 1/10 000，定线最大偏差 70 mm。

2）量距边长应进行温度、坡度和尺长改正。

3）当检定钢尺时，其相对误差不应大于 1/100 000。

6．当观测数据中心含有偏心测量成果时，应首先进行归心改正计算。

7．水平距离计算，应符合下列规定：

1）测量的斜距，须经气象改正和仪器的加、乘常数改正后才能进行水平距离计算。

2）两点间的高差测量，宜采用水准测量。当采用电磁波测距三角高程测量时，其高差应进行大气折光改正和地球曲率改正。

第二部分　高程控制测量

●高程控制测量之一般规定：

1．高程控制测量精度等级的划分，依次为二、三、四、五等。各等级高程控制宜采用水准测量，四等及以下可采用电磁波测距三角高程测量，五等也可采用 GPS 拟合高程测量。

2、首级高程控制网的等级，应根据工程规模、控制网的用途和精度要求合理选择。首级网应布设成环形网，加密网宜布设成附合路线或结点网。

3、测区的高程系统，宜采用 1985 国家高程基准。在已有高程控制网的地区测量时，可沿用原有的高程系统；当小测区联测有困难时，也可采用假定高程系统。

4、高程控制点间的距离，一般地区为 1 ～ 3 Km。工业厂区、城镇建筑区宜小于 1 Km。

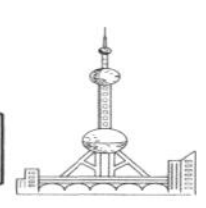

但一个测区及周围至少应有 3 个高程控制点。

●高程控制测量之水准测量：

1. 水准测量的主要技术要求：

1）三等水准测量：每千米高差全中误差 6 mm；路线长度≤ 50 Km；水准仪可采用 DS1 或 DS3；水准尺才采用因瓦尺或双面尺；往返较差、附合或环线闭合差：平地 12 √ L，山地 4 √ n。

2）四等水准测量：每千米高差全中误差 10 mm；路线长度≤ 16 Km；水准仪采用 DS3；

水准尺才采用双面尺；往返较差、附合或环线闭合差：平地 20 √ L，山地 6 √ n。

3）数字水准仪测量的技术要求和同等级的光学水准仪相同。

2. 水准测量所使用的仪器和水准尺，应符合下列规定：

1）水准仪视准轴与水准管轴的夹角 i，DS1 型不应超过 15″；DS3 型不应超过 20″。

2）补偿式自动安平水准仪的补偿误差△ α 对于二等水准测量不应超过 0.2″，三等不应超过 0.5″。

3）水准尺上的米间隔平均长与名义长度之差，对于因瓦水准尺，不应超过 0.15 mm；对于条形码尺，不应超过 0.10 mm，对于木质双面水准尺，不应超过 0.5 mm。

3. 水准点的布设与埋石，应符合下列规定：

1）高程控制点间的距离，一般地区为 1 ～ 3 Km。工业厂区、城镇建筑区宜小于 1 Km。但一个测区及周围至少应有 3 个高程控制点。

2）应将点位选在土质坚实、稳固可靠的地方或稳定的建筑物上，且便于寻找、保存和引测；当采用数字水准仪作业时，水准路线还应避开电磁场的干扰。

3）宜采用水准标石，也可采用墙水准点。标点及标石的埋设应符合规定。

4）埋设完成后，二、三等点应绘制点之记，其他控制点可视需要而定。必要时还应设置指示桩。

4. 水准观测的主要技术要求：

1）四等水准测量：

水准仪 DS3，视线长度 100 m，前后视的距离较差 5 m，前后视的距离较差累计 10 m，视线离地面最低高度 0.2 m，基、辅分划或黑、红面读数较差 3.0 mm，基、辅分划或黑、红面所测高差较差 5.0 mm。

2）三等水准测量：

水准仪 DS3，视线长度 75 m，前后视的距离较差 3 m，前后视的距离较差累计 6 m，视线离地面最低高度 0.3 m，基、辅分划或黑、红面读数较差 2.0 mm，基、辅分划或黑、红面所测高差较差 3.0 mm。

水准仪 DS1，视线长度 100m，前后视的距离较差 3 m，前后视的距离较差累计 6 m，视线离地面最低高度 0.3 m，基、辅分划或黑、红面读数较差 1.0 mm，基、辅分划或黑、红面所测高差较差 1.5 mm。

3）二等水准视线长度小于 20 m 时，其视线高度不应低于 0.3 m。

4）三、四等水准采用变动仪器高度观测单面水准尺时，所测两次高差较差，应与黑、红面所测高差之差的要求相同。

5）数字水准仪观测，不受基、辅分划或黑、红面读数较差指标的限制，但测站两次观测的高差较差，应满足相应等级基、辅分划或黑、红面所测高差较差的限制。

5. 两次观测高差较差超限时应重测。重测后，对于二等水准应选取两次异向观测的合格结果，其他等级则应将重测结果与原测结果分别比较，较差均不超过限值时，取三次结果的平均值。

6. 当水准路线需要跨越江河（湖塘、宽沟、洼地、山谷）时，应符合下列规定：

1）水准作业场应选在跨越距离较短、土质坚硬、密实便于观测的地方；标尺点须设立木桩。

2）两岸测站和立尺点应对称布设。当跨越距离小于 200 m 时，可采用单线过河；大于 200m 时，应采用双线过河并组成四边形闭合环。往返较差、环形闭合差应符合规定。

3）跨河水准测量技术要求：

一测回的观测顺序：先读近尺，再读远尺；仪器搬至对岸后，不动焦距先读远尺，再读近尺。

当采用双向观测时，两条跨河视线长度宜相等，两岸岸上长度宜相等，并大于 10 m；当采用单向观测时，可分别在上午、下午各完成半数工作量。

4）当跨越距离小于 200 m 时，也可采用在测站上变换仪器高度的方法进行，两次观测高差较差不应超过 7 mm，取其平均值作为观测高差。

7. 高程成果的取值，二等水准应精确至 0.1 mm，三、四、五等水准应精确至 1 mm。

●高程控制测量之电磁波测距三角高程测量：

1. 电磁波测距三角高程测量，宜在平面控制点的基础上设成三角高程网或高程导线。

2. 仪器、反光镜或觇牌的高度，应在观测前后各量测一次并精确至 1 mm，取其平均值作为最终高度。

3. 高程成果的取值精确至 1 mm。

●高程控制测量之 GPS 拟合高程测量：

1. GPS 拟合高程测量，仅适用于平原或丘陵地区的五等及以下等级高程测量。

2. GPS 拟合高程测量宜与 GPS 平面控制测量一起进行。

第三部分　地形测量

地形测量之一般规定：

1．地形图测图的比例尺，根据工程的设计阶段、规模大小和运营管理需要选用。

2．测图比例尺选用：

1）1:5 000：可行性研究、总体规划、厂址选择、初步设计。

1:2 000：可行性研究、初步设计、矿山总图管理、城镇详细规划等。

1:1 000和1:500：初步设计、施工图设计；城镇、矿山总图管理；竣工验收等。

2）对于精度要求较低的专用地形图，可按小一级比例尺地形图的规定进行测绘或利用小一级比例尺地形图放大成图。

3）对于局部施测大于1:500比例尺的地形图，除另有要求外，可按1:500地形图测量的要求进行。

3．地形图可分为数字地形图和纸质地形图。

4．地形的类别划分和地形图基本等高距的确定，应分别符合下列规定：

1）应根据地面倾角（α）大小，确定地形类型。

平坦地：$\alpha < 3°$；丘陵地：$3° \leqslant \alpha < 10°$；山地：$10° \leqslant \alpha < 25°$；高山地：$\alpha \geqslant 25°$。

2）地形图基本等高距。

平坦地：

比例尺1:500时，等高距为0.5 m；比例尺1:1 000时，等高距为0.5 m；

比例尺1:2 000时，等高距为1 m；比例尺1:5 000时，等高距为2 m。

3）一个测区同一比例尺，宜采用一种基本等高距。

4）水域测图的基本等深距，可按水底地形倾角所比照地形类别和测图比例尺选择。

5．地形测量的区域类型，可划分为一般地区、城镇建筑区、工矿区和水域。

6．地形测量的基本精度要求，应符合下列规定：

1）地形图图上地物点相对于临近图根点的点位中误差：一般地区，点位中误差不超过0.8 mm；城镇建筑区、工矿区，点位中误差不超过0.6 mm；水域，点位中误差不超过1.5 mm。

2）隐蔽或施测困难的一般地区测图，可放宽50%。

7．工矿区细部坐标点的点位和高程中误差：

主要建（构）筑物：点位中误差不超过5 mm，高程中误差不超过2 mm。

一般建（构）筑物：点位中误差不超过 7 mm，高程中误差不超过 3mm。

8．地形图上高程点的注记，当基本等高距为 0.5 m 时，应精确至 0.01 m；当基本等高距大于 0.5 m 时，应精确至 0.1 m。

9．地形图的分幅和编号，应满足下列规定：

1）地形图的分幅，可采用正方形或矩形方式。

2）图幅的编号，宜采用图幅西南角坐标的千米数表示。

3）带状地形图或小测区地形图可采用顺序编号。

4）对于已施测过地形图的测区，也可沿用原有的分幅和编号。

10．地形测图，可采用全站仪测图、GPS-RTK 测图和平板测图等方法，也可采用各种方法的联合作业模式或其他作业模式。在网络 RTK 技术的有效服务区作业，宜采用该技术，但应满足规范要求。

●地形测量之图根控制测量：

1．图根平面控制和高程控制测量，可同时进行，也可分别施测。图根点相对于临近等级控制点的点位中误差不应大于图上 0.1 mm，高程中误差不应大于基本等高距的 1/10。

2．对于较小测区，图根控制可作为首级控制。

3．图根点点位标志宜采用木（铁）桩，当图根点作为首级控制或等级点稀少时，应埋设适当数量的标石。

●图根控制测量之图根平面控制：

1．图根平面控制，可采用图根导线、极坐标法、边角交会法和 GPS 测量等方法。

2．图根导线测量，应符合下列规定：

1）图根导线测量，宜采用 6″ 级仪器 1 测回测定水平角。

2）图根导线测量的主要技术要求：

导线长度 $\leqslant \alpha \times M$；相对闭合差 $\leqslant 1/(2\ 000\times\alpha)$；

测角中误差，一般为 30″，首级控制时为 20″；

方位角闭合差，一般为 $60\sqrt{n}$，首级控制时为 $40\sqrt{n}$。

α 为比例系数，取值宜为 1，当采用 1:500、1:1 000 比例尺测图时，其值可在 1 ～ 2 之间选择。

M 为测图比例尺的分母；但对于工矿区现状图测量，不论测图比例尺大小，M 均应取值为 500。

隐蔽或施测困难地区导线相对闭合差可放宽，但不应大于 $1/(1\ 000\times\alpha)$。

3．在等级点下加密图根控制时，不宜超过 2 次附合。

4．图根导线的边长，宜采用电磁波测距仪单向施测，也可以采用钢尺单向丈量。

5．图根钢尺量距导线，还应符合下列规定：

1）对于首级控制，边长应进行往返丈量，其较差的相对误差不应大于 1/4 000。

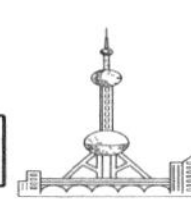

2）量距时，当坡度大于 2%、温度超过钢尺检定温度范围 ±10℃或尺长修正大于 1/10 000 时，应分别进行坡度、温度和尺长的修正。

3）当导线长度小于规定长度的 1/3 时，其绝对闭合差不应大于图上 0.3 mm。

4）对于测定细部坐标点的图根导线，当长度小于 200 m 时，其绝对闭合差不应大于 13 cm。

6. 对于难以布设附合导线的困难地区，可布设成支导线。支导线的水平角观测可用 6″级经纬仪施测左、右角各 1 测回，其圆周角闭合差不应超过 40″。边长应往返测定，其较差的相对误差不应大于 1/3 000。

导线平均边长及边数，不应超过如下规定：当测图比例尺为 1:500 时，平均边长不超过 100 m，导线边数不超过 3。当测图比例尺为 1:1 000 时，平均边长不超过 150 m，导线边数不超过 3。当测图比例尺为 1:2 000 时，平均边长不超过 250m，导线边数不超过 4。当测图比例尺为 1:5 000 时，平均边长不超过 350m，导线边数不超过 4。

7. 极坐标法图根点测量，应符合下列规定：

1）宜采用 6″级全站仪或 6″级经纬仪加电磁波测距仪，角度、距离 1 测回测定。

2）极坐标法图根点测量限差：半测回归零差≤ 20″；两半测回角度较差≤ 30″；测距读数较差≤ 20；正倒镜高程较差≤ h_d /10。（h_d 为基本等高距）

3）测设时，可与图根导线或二级导线一并测设，也可在等级控制点上独立测设。独立测设的后视点，应为等级控制点。

4）在等级控制点上独立测设时，也可直接测定图根点的坐标和高程，并将上、下两半测回的观测值取平均值作为最终观测成果。

5）极坐标法图根点测量的边长：1：500 比例尺时不超过 300m；1：1 000 比例尺时不超过 500 m；1：2 000 比例尺时不超过 700m；1：5 000 比例尺时不超过 1 000m。

8. 图根解析补点，可采用测边交会、测角交会、边角交会或内外分点等方法。当采用测边交会和测角交会时，其交会角应在 30° ～ 150° 之间。分组计算所得坐标较差，不应大于图上的 0.2 mm。

9. GPS 图根控制测量，宜采用 GPS-RTK 方法直接测定图根点的坐标和高程。GPS-RTK 方法的作业半径不宜超过 5 Km。

●图根控制测量之图根高程控制：

1. 图根高程控制，可采用图根水准、电磁波测距三角高程等测量方法。

2. 图根水准、电磁波测距三角高程等测量，起算点的精度，不应低于四等水准高程点。

●地形测量之测绘方法与技术要求：

●地形测量之测绘方法与技术要求：——站仪测图

1. 全站仪测图所使用的仪器和应用程序，应符合规定：宜使用 6″级全站仪，其测距标称精度，固定误差不应大于 10 mm，比例误差系数不应大于 5 ppmm。

2. 全站仪测图的方法，可采用编码法、草图法或内外作业一体化的实时成图法。

3. 当布设的图根点不能满足测图需要时，可采用极坐标法增设少量测站点。

4. 全站仪测图的仪器安置及测站检核：

1）仪器的对中偏差不应大于 5 mm，仪器高和反光镜高的量取应精确至 1 mm。

2）应选择较远的图根点作为测站定向点，并施测另一图根点的坐标和高程，作为测站检核。检核点的平面位置较差不应大于图上 0.2 mm，高程较差不应大于基本等高距的 1/5.

3）作业过程中和作业结束前，应对定向方位进行检查。

5. 在建筑密集的地区作业时，对于全站仪无法直接测量的点位，可采用支距法、线交会法等几何作图方法进行测量，并记录相关数据。

6. 全站仪测图，可按图幅施测，也可分区施测。按图幅施测时，每幅图应测出图轮廓线外 5 mm，分区施测时，应测出区域界线外图上 5 mm。

●地形测量之测绘方法与技术要求：——平板测图

1. 平板测图，可选用经纬仪配合展点器测绘法、大平板仪测绘法。

2. 地形原图的图纸，宜选用厚度为 0.07 ～ 0.10 mm，伸缩率小于 0.2% 的聚脂薄膜。

3. 图廓格网线绘制和控制点的展点误差，不应大于 0.2 mm。图廓格网的对角线、图根点间的长度误差，不应大于 0.3 mm。

4. 平板测图所用的仪器和工具，应符合下列规定：

1）视距常数范围应在 100±0.1 以内。

2）垂直度盘指标差，不应超过 2′ 。

3）比例尺尺长误差，不应超过 0.2 mm

4）量角器半径，不应小于 10cm，其偏心差不应大于 0.2 mm

5）坐标展点器的刻划误差，不应超过 0.2 mm。

5. 当解析图根点不能满足测图需要时，可增补少量图解交会点或视距支点。图解补点应符合下列规定：

1）图解交会点，必须选多余方向作校核，交会误差三角形内切圆直径应小于 0.5 mm，相邻两线交角应在 30° ～ 150° 之间。

2）视距支点的长度，不宜大于相应比例尺地形点最大视距长度的 2/3，并应往返测定，其较差不应大于实测长度的 1/150。

3）图解交会点、视距支点的高程测量，其垂直角应 1 测回测定。由两个方向观测或往返观测的高程较差，在平地不应大于基本等高距的 1/5，在山地不应大于基本等高距的 1/3。

6. 平板测图：

1）垂直角超过 ±10° 范围时，视距长度应适当缩短；平坦地区成像清晰时，视距长度可放长 20%。

2）城镇建筑区 1:500 比例尺测图，测站点至地物点的距离应实地丈量。

3）城镇建筑区 1:5 000 比例尺测图，不宜采用平板测图。

7. 平板测图时，测站仪器的设置及检查，应符合下列要求：

1）仪器对中的偏差，不应大于图上 0.05 mm。

2）以较远一点标定方向，另一点进行检核，其检核方向线的偏差不应大于图上 0.3 mm，每站测图过程中和结束前应注意检查定向方向。

3）检查另一测站点的高程，其较差不应大于基本等高距的 1/5。

8. 平板测图时，每幅图应测出图廓线外 5 mm。

9. 图幅的接边误差不应大于规定值的 2 √ 2 倍，小于规定值时，可平均配赋；超过规定值时，应进行实地检查和修改。

●地形测量之测绘方法与技术要求：——质地形图的绘制

1. 轮廓符号的绘制，应符合下列规定：

1）依比例尺绘制的轮廓符号，应保持轮廓位置的精度。

2）半依比例尺绘制的线状符号，应保持主线位置的几何精度。

3）不依比例尺绘制的符号，应保持其主点位置的几何精度。

2. 居民地的绘制，应符合下列规定：

1）城镇和农村的街区、房屋，均应按外轮廓线准确绘制。

2）街区与道路的衔接处，应留出 0.2 mm 的间隔。

3. 水系的绘制，应符合下列规定：

1）水系应先绘桥、闸，其次绘双线河、湖泊、渠、海岸线、单线河，然后绘堤岸、陡岸、沙滩和渡口等。

2）当河流遇桥梁时应中断；单线沟渠与双线河相交时，应将水涯线断开，弯曲交于一点。当两双线河相交时，应互相衔接。

4. 交通及附属设施的绘制，应符合下列规定：

1）当绘制道路时，应先绘铁路，再绘公路及大车路等。

2）当实线道路与虚线道路、虚线道路与虚线道路相交时，应实部相交。

3）当公路遇桥梁时，公路和桥梁应留出 0.2 mm 的间隔。

5. 等高线的绘制，应符合下列规定：

1）应保证精度，线划均匀、光滑自然。

2）当图上的等高线遇双线河、渠和不依比例尺绘制的符号时，应中断。

6. 各种注记的配置，应分别符合下列规定：

1）文字注记，应使所指示的地物能明确判读。一般情况下，字头应朝北。道路河流名称，可随现状弯曲的方向排列。各字侧边或底边，应垂直或平行于线状物体。各字间隔尺寸应在 0.5 mm 以上；远间隔的也不宜超过字号的 8 倍。注字应避免遮断主要地物和地形的特征部分。

2）高程的注记，应注于点的右方，离点位的间隔应为 0.5 mm。

3）等高线的注记字头，应指向山顶或高地，字头不应朝向图纸的下方。

第四部分　施工测量

●施工测量之一般规定：

1. 施工测量前，应收集有关测量资料，熟悉施工设计图纸，明确施工要求，制定施工测量方案。

2. 大中型的施工项目，应先建立场区控制网，再分别建立建筑物施工控制网；小规模或精度高的独立施工项目，可直接布设建筑物施工控制网。

3. 场区控制网，应充分利用勘察阶段的已有平面和高程控制进行复测检查。精度满足施工要求时，可作为场区控制网使用。否则，应重新建立场区控制网。

4. 新建立的场区平面控制网，宜布设为自由网。控制网的观测数据，不宜进行高斯投影改化，可将观测边长归算到测区的主施工高程面上。

4. 新建场区控制网，可利用原控制网中的点组（由三个或三个以上的点组成）进行定位。小规模场区控制网，也可选用原控制网中一个点的坐标和一个边的方位进行定位。

5. 建筑物施工控制网，应根据场区控制网进行定位、定向和起算；控制网的坐标轴，应与工程设计所采用的主副轴线一致；建筑物的士 0 高程面，应根据场区水准点测设。

6. 控制网点，应根据设计总平面图和施工总布置图布设，并满足建筑物施工测设的需要。

●施工测量之场区控制测量：

●施工测量之场区控制测量：——场区平面控制网

1. 场区平面控制网，可根据场区的地形条件和建（构）筑物的布置情况，布设成建筑方格网、导线及导线网、三角形网或 GPS 网等形式。

2. 场区平面控制网，应根据工程规模和工程需要分级布设。对于建筑场地大于 1 km^2 的工程项目或重要工业区，应建立一级或一级 以上精度等级的平面控制网；对于场地面积小于 $1km^2$ 的工程项目或一般性建筑区，可建立二级精度的平面控制网。场区平面控制网相对于勘察阶段控制点的定位精度，不应大于 5 cm。

3. 控制网点位，应选在通视良好、土质坚实、便于施测、利于长期保存的地点，并应埋设相应的标石，必要时还应增加强制对中装置。标石的埋设深度，应根据地冻线和场地设计标高确定。

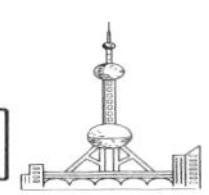

4. 建筑方格网的建立，应符合下列规定：

1）建筑方格网测量的主要技术要求：

一级：边长 100 ～ 300 m；测角中误差 5″；边长相对中误差≤ 1/30 000。

二级：边长 100 ～ 300 m；测角中误差 8″；边长相对中误差≤ 1/20 000。

2）方格网点的布设，应与建（构）筑物的设计轴线平行，并构成正方形或矩形格网。

3）方格网的测设方法，可采用布网法或轴线法，当采用布网法时，宜增测方格网的对角线；当采用轴线法时，长轴线的定位点不得少于 3 个，点位偏离直线应在 180° ±5″以内，短轴线应根据长轴线定向，其直角偏差应在 90° ±5″以内。水平角观测的测角中误差不应大于 2.5″。

4）方格网点应埋设顶面为标志板的标石，标石理设应符合要求。

5）方格网的水平角观测可采用方向观测法，其主要技术要求：

一级：1″级仪器；测角中误差 5″；测回数 2；半测回归零差≤ 6″；

一测回 2C 值互差≤ 9″；各测回方向较差≤ 6″。

一级：2″级仪器；测角中误差 5″；测回数 3；半测回归零差≤ 8″；

一测回 2C 值互差≤ 13″；各测回方向较差≤ 9″。

二级：2″级仪器；测角中误差 8″；测回数 2；半测回归零差≤ 12″；

一测回 2C 值互差≤ 18″；各测回方向较差≤ 12″。

二级：6″级仪器；测角中误差 8″；测回数 4；半测回归零差≤ 18″；

一测回 2C 值互差不做要求；各测回方向较差≤ 24″。

6）方格网的边长宜采用电磁波测距仪器往返观测各 1 测回，并应进行气象和仪器加、乘常数改正。

7）观测数据经平差处理后，应将测量坐标与设计坐标进行比较，确定归化数据，并在标石标志板上将点位归化至设计位置。

8）点位归化后，必须进行角度和边长的复测检查。角度偏差值，一级方格网不应大于 90° ±8″，二级方格网不应大于 90° ±12″；距离偏差值，一级方格网不应大于 D/25000，二级方格网不应大于 D/15000(D 为方格网的边长)。

5. 当采用导线及导线网作为场区控制网时，导线边长应大致相等，相邻边的长度之比不宜超过 1：3，场区导线测量的主要技术要求：

一级：导线长度 2.0Km，平均 100 ～ 300 m，测角中误差 5″，测距相对中误差 1/30 000，测回数（2″级仪器 3 测回），方位角闭合差 10 $\sqrt{n}$，导线全长相对闭合差≤ 1/15 000。

二级：导线长度 1.0Km，平均 100 ～ 200 m，测角中误差 8″，测距相对中误差 1/14 000，测回数（2″级仪器 2 测回、6″级仪器 4 测回），方位角闭合差 16 $\sqrt{n}$，导线全长相对闭合差≤ 1/10 000。

●施工测量之场区控制测量：——场区高程控制网

1．场区高程控制网，应布设成闭合环线、附合路线或结点网。

2．大中型施工项目的场区高程测量精度，不应低于三等水准。

3．场区水准点，可单独布设在场地相对稳定的区域，也可设置在平面控制点的标石上。水准点间距宜小于 1 km，距离建（构）筑物不宜小于 25 m，距离回填土边线不宜小于 15 m。

4. 施工中，当少数高程控制点标石不能保存时，应将其高程引测至稳固的建（构）筑物上，引测的精度，不应低于原高程点的精度等级。

●施工测量之工业与民用建筑施工测量：

●施工测量之工业与民用建筑施工测量：——建筑物施工控制网

1．建筑物施工控制网，应根据建筑物的设计形式和特点，布设成十字轴线或矩形控制网。民用建筑物施工控制网也可根据建筑红线定位。

2．建筑物施工平面控制网，应根据建筑物的分布、结构、高度、基础埋深和机械设备传动的连接方式、生产工艺的连续程度，分别布设一级或二级控制网。

3．建筑物施工平面控制网的主要技术要求：

一级：边长相对中误差≤ 1/30 000，测角中误差 $7''/\sqrt{n}$；

二级：边长相对中误差≤ 1/15 000，测角中误差 $15''/\sqrt{n}$。

注：n 为建筑物结构的跨数。

4. 建筑物施工平面控制网的建立，应符合下列规定：

1）控制点，应选在通视良好、土质坚实、利于长期保存、便于施工放样的地方。

2）控制网加密的指示桩，宜选在建筑物行列线或主要设备中心线方向上。

3）主要的控制网点和主要设备中心线端点，应埋设固定标桩。

4）控制网轴线起始点的定位误差，不应大于 2 cm；两建筑物（厂房）间有联动关系时，不应大于 1 cm，定位点不得少于 3 个。

5）水平角观测的测回数，应根据测角中误差的大小进行选定。

水平角观测的测回数

	测角中误差 2.5″	测角中误差 3.5″	测角中误差 4.0″	测角中误差 5″	测角中误差 10″
仪器精度等级 1″	4 测回	3 测回	2 测回	—	—
仪器精度等级 2″	6 测回	5 测回	4 测回	3 测回	1 测回
仪器精度等级 6″	—	—	—	4 测回	3 测回

6）矩形网的角度闭合差，不应大于测角中误差的 4 倍。

7）边长测量宜采用电磁波测距的方法，二级网的边长测量也可采用钢尺量距。

8）矩形网应按平差结果进行实地修正，调整到设计位置。当增设轴线时，可采用现场改点法进行配赋调整；点位修正后，应进行矩形网角度的检测。

5．建筑物的围护结构封闭前，应根据施工需要将建筑物外部控制转移至内部。内部

的控制点，宜设置在浇筑完成的预埋件上或预埋的测量标板上。引测的投点误差，一级不应超过 2 mm，二级不应超过 3 mm。

6. 建筑物高程控制，应符合下列规定：

1）建筑物高程控制，应采用水准测量。附合路线闭合差，不应低于四等水准的要求。

2）水准点可设置在平面控制网的标桩或外围的固定地物上，也可单独埋设。水准点的个数，不应少于 2 个。

3）当场地高程控制点距离施工建筑物小于 200 m 时，可直接利用。

7. 当施工中高程控制点标桩不能保存时，应将其高程引测至稳固的建筑物或构筑物上，引测的精度，不应低于四等水准。

●施工测量之工业与民用建筑施工测量：——建筑物施工放样

1. 建筑物施工放样，应具备下列资料：

1）总平面图。　　2）建筑物的设计与说明。

3）建筑物的轴线平面图。　　4）建筑物的基础平面图。

5）设备的基础图。　　6）土方的开挖图。

7）建筑物的结构图。　　8）管网图。

9）场区控制点坐标、高程及点位分布图。

2. 放样前，应对建筑物施工平面控制网和高程控制点进行检核。

3. 测设各工序间的中心线，宜符合下列规定：

1）中心线端点，应根据建筑物施工控制网中相邻的距离指标桩以内分法测定。

2）中心线投点，测角仪器的视线应根据中心线两端点决定；当无可靠校核条件时，不得采用测设直角的方法进行投点。

4. 在施工的建（构）筑物外围，应建立线板或轴线控制桩。线板应注记中心线编号，并测设标高。线板和轴线控制桩应注意保存。必要时，可将控制轴线标示在结构的外表面上。

5. 建筑物施工放样，应符合下列要求：

1）建筑物施工放样、轴线投测和标高传递的偏差，不应超过表 8.3.11 的规定。

表 8.3.11 建筑物施工放样、轴线投测和标高传递的允许偏差

项目	内容		允许偏差（mm）
基础桩位放样	单排桩或群桩中的边桩		±10
	群桩		±20
各施工层上放线	外廓主轴线长度 L（m）	L ≤ 30	±5
		30 < L ≤ 60	±10
		60 < L ≤ 90	±15
		90 < L	±20
	细部轴线		±2
	承重墙、梁、柱边线		±3
	非承重墙边线		±3
	门窗洞口线		±3

轴线竖向投测	每层		3
	总高 H（m）	$H \leqslant 30$	5
		$30 < H \leqslant 60$	10
		$60 < H \leqslant 90$	15
		$90 < H \leqslant 120$	20
		$120 < H \leqslant 150$	25
		$150 < H$	30
标高竖向传递	每层		±3
	总高 H（m）	$H \leqslant 30$	±5
		$30 < H \leqslant 60$	±10
		$60 < H \leqslant 90$	±15
		$90 < H \leqslant 120$	±20
		$120 < H \leqslant 150$	±25
		$150 < H$	±30

2）施工层标高的传递，宜采用悬挂钢尺代替水准尺的水准测量方法进行，并应对钢尺读数进行温度、尺长和拉力改正。传递点的数目，应根据建筑物的大小和高度确定。规模较小的工业建筑或多层民用建筑，宜从 2 处分别向上传递，规模较大的工业建筑或高层民用建筑，宜从 3 处分别向上传递。传递的标高较差小于 3 mm 时，可取其平均值作为施工层的标高基准，否则，应重新传递。

3）施工层的轴线投测，宜使用 2″ 级激光经纬仪或激光铅直仪进行。控制轴线投测至施工层后，应在结构平面上按闭合图形对投测轴线进行校核。合格后，才能进行本施工层上的其他测设工作；否则，应重新进行投测。

4）施工的垂直度测量精度，应根据建筑物的高度、施工的精度要求、现场观测条件和垂直度测量设备等综合分析确定，但不应低于轴线竖向投测的精度要求。

5）大型设备基础浇筑过程中，应及时监测。当发现位置及标高与施工要求不符时，应立即通知施工人员，及时处理。

6．设备安装测量的主要技术要求，应符合下列规定：

1）设备基础竣工中心线必须进行复测，两次测量的较差不应大于 5 mm。

2）对于埋设有中心标板的重要设备基础，其中心线应由竣工中心线引测，同一中心标点的偏差不应超过 ±1 mm。纵横中心线应进行正交度的检查，并调整横向中心线。同一设备基准中心线的平行偏差或同一生产系统的中心线的直线度应在 ±1 mm 以内。

3)每组设备基础，均应设立临时标高控制点。标高控制点的精度，对于一般的设备基础，其标高偏差，应在 ±2 mm 以内；对于与传动装置有联系的设备基础，其相邻两标高控制点的标高偏差，应在 ±1 mm 以内。

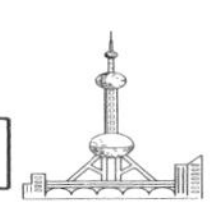

第五部分　竣工总图的编绘与实测

●竣工总图的编绘与实测之一般规定：

1. 建筑工程项且施工完成后，应根据工程需要编绘或实测竣工总图。竣工总图，宜采用数字竣工图。

2. 竣工总图的比例尺，宜选用 1：500；坐标系统、高程基准、图幅大小、图上注记、线条规格，应与原设计图一致；图例符号，应采用现行国家标准《总图制图标准》GB/T50103。

3. 竣工总图应根据设计和施工资料进行编绘。当资料不全无法编绘时，应进行实测。

4. 竣工总图编绘完成后，应经原设计及施工单位技术负责人审核、会签。

第六部分　变形监测

●变形监测之一般规定：

变形监测网的网点，宜分为基准点、工作基点和变形观测点。其布设应符合下列要求：

1. 基准点，应选在变形影响区域之外稳固可靠的位置。每个工程至少应有 3 个基准点。大型的工程项目，其水平位移基准点应采用带有强制归心装置的观测墩，垂直位移基准点宜采用双金属标或钢管标。

2. 工作基点，应选在比较稳定且方便使用的位置。设立在大型工程施工区域内的水平位移监测工作基点宜采用带有强制归心装置的观测墩，垂直位移监测工作基点可采用钢管标。对通视条件较好的小型工程，可不设立工作基点，在基准点上直接测定变形观测点。

3. 变形观测点，应设立在能反映监测体变形特征的位置或监测断面上，监测断面一般分为：关键断面、重要断面和一般断面。需要时，还应埋设一定数量的应力、应变传感器。